高等学校电子信息类“十三五”规划教材

《电磁场与电磁波教程》学习指导

朱满座　卢智远
王新稳　侯建强　编著

西安电子科技大学出版社

内 容 简 介

本书是《电磁场与电磁波教程》(西安电子科技大学出版社，2020年)一书的配套学习指导。编写本书的目的是指导读者深入理解电磁场与电磁波的课程内容，提高学习水平。全书共九章，每章由基本内容与公式、典型例题和习题及答案组成。

本书可作为相关专业的考研参考书。

图书在版编目(CIP)数据

《电磁场与电磁波教程》学习指导/朱满座等编著. —西安：西安电子科技大学出版社，2020.3

ISBN 978-7-5606-5538-3

Ⅰ. ① 电…　Ⅱ. ① 朱…　Ⅲ. ① 电磁场—高等学校—教学参考资料 ②电磁波—高等学校—教学参考资料　Ⅳ. ① O441.4

中国版本图书馆 CIP 数据核字(2020)第 017149 号

策划编辑　戚文艳
责任编辑　马晓娟
出版发行　西安电子科技大学出版社(西安市太白南路 2 号)
电　　话　(029)88242885　88201467　　邮　　编　710071
网　　址　www.xduph.com　　电子邮箱　xdupfxb001@163.com
经　　销　新华书店
印刷单位　陕西日报社
版　　次　2020年3月第1版　2020年3月第1次印刷
开　　本　787毫米×1092毫米　1/16　印张　11
字　　数　259千字
印　　数　1～3000册
定　　价　24.00元

ISBN 978-7-5606-5538-3 / O

XDUP 5840001-1

前　　言

本书是高等学校电子信息类专业“电磁场与电磁波”课程的学习指导书，与西安电子科技大学出版社出版的教材《电磁场与电磁波教程》(2020 年)配套使用。编写本书的目的是帮助读者深入理解“电磁场与电磁波”课程的内容，提高学习水平。

朱满座、卢智远、王新稳、侯建强参加了全书的编写工作。朱满座负责全书的统稿工作。

西安电子科技大学出版社的毛红兵、戚文艳为本书的出版付出了艰辛的劳动，在此表示衷心感谢。

硕士研究生陈泽宇、李志浩、蒋沅臻做了部分文字录入和绘图工作，在此表示谢意。

由于笔者水平有限，不当之处在所难免，衷心希望使用本书的老师和同学们批评指正。

编著者

2020 年 1 月

目　　录

第 1 章　矢量分析基础

1.1　基本内容与公式

1. 场的基本概念

如果有一个物理量是空间点的函数，则称在空间建立了该物理量的场，并且根据物理量性质将场分为标量场、矢量场、张量场等。对于标量场，用等值面来描述它的整体分布；对于矢量场，用矢量线来描述它的整体分布。

2. 数量场的方向导数与梯度

矢量微分算子为

$$\nabla=\boldsymbol{e}_x\frac{\partial}{\partial x}+\boldsymbol{e}_y\frac{\partial}{\partial y}+\boldsymbol{e}_z\frac{\partial}{\partial z}$$

一个数量场 u 在 $\boldsymbol{l}$ 方向的方向导数为

$$\frac{\partial u}{\partial l}=\lim_{\Delta l\to 0}\frac{u(M)-u(M_0)}{\Delta l}$$

数量场 u 在给定点的梯度定义为一个矢量，梯度的大小等于该点最大的方向导数，梯度的方向为同一点到最大方向导数的方向。

梯度和方向导数的关系为：数量场 u 在 $\boldsymbol{l}$ 方向的方向导数等于梯度在该方向上的投影，即

$$\frac{\partial u}{\partial l}=\boldsymbol{l}^{\circ}\cdot\nabla u$$

3. 矢量场的通量与散度

称面积分 $\Phi=\int_S\boldsymbol{A}\cdot\mathrm{d}\boldsymbol{S}$ 为矢量场 $\boldsymbol{A}$ 在有向曲面 S 上的通量。

矢量场的散度为通量体密度的极限，即

$$\mathrm{div}\boldsymbol{A}=\nabla\cdot\boldsymbol{A}=\lim_{\Delta V\to M}\frac{\oint_S\boldsymbol{A}\cdot\mathrm{d}\boldsymbol{S}}{\Delta V}$$

在直角坐标系下，散度计算公式为

$$\nabla\cdot\boldsymbol{A}=\frac{\partial A_x}{\partial x}+\frac{\partial A_y}{\partial y}+\frac{\partial A_z}{\partial z}$$

散度定理(奥高公式)描述了面积分和体积分之间的关系：

$$\oint_S\boldsymbol{A}\cdot\mathrm{d}\boldsymbol{S}=\int_V\nabla\cdot\boldsymbol{A}\mathrm{d}V$$

4. 矢量场的环量与旋度

称线积分 $\Gamma=\oint_l \boldsymbol{A}\cdot \mathrm{d}\boldsymbol{l}$ 为矢量场 $\boldsymbol{A}$ 在有向闭曲线 l 上的环量。

将给定点的最大环量面密度及其相应方向定义为一个矢量场的旋度。在直角坐标系中，旋度的计算公式为

$$\mathrm{rot}\boldsymbol{A}=\nabla\times\boldsymbol{A}=\begin{vmatrix}\boldsymbol{e}_x & \boldsymbol{e}_y & \boldsymbol{e}_z\\ \dfrac{\partial}{\partial x} & \dfrac{\partial}{\partial y} & \dfrac{\partial}{\partial z}\\ A_x & A_y & A_z\end{vmatrix}=\boldsymbol{e}_x\left(\frac{\partial A_z}{\partial y}-\frac{\partial A_y}{\partial z}\right)+\boldsymbol{e}_y\left(\frac{\partial A_x}{\partial z}-\frac{\partial A_z}{\partial x}\right)+\boldsymbol{e}_z\left(\frac{\partial A_y}{\partial x}-\frac{\partial A_x}{\partial y}\right)$$

环量面密度与旋度的关系为：矢量场在给定点沿 $\boldsymbol{l}$ 方向的环量面密度等于旋度在该方向的投影，即

$$\mu_l=(\nabla\times\boldsymbol{A})\cdot\boldsymbol{l}^\circ$$

斯托克斯定理：斯托克斯定理描述了面积分与线积分的关系，即环量等于旋度的面积分，用公式表示为

$$\oint_l \boldsymbol{F}\cdot\mathrm{d}\boldsymbol{l}=\int_S(\nabla\times\boldsymbol{F})\cdot\mathrm{d}\boldsymbol{S}$$

5. 圆柱坐标系和球坐标系

在圆柱坐标系$(\rho,\ \phi,\ z)$中，矢量微分运算为

$$\nabla u=\boldsymbol{e}_\rho\frac{\partial u}{\partial\rho}+\boldsymbol{e}_\phi\frac{1}{\rho}\frac{\partial u}{\partial\phi}+\boldsymbol{e}_z\frac{\partial u}{\partial z}$$

$$\nabla\cdot\boldsymbol{A}=\frac{1}{\rho}\frac{\partial(\rho A_\rho)}{\partial\rho}+\frac{1}{\rho}\frac{\partial A_\phi}{\partial\phi}+\frac{\partial A_z}{\partial z}$$

$$\nabla\times\boldsymbol{A}=\begin{vmatrix}\dfrac{\boldsymbol{e}_\rho}{\rho} & \boldsymbol{e}_\phi & \dfrac{\boldsymbol{e}_z}{\rho}\\ \dfrac{\partial}{\partial\rho} & \dfrac{\partial}{\partial\phi} & \dfrac{\partial}{\partial z}\\ A_\rho & \rho A_\phi & A_z\end{vmatrix}=\boldsymbol{e}_\rho\left(\frac{1}{\rho}\frac{\partial A_z}{\partial\phi}-\frac{\partial A_\phi}{\partial z}\right)+\boldsymbol{e}_\phi\left(\frac{\partial A_\rho}{\partial z}-\frac{\partial A_z}{\partial\rho}\right)+\boldsymbol{e}_z\left[\frac{1}{\rho}\frac{\partial(\rho A_\phi)}{\partial\rho}-\frac{1}{\rho}\frac{\partial A_\rho}{\partial\phi}\right]$$

$$\nabla^2 u=\frac{1}{\rho}\frac{\partial}{\partial\rho}\left(\rho\frac{\partial u}{\partial\rho}\right)+\frac{1}{\rho^2}\frac{\partial^2 u}{\partial\phi^2}+\frac{\partial^2 u}{\partial z^2}$$

在球坐标系$(r,\ \theta,\ \phi)$中，矢量微分运算为

$$\nabla u=\boldsymbol{e}_r\frac{\partial u}{\partial r}+\boldsymbol{e}_\theta\frac{1}{r}\frac{\partial u}{\partial\theta}+\boldsymbol{e}_\phi\frac{1}{r\sin\theta}\frac{\partial u}{\partial\phi}$$

$$\nabla\cdot\boldsymbol{A}=\frac{1}{r^2}\frac{\partial(r^2A_r)}{\partial r}+\frac{1}{r\sin\theta}\frac{\partial(\sin\theta A_\theta)}{\partial\theta}+\frac{1}{r\sin\theta}\frac{\partial A_\phi}{\partial\phi}$$

$$\nabla\times\boldsymbol{A}=\begin{vmatrix}\dfrac{\boldsymbol{e}_r}{r^2\sin\theta} & \dfrac{\boldsymbol{e}_\theta}{r\sin\theta} & \dfrac{\boldsymbol{e}_\phi}{r}\\ \dfrac{\partial}{\partial r} & \dfrac{\partial}{\partial\theta} & \dfrac{\partial}{\partial\phi}\\ A_r & rA_\theta & r\sin\theta A_\phi\end{vmatrix}$$

$$=\boldsymbol{e}_r\frac{1}{r\sin\theta}\left[\frac{\partial(\sin\theta A_\phi)}{\partial\theta}-\frac{\partial A_\theta}{\partial\phi}\right]+\boldsymbol{e}_\theta\frac{1}{r}\left[\frac{1}{\sin\theta}\frac{\partial A_r}{\partial\phi}-\frac{\partial(rA_\phi)}{\partial r}\right]+\boldsymbol{e}_\phi\frac{1}{r}\left[\frac{\partial(rA_\theta)}{\partial r}-\frac{\partial A_r}{\partial\theta}\right]$$

$$\nabla^2 u = \frac{1}{r^2}\frac{\partial}{\partial r}\left(r^2\frac{\partial u}{\partial r}\right)+\frac{1}{r^2\sin\theta}\frac{\partial}{\partial\theta}\left(\sin\theta\frac{\partial u}{\partial\theta}\right)+\frac{1}{r^2\ \sin^2\theta}\frac{\partial^2 u}{\partial\phi^2}$$

6. 矢量场分类

1）保守场（无旋场，有势场）

若矢量场 $\boldsymbol{A}$ 的旋度恒为零，则称其为无旋场。无旋场必定能够表示为一个标量函数的梯度负值，因而也称为有势场。这个场沿任意闭合回路的环量恒为零，即若 $\nabla\times\boldsymbol{A}=\boldsymbol{0}$，则

$$\boldsymbol{A}=-\nabla\varphi \quad 且 \quad \oint_l \boldsymbol{A}\cdot \mathrm{d}\boldsymbol{l}=0$$

2）管形场（无源场）

若矢量场 $\boldsymbol{A}$ 的散度恒为零，则称其为无源场。无源场必定能够表示为一个矢量场 $\boldsymbol{F}$ 的旋度，称 $\boldsymbol{F}$ 为矢量场 $\boldsymbol{A}$ 的矢量位函数，无源场也称为管形场。

若 $\nabla\cdot\boldsymbol{A}=0$，则

$$\boldsymbol{A}=\nabla\times\boldsymbol{F}$$

3）调和场

若矢量场 $\boldsymbol{A}$ 的旋度和散度恒为零，则称其为调和场。调和场必定能够表示为一个调和函数的梯度负值，即若 $\nabla\cdot\boldsymbol{A}=0$，且 $\nabla\times\boldsymbol{A}=\boldsymbol{0}$，则 $\boldsymbol{A}=-\nabla u$，且 φ 是一个调和函数，$\nabla^2 u=0$。

7. 亥姆霍兹定理

亥姆霍兹定理：如果给定一个矢量场在区域内的散度和旋度，并且已知区域边界上该矢量场的值，则可以唯一地确定该矢量场。

一个矢量场总能够分解为一个无旋场和一个无源场的叠加。

1.2 典型例题

例 1-1　求数量场 $f=x^2+y^2+z$ 过点 $M(1,1,1)$ 的等值面方程。

解　在点 $M(1,1,1)$ 处，$f=3$，因此，过这一点的等值面方程为

$$x^2+y^2+z=3$$

即

$$z=3-x^2-y^2$$

这是一个绕坐标 z 轴的旋转抛物面。

例 1-2　设空间某区域的磁场强度为

$$\boldsymbol{H}=\frac{x\boldsymbol{e}_y-y\boldsymbol{e}_x}{x^2+y^2}$$

求过点 $M(1,0,0)$ 处的矢量线方程。

解　矢量线的微分方程为

$$\frac{\mathrm{d}x}{H_x}=\frac{\mathrm{d}y}{H_y}=\frac{\mathrm{d}z}{H_z}$$

由 $H_z=0$，可以解出 $z=C_1$，又因为矢量线过 $z=0$ 这个点，故可以定出常数 $C_1=0$。将磁场强度的其余两个分量代入，可以得到矢量线的方程为

$$\frac{\mathrm{d}x}{\frac{-y}{x^2+y^2}}=\frac{\mathrm{d}y}{\frac{x}{x^2+y^2}}$$

即

$$x\mathrm{d}x+y\mathrm{d}y=0$$

对这个方程，积分得到 $x^2+y^2=C_2$，使用矢量线通过点(1, 0, 0)这一条件，容易定出 $C_2=1$。最后，要求的矢量线的方程为

$$x^2+y^2=1,\ z=0$$

该矢量线是圆心在坐标原点，半径为1，并且位于 xoy 平面上的一个圆。

例 1-3　求数量场 $u=x^2y+y^2z+z^2x$ 在点 $M(1, 1, 1)$ 处沿矢径的方向导数。

解　该数量场的梯度为

$$\nabla u=(2xy+z^2)\boldsymbol{e}_x+(2yz+x^2)\boldsymbol{e}_y+(2zx+y^2)\boldsymbol{e}_z$$

$$\nabla u\big|_M=3\boldsymbol{e}_x+3\boldsymbol{e}_y+3\boldsymbol{e}_z$$

点 M 处的矢径为 $\boldsymbol{r}=\boldsymbol{e}_x+\boldsymbol{e}_y+\boldsymbol{e}_z$，矢径方向的单位向量为

$$\boldsymbol{e}_r=\frac{1}{\sqrt{3}}(\boldsymbol{e}_x+\boldsymbol{e}_y+\boldsymbol{e}_z)$$

于是，在该点处的方向导数为

$$\frac{\partial u}{\partial l}=\nabla u\cdot\boldsymbol{e}_r=3\sqrt{3}$$

例 1-4　求曲面 $z=y^2+x$ 在点 $M(1, 1, 2)$ 处的法向。

解　我们知道，数量场在一个给定点的梯度与数量场的等值面垂直。令 $u(x, y, z)=y^2+x-z$，则曲面 $z=y^2+x$ 就是数量场的等值面 $u=0$。先计算梯度：

$$\nabla u=\boldsymbol{e}_x+2y\boldsymbol{e}_y-\boldsymbol{e}_z$$

$$\nabla u\big|_M=\boldsymbol{e}_x+2\boldsymbol{e}_y-\boldsymbol{e}_z$$

所以，要求的曲面法向为

$$\boldsymbol{n}=\pm\frac{\boldsymbol{e}_x+2\boldsymbol{e}_y-\boldsymbol{e}_z}{\sqrt{6}}$$

式中的正负号表示曲面在给定点有正负两个法向。

例 1-5　求由方程 $u=\dfrac{x^2}{a^2}+\dfrac{y^2}{b^2}+\dfrac{z^2}{c^2}$ 描述的椭球簇在表面上任意点的外法向。

解　采用类似于例 1-4 的方法，求出梯度：

$$\nabla u=\frac{2x}{a^2}\boldsymbol{e}_x+\frac{2y}{b^2}\boldsymbol{e}_y+\frac{2z}{c^2}\boldsymbol{e}_z$$

经过化简，得到椭球面上任意点的单位外法向为

$$\boldsymbol{n}=\left(\frac{x}{a^2}\boldsymbol{e}_x+\frac{y}{b^2}\boldsymbol{e}_y+\frac{z}{c^2}\boldsymbol{e}_z\right)\left(\frac{x^2}{a^4}+\frac{y^2}{b^4}+\frac{z^2}{c^4}\right)^{-1/2}$$

例 1-6　设封闭面 S 是一个球心在坐标原点、半径等于 R_0 的球面，计算矢径 $\boldsymbol{r}$ 在 S 上的通量。

解　方法 1：

$$\oint_S\boldsymbol{r}\cdot\mathrm{d}\boldsymbol{S}=\oint_S r\boldsymbol{e}_r\cdot(\boldsymbol{e}_r r^2\sin\theta\mathrm{d}\theta\mathrm{d}\phi)=4\pi R_0^3$$

方法 2：使用散度定理，将矢量场沿封闭面的通量转化为该矢量场散度的体积分，即

$$\oint_S \boldsymbol{r} \cdot \mathrm{d}\boldsymbol{S} = \int_V \nabla \cdot \boldsymbol{r} \mathrm{d}V = \int_V 3\mathrm{d}V = 3V = 3 \times \frac{4}{3}\pi R_0^3 = 4\pi R_0^3$$

例 1-7　应用散度定理计算积分 $I = \oint_S (x^3 \boldsymbol{e}_x + y^3 \boldsymbol{e}_y + z^3 \boldsymbol{e}_z) \cdot \mathrm{d}\boldsymbol{S}$，其中，$S$ 是由平面 $z=0$ 和上半球面 $z = \sqrt{a^2 - x^2 - y^2}$ 所围成的半球形空间的外表面。

解　$$\nabla \cdot (x^3 \boldsymbol{e}_x + y^3 \boldsymbol{e}_y + z^3 \boldsymbol{e}_z) = 3(x^2 + y^2 + z^2) = 3r^2$$

依散度定理，有

$$\begin{aligned} I &= \oint_S \boldsymbol{A} \cdot \mathrm{d}\boldsymbol{S} = \oint_S (x^3 \boldsymbol{e}_x + y^3 \boldsymbol{e}_y + z^3 \boldsymbol{e}_z) \cdot \mathrm{d}\boldsymbol{S} \\ &= \int_V \nabla \cdot \boldsymbol{A} \mathrm{d}V \\ &= \int_V 3r^2 \mathrm{d}V \end{aligned}$$

注意到 $\mathrm{d}V = r^2 \sin\theta \mathrm{d}r \mathrm{d}\theta \mathrm{d}\phi$，并在半球形的空间先对 θ 和 ϕ 积分，得到

$$I = \int_V 3r^2 \mathrm{d}V = \int_0^a 3r^2 \cdot 2\pi r^2 \mathrm{d}r = \frac{6}{5}\pi a^5$$

例 1-8　求矢量场 $\boldsymbol{A} = y\boldsymbol{e}_x + z\boldsymbol{e}_y + x\boldsymbol{e}_z$ 沿封闭曲线 C 的环量，其中 C 是由球面 $x^2 + y^2 + z^2 = a^2$ 和平面 $z = 0$ 相交而成的圆周(且该圆周的正向与正 z 轴方向构成右手螺旋关系)。

解　依斯托克斯公式，有

$$\oint_C \boldsymbol{A} \cdot \mathrm{d}\boldsymbol{l} = \int_S (\nabla \times \boldsymbol{A}) \cdot \mathrm{d}\boldsymbol{S}$$

$$\nabla \times \boldsymbol{A} = \begin{vmatrix} \boldsymbol{e}_x & \boldsymbol{e}_y & \boldsymbol{e}_z \\ \dfrac{\partial}{\partial x} & \dfrac{\partial}{\partial y} & \dfrac{\partial}{\partial z} \\ y & z & x \end{vmatrix} = -(\boldsymbol{e}_x + \boldsymbol{e}_y + \boldsymbol{e}_z)$$

展开积分表示式中的有向面积元，$\mathrm{d}\boldsymbol{S} = \boldsymbol{e}_z \mathrm{d}x\mathrm{d}y$，经过计算，最后得到

$$\oint_C \boldsymbol{A} \cdot \mathrm{d}\boldsymbol{l} = \int_S (\nabla \times \boldsymbol{A}) \cdot \mathrm{d}\boldsymbol{S} = \int_S (-\boldsymbol{e}_x - \boldsymbol{e}_y - \boldsymbol{e}_z) \cdot \mathrm{d}\boldsymbol{S} = -\pi a^2$$

例 1-9　若某个矢量在球坐标系中表示为 $\boldsymbol{A} = a\boldsymbol{e}_r + b\boldsymbol{e}_\theta + c\boldsymbol{e}_\phi$，其中 a、b、c 为常数，试问其是否是常矢量，并计算它的散度和旋度。

解　这个矢量不是常矢量，因为在球坐标系中，三个单位向量都不是常矢量。

用球坐标系中的散度和旋度公式，得

$$\begin{aligned} \nabla \cdot \boldsymbol{A} &= \frac{1}{r^2} \frac{\partial (r^2 A_r)}{\partial r} + \frac{1}{r\sin\theta} \frac{\partial (\sin\theta A_\theta)}{\partial \theta} + \frac{1}{r\sin\theta} \frac{\partial A_\phi}{\partial \phi} \\ &= \frac{1}{r^2} \frac{\partial (r^2 a)}{\partial r} + \frac{1}{r\sin\theta} \frac{\partial (b\sin\theta)}{\partial \theta} + \frac{1}{r\sin\theta} \frac{\partial c}{\partial \phi} \\ &= \frac{2a}{r} + \frac{b}{r}\cot\theta \end{aligned}$$

$$\nabla\times\boldsymbol{A}=\boldsymbol{e}_r\frac{1}{r\sin\theta}\left[\frac{\partial}{\partial\theta}(\sin\theta A_\phi)-\frac{\partial A_\theta}{\partial\phi}\right]+\boldsymbol{e}_\theta\frac{1}{r}\left[\frac{1}{\sin\theta}\frac{\partial A_r}{\partial\phi}-\frac{\partial}{\partial r}(rA_\phi)\right]$$

$$+\boldsymbol{e}_\phi\frac{1}{r}\left[\frac{\partial(rA_\theta)}{\partial r}-\frac{\partial A_r}{\partial\theta}\right]$$

$$=\boldsymbol{e}_r\frac{1}{r\sin\theta}\left[\frac{\partial}{\partial\theta}(c\sin\theta)-\frac{\partial b}{\partial\phi}\right]+\boldsymbol{e}_\theta\frac{1}{r}\left[\frac{1}{\sin\theta}\frac{\partial a}{\partial\phi}-\frac{\partial}{\partial r}(rc)\right]+\boldsymbol{e}_\phi\frac{1}{r}\left[\frac{\partial(rb)}{\partial r}-\frac{\partial a}{\partial\theta}\right]$$

$$=\boldsymbol{e}_r\frac{c}{r}\cot\theta-\boldsymbol{e}_\theta\frac{c}{r}+\boldsymbol{e}_\phi\frac{b}{r}$$

例 1-10 推导直角坐标系和圆柱坐标系单位矢量之间的变换。

解 我们知道，直角坐标系(x, y, z)和圆柱坐标系(ρ, ϕ, z)之间的坐标变换为

$$\begin{cases}x=\rho\cos\phi\\ y=\rho\sin\phi\\ z=z\end{cases}$$

对上式左右两边求梯度，得到

$$\nabla x=\nabla(\rho\cos\phi)$$

将左边的梯度在直角坐标系下求出，右边的梯度在圆柱坐标系下求出，有

$$\boldsymbol{e}_x=\boldsymbol{e}_\rho\cos\phi-\boldsymbol{e}_\phi\sin\phi$$

同理，得

$$\boldsymbol{e}_y=\boldsymbol{e}_\rho\sin\phi+\boldsymbol{e}_\phi\cos\phi$$
$$\boldsymbol{e}_z=\boldsymbol{e}_z$$

写成矩阵形式为

$$\begin{bmatrix}\boldsymbol{e}_x\\ \boldsymbol{e}_y\\ \boldsymbol{e}_z\end{bmatrix}=\begin{bmatrix}\cos\phi & -\sin\phi & 0\\ \sin\phi & \cos\phi & 0\\ 0 & 0 & 1\end{bmatrix}\begin{bmatrix}\boldsymbol{e}_\rho\\ \boldsymbol{e}_\phi\\ \boldsymbol{e}_z\end{bmatrix}$$

或

$$\begin{bmatrix}\boldsymbol{e}_\rho\\ \boldsymbol{e}_\phi\\ \boldsymbol{e}_z\end{bmatrix}=\begin{bmatrix}\cos\phi & \sin\phi & 0\\ -\sin\phi & \cos\phi & 0\\ 0 & 0 & 1\end{bmatrix}\begin{bmatrix}\boldsymbol{e}_x\\ \boldsymbol{e}_y\\ \boldsymbol{e}_z\end{bmatrix}$$

例 1-11 推导直角坐标系(x, y, z)和球坐标系(r, θ, ϕ)单位矢量之间的变换关系。

解 采用类似于例 1-10 的方法，得

$$\begin{bmatrix}\boldsymbol{e}_x\\ \boldsymbol{e}_y\\ \boldsymbol{e}_z\end{bmatrix}=\begin{bmatrix}\sin\theta\cos\phi & \cos\theta\cos\phi & -\sin\phi\\ \sin\theta\sin\phi & \cos\theta\sin\phi & \cos\phi\\ \cos\theta & -\sin\theta & 0\end{bmatrix}\begin{bmatrix}\boldsymbol{e}_r\\ \boldsymbol{e}_\theta\\ \boldsymbol{e}_\phi\end{bmatrix}$$

或

$$\begin{bmatrix}\boldsymbol{e}_r\\ \boldsymbol{e}_\theta\\ \boldsymbol{e}_\phi\end{bmatrix}=\begin{bmatrix}\sin\theta\cos\phi & \sin\theta\sin\phi & \cos\theta\\ \cos\theta\cos\phi & \cos\theta\sin\phi & -\sin\theta\\ -\sin\phi & \cos\phi & 0\end{bmatrix}\begin{bmatrix}\boldsymbol{e}_x\\ \boldsymbol{e}_y\\ \boldsymbol{e}_z\end{bmatrix}$$

例 1-12 证明：$\int_V \nabla u\,\mathrm{d}V=\oint_S u\,\mathrm{d}\boldsymbol{S}$。

证明 任意选取一个常矢量 $\boldsymbol{c}$，则

$$\boldsymbol{c}\cdot\int_V \nabla u\,\mathrm{d}V=\int_V \boldsymbol{c}\cdot\nabla u\,\mathrm{d}V=\int_V \nabla\cdot(\boldsymbol{c}u)\,\mathrm{d}V$$

由高斯定理 $\int_V \nabla\cdot\boldsymbol{F}\mathrm{d}V=\oint_S \boldsymbol{F}\cdot\mathrm{d}\boldsymbol{S}$，令 $\boldsymbol{F}=\boldsymbol{c}u$，则

$$\boldsymbol{c}\cdot\int_V \nabla u\,\mathrm{d}V=\oint_S u\boldsymbol{c}\cdot\mathrm{d}\boldsymbol{S}$$

因为 $\boldsymbol{c}$ 是常矢量，从而

$$\boldsymbol{c}\cdot\int_V \nabla u\,\mathrm{d}V=\boldsymbol{c}\cdot\oint_S u\,\mathrm{d}\boldsymbol{S}$$

上式说明左右两边积分号内的量在 $\boldsymbol{c}$ 方向上的投影相等，由于 $\boldsymbol{c}$ 是一个任意的常矢量，因此

$$\int_V \nabla u\,\mathrm{d}V=\oint_S u\,\mathrm{d}\boldsymbol{S}$$

例 1-13　证明 $\int_V \nabla\times\boldsymbol{F}\mathrm{d}V=\oint_S \mathrm{d}\boldsymbol{S}\times\boldsymbol{F}$。

证明　采用与例 1-12 相类似的方法，即可证明。

例 1-14　将面积分 $\oint_S (u\,\nabla\times\boldsymbol{F})\cdot\mathrm{d}\boldsymbol{S}$ 表示成为体积分的形式。

解　因为

$$\nabla\cdot(u\,\nabla\times\boldsymbol{F})=\nabla u\cdot(\nabla\times\boldsymbol{F})+u\,\nabla\cdot(\nabla\times\boldsymbol{F})$$

注意到对于任意矢量场有 $\nabla\cdot(\nabla\times\boldsymbol{F})=0$，所以

$$\begin{aligned}\oint_S (u\,\nabla\times\boldsymbol{F})\cdot\mathrm{d}\boldsymbol{S}&=\int_V \nabla\cdot(u\,\nabla\times\boldsymbol{F})\mathrm{d}V\\&=\int_V \nabla\times\boldsymbol{F}\cdot\nabla u\mathrm{d}V\end{aligned}$$

例 1-15　对于任意的常矢量 $\boldsymbol{a}$，证明 $\oint_S (\boldsymbol{a}\cdot\boldsymbol{r})\mathrm{d}\boldsymbol{S}=\boldsymbol{a}V$，其中 $\boldsymbol{r}$ 是位置矢量，V 是封闭面 S 包围的体积。

证明　用任意常矢量 $\boldsymbol{c}$ 点乘积分的两边，得

$$\boldsymbol{c}\cdot\oint(\boldsymbol{a}\cdot\boldsymbol{r})\mathrm{d}\boldsymbol{S}=\oint_S[(\boldsymbol{a}\cdot\boldsymbol{r})\boldsymbol{c}]\cdot\mathrm{d}\boldsymbol{S}=\int_V \nabla\cdot[(\boldsymbol{a}\cdot\boldsymbol{r})\boldsymbol{c}]\mathrm{d}V$$

由于

$$\nabla\cdot[(\boldsymbol{a}\cdot\boldsymbol{r})\boldsymbol{c}]=\boldsymbol{c}\cdot\nabla(\boldsymbol{a}\cdot\boldsymbol{r})$$

使用公式

$$\nabla(\boldsymbol{F}\cdot\boldsymbol{G})=\boldsymbol{F}\times(\nabla\times\boldsymbol{G})+\boldsymbol{G}\times(\nabla\times\boldsymbol{F})+(\boldsymbol{F}\cdot\nabla)\boldsymbol{G}+(\boldsymbol{G}\cdot\nabla)\boldsymbol{F}$$

并且注意到 $\boldsymbol{a}$ 是常矢量，且 $\nabla\times\boldsymbol{r}=\boldsymbol{0}$，于是得到 $\nabla(\boldsymbol{a}\cdot\boldsymbol{r})=(\boldsymbol{a}\cdot\nabla)\boldsymbol{r}=\boldsymbol{a}$，最后得到

$$\boldsymbol{c}\cdot\oint_S(\boldsymbol{a}\cdot\boldsymbol{r})\mathrm{d}\boldsymbol{S}=\boldsymbol{c}\cdot\int_V \boldsymbol{a}\,\mathrm{d}V=\boldsymbol{c}\cdot\boldsymbol{a}V$$

由于 $\boldsymbol{c}$ 是一个任意常矢量，因而有以下的恒等式：

$$\oint_S(\boldsymbol{a}\cdot\boldsymbol{r})\mathrm{d}\boldsymbol{S}=\boldsymbol{a}V$$

例 1-16 对于任意的常矢量 $\boldsymbol{a}$，证明 $\oint_S \boldsymbol{r}(\boldsymbol{a}\cdot \mathrm{d}\boldsymbol{S}) = \boldsymbol{a}V$，其中 $\boldsymbol{r}$ 是位置矢量，V 是封闭面 S 包围的体积。

证明 与上题类似，用任意常矢量 $\boldsymbol{c}$ 点乘积分的两边，并且注意到 $\nabla\cdot[(\boldsymbol{c}\cdot\boldsymbol{r})\boldsymbol{a}] = \boldsymbol{a}\cdot\boldsymbol{c}$，即可以得出结论。

例 1-17 证明恒等式：

$$\int_V (\boldsymbol{A}\cdot\nabla\times\nabla\times\boldsymbol{B} - \boldsymbol{B}\cdot\nabla\times\nabla\times\boldsymbol{A})\mathrm{d}V = \oint_S (\boldsymbol{B}\times\nabla\times\boldsymbol{A} - \boldsymbol{A}\times\nabla\times\boldsymbol{B})\cdot\mathrm{d}\boldsymbol{S}$$

证明 先化简 $\nabla\cdot(\boldsymbol{B}\times\nabla\times\boldsymbol{A} - \boldsymbol{A}\times\nabla\times\boldsymbol{B})$，使用公式

$$\nabla\cdot(\boldsymbol{f}\times\boldsymbol{g}) = \boldsymbol{g}\cdot\nabla\times\boldsymbol{f} - \boldsymbol{f}\cdot\nabla\times\boldsymbol{g}$$

可以得到

$$\nabla\cdot(\boldsymbol{B}\times\nabla\times\boldsymbol{A} - \boldsymbol{A}\times\nabla\times\boldsymbol{B}) = (\nabla\times\boldsymbol{A})\cdot(\nabla\times\boldsymbol{B}) - \boldsymbol{B}\cdot(\nabla\times\nabla\times\boldsymbol{A})$$
$$-(\nabla\times\boldsymbol{B})\cdot(\nabla\times\boldsymbol{A}) + \boldsymbol{A}\cdot(\nabla\times\nabla\times\boldsymbol{B}) = \boldsymbol{A}\cdot(\nabla\times\nabla\times\boldsymbol{B}) - \boldsymbol{B}\cdot(\nabla\times\nabla\times\boldsymbol{A})$$

再使用散度定理，即可得证。

1.3 习题及答案

1-1 若矢量 $\boldsymbol{A}$ 与直角坐标系的三个坐标轴夹角相等，求它的方向余弦。

解 由 $\cos^2\alpha + \cos^2\beta + \cos^2\gamma = 1$ 及 $\alpha = \beta = \gamma$ 可得

$$\cos\alpha = \cos\beta = \cos\gamma = \pm\frac{1}{\sqrt{3}}$$

1-2 若 $\boldsymbol{A} = 2\boldsymbol{e}_x + 2\boldsymbol{e}_y + 2\boldsymbol{e}_z$，$\boldsymbol{B} = 2\boldsymbol{e}_x + \boldsymbol{e}_y$，求矢量 $\boldsymbol{A}$ 在矢量 $\boldsymbol{B}$ 上的投影。

解 矢量 $\boldsymbol{B}$ 的单位矢量 $\boldsymbol{b} = \dfrac{\boldsymbol{B}}{B} = \dfrac{2\boldsymbol{e}_x + \boldsymbol{e}_y}{\sqrt{5}}$，矢量 $\boldsymbol{A}$ 在矢量 $\boldsymbol{B}$ 上的投影为

$$\boldsymbol{A}\cdot\boldsymbol{b} = \boldsymbol{A}\cdot\frac{\boldsymbol{B}}{\sqrt{5}} = \frac{6}{\sqrt{5}}$$

1-3 若 $\boldsymbol{A} = \boldsymbol{e}_x + \boldsymbol{e}_y$，$\boldsymbol{B} = -2\boldsymbol{e}_x + \boldsymbol{e}_y$，$\boldsymbol{C} = \boldsymbol{e}_y + 2\boldsymbol{e}_z$，求 $(\boldsymbol{A}\times\boldsymbol{B})\cdot\boldsymbol{C}$。讨论当上述三个矢量同时反向时，这个混合积的改变情况。

解
$$(\boldsymbol{A}\times\boldsymbol{B})\cdot\boldsymbol{C} = \begin{vmatrix} A_x & A_y & A_z \\ B_x & B_y & B_z \\ C_x & C_y & C_z \end{vmatrix} = \begin{vmatrix} 1 & 1 & 0 \\ -2 & 1 & 0 \\ 0 & 1 & 2 \end{vmatrix} = 6$$

当三个矢量同时反向时，这个混合积变为 -6。

1-4 求标量场 $u = \dfrac{1}{\sqrt{x^2+y^2+z^2}}$ 通过点 $A(2, 1, 2)$ 处的等值面。

解 等值面为

$$x^2 + y^2 + z^2 = 9$$

1-5 若标量场 $u = 2xy$，求与直线 $x+2y-4=0$ 相切的等值线方程。

解 等值线方程 $2xy = C$，等值线上一点切线的斜率 $y' = \dfrac{-C}{2x^2}$，直线 $x+2y-4=0$ 的斜率为 $-1/2$。令这两个斜率相等可以得出 $C = x^2$，将其代入 $2xy = C$ 得到 $2y = x$。把

$2y=x$ 代入直线方程得到切点为 $x=1$，$y=2$，这样可求出 $C=1$。最后得到等值线方程为

$$2xy=1$$

1-6　求矢量场 $\boldsymbol{A}=\boldsymbol{e}_x(2x^2-y^2)+\boldsymbol{e}_y 3xy$ 的矢量线方程的通解，当矢量线通过点 $M(1,1,0)$时求出矢量线的具体形式。

解　由 $\dfrac{dx}{2x^2-y^2}=\dfrac{dy}{3xy}$，得

$$\frac{2xdx}{2x^2-y^2}=\frac{2dy}{3y}$$

$$\frac{2xdx}{2x^2-y^2}=\frac{2ydy}{3y^2}$$

采用和比公式有

$$\frac{2xdx+2ydy}{2x^2-y^2+3y^2}=\frac{2ydy}{3y^2}$$

化简以后可得

$$\frac{d(x^2+y^2)}{x^2+y^2}=\frac{4dy}{3y}$$

解之得到矢量线通解为 $x^2+y^2=Cy^{4/3}$，过题目给定点的矢量线为

$$x^2+y^2=2y^{4/3}$$

1-7　求矢量场 $\boldsymbol{A}=\boldsymbol{e}_x y-\boldsymbol{e}_y x$ 过点(0, 1, 0)的矢量线方程。

解　由 $\dfrac{dx}{y}=\dfrac{dy}{-x}$，得 $xdx+ydy=0$，解之得到矢量线通解为 $x^2+y^2=C$，过题目给定点的矢量线为 $x^2+y^2=1$。又因为 $A_z=0$，所以 $z=C'$，过给定点得出 $z=0$。最后得矢量线方程为

$$x^2+y^2=1,\ z=0$$

1-8　设矢量场 $\boldsymbol{A}=\boldsymbol{e}_x(x^2-y^2)+\boldsymbol{e}_y 2xy$，分别求过点 $A(1,-2,2)$和点 $B(1,2,2)$的矢量线方程。

解　由 $\dfrac{dx}{x^2-y^2}=\dfrac{dy}{2xy}$，得

$$\frac{2xdx}{x^2-y^2}=\frac{2ydy}{2y^2}$$

$$\frac{2xdx}{x^2-y^2}=\frac{2ydy}{2y^2}$$

采用和比公式有

$$\frac{2xdx+2ydy}{x^2-y^2+2y^2}=\frac{2ydy}{2y^2}$$

化简以后可得

$$\frac{d(x^2+y^2)}{x^2+y^2}=\frac{dy}{y}$$

解之得到矢量线通解为 $x^2+y^2=Cy$，过题目给定点的矢量线分别为

$$x^2+y^2=-\frac{5}{2}y,\quad z=2$$

和

$$x^2+y^2=\frac{5}{2}y,\ z=2$$

1-9 计算下列标量场的梯度：

(1) $u=2x^2-y^2-z^2$；

(2) $u=xy+yz+xz$；

(3) $u=x^2+y^2+2xy$。

解 (1) $$\nabla(2x^2-y^2-z^2)=4x\boldsymbol{e}_x-2y\boldsymbol{e}_y-2z\boldsymbol{e}_z$$

(2) $$\nabla(xy+yz+xz)=(y+z)\boldsymbol{e}_x+(z+x)\boldsymbol{e}_y+(x+y)\boldsymbol{e}_z$$

(3) $$\nabla(x^2+y^2+2xy)=(2x+2y)(\boldsymbol{e}_x+\boldsymbol{e}_y)$$

1-10 求曲面 $z=x^2+2y^2$ 在点(1，1，3)处的单位法向。

解 令 $u=x^2+2y^2-z$，由于梯度是数量场等值面的正法向，因而有

$$\nabla u=2x\boldsymbol{e}_x+4y\boldsymbol{e}_y-z\boldsymbol{e}_z$$

在点(1，1，3)处有

$$\nabla u=2\boldsymbol{e}_x+4\boldsymbol{e}_y-z\boldsymbol{e}_z$$

最后得出待求法向为

$$\boldsymbol{n}=\pm\frac{1}{\sqrt{21}}(2\boldsymbol{e}_x+4\boldsymbol{e}_y-z\boldsymbol{e}_z)$$

1-11 设 $\boldsymbol{r}=x\boldsymbol{e}_x+y\boldsymbol{e}_y+z\boldsymbol{e}_z$，$r=|\boldsymbol{r}|$，求$\nabla r$，$\nabla r^2$，$\nabla f(r)$。

解 $$\nabla r=\nabla(x^2+y^2+z^2)^{1/2}=\frac{x\boldsymbol{e}_x+y\boldsymbol{e}_y+z\boldsymbol{e}_z}{(x^2+y^2+z^2)^{1/2}}=\frac{\boldsymbol{r}}{r}$$

$$\nabla r^2=2r\,\nabla r=2r\,\frac{\boldsymbol{r}}{r}=2\boldsymbol{r}$$

$$\nabla f(r)=\frac{\partial f}{\partial r}\nabla r=\frac{\partial f}{\partial r}\frac{\boldsymbol{r}}{r}$$

1-12 若 $\boldsymbol{A}=xz\boldsymbol{e}_x+(yx-z^2)\boldsymbol{e}_y+zy\boldsymbol{e}_z$，设 S 是 $z=0$ 和上半球面 $x^2+y^2+z^2=a^2$ $(z\geqslant 0)$所包围的半球区域的外表面，求 $\boldsymbol{A}$ 在 S 上的通量。

解 我们用高斯公式计算，容易得出

$$\nabla\cdot\boldsymbol{A}=x+y+z$$

$$\oint_S\boldsymbol{A}\cdot\mathrm{d}\boldsymbol{S}=\int_V\nabla\cdot\boldsymbol{A}\mathrm{d}V=\int_V(x+y+z)\mathrm{d}V$$

把这个积分变到球坐标系进行就有

$$\oint_S\boldsymbol{A}\cdot\mathrm{d}\boldsymbol{S}=\int_V(r\cos\theta+r\sin\theta\cos\phi+r\sin\theta\sin\phi)r^2\sin\theta\mathrm{d}r\mathrm{d}\theta\mathrm{d}\phi$$

注意到积分区域为 $0\leqslant r\leqslant a$，$0\leqslant\theta\leqslant\pi/2$，$0\leqslant\varphi\leqslant 2\pi$，得到结果 $\pi a^4/4$。

1-13 若 $\boldsymbol{A}=(y-z)x\boldsymbol{e}_x+(x^2-y^2)\boldsymbol{e}_z$，设 S 是 $z=0$，$z=h$ 和圆柱 $x^2+y^2=a^2$ 所包围空间区域的外侧，求 $\boldsymbol{A}$ 在 S 上的通量。

解 和上题类似，变换为体积分 $\nabla\cdot\boldsymbol{A}=y-z$，有

$$\oint_S\boldsymbol{A}\cdot\mathrm{d}S=\int_V\nabla\cdot\boldsymbol{A}\mathrm{d}V=\int_V(y-z)\mathrm{d}V$$

把这个积分变到圆柱坐标系进行就有

$$\oint_S \boldsymbol{A}\cdot\mathrm{d}\boldsymbol{S}=\int_V(\rho\sin\theta-z)\rho\mathrm{d}\rho\mathrm{d}\phi\mathrm{d}z$$

注意到积分区域为 $0\leqslant\rho\leqslant a$，$0\leqslant\phi\leqslant 2\pi$，$0\leqslant z\leqslant h$，得到结果 $-\pi a^2h^2/2$。

1-14　设 $\boldsymbol{r}$ 为矢量径，$\boldsymbol{k}$ 是常矢量，求下列各量：

(1) $\nabla\cdot\boldsymbol{r}$；

(2) $\nabla\times\boldsymbol{r}=0$；

(3) $\nabla(\boldsymbol{k}\cdot\boldsymbol{r})$；

(4) $(\boldsymbol{k}\cdot\nabla)\boldsymbol{r}$。

解　(1)
$$\nabla\cdot\boldsymbol{r}=3$$
(2)
$$\nabla\times\boldsymbol{r}=0$$
(3)
$$\nabla(\boldsymbol{k}\cdot\boldsymbol{r})=\boldsymbol{k}$$
(4)
$$(\boldsymbol{k}\cdot\nabla)\boldsymbol{r}=\boldsymbol{k}$$

1-15　设 S 是球面 $x^2+y^2+z^2=a^2$，计算积分：

$$\oiint_S[xz^2\boldsymbol{e}_x+x^2y\boldsymbol{e}_y+(3xy^2+y^2z)\boldsymbol{e}_z]\cdot\mathrm{d}\boldsymbol{S}$$

解
$$\nabla\cdot\boldsymbol{A}=x^2+y^2+z^2=r^2$$

由高斯公式可以得出积分结果为 $4\pi a^4/5$。

1-16　求矢量场 $\boldsymbol{A}=y\boldsymbol{e}_x-x\boldsymbol{e}_y$ 沿圆周 $x^2+y^2=R^2$，$z=0$ 的环量(圆周的正向与 z 轴构成右手螺旋关系)。

解
$$\nabla\times\boldsymbol{A}=-2\boldsymbol{e}_z$$

由斯托克斯定理容易得出所求环量为 $-2\pi R^2$。

1-17　求矢量场 $\boldsymbol{A}=(y-z+2)\boldsymbol{e}_x+(yz+4)\boldsymbol{e}_y-xz\boldsymbol{e}_z$ 沿正方形 $x=0$，$x=2$，$y=0$，$y=2$，$z=0$ 的环量(边界的正向与 z 轴构成右手螺旋关系)。

解
$$\nabla\times\boldsymbol{A}=-y\boldsymbol{e}_z+(z-1)\boldsymbol{e}_y+\boldsymbol{e}_z$$

由斯托克斯定理容易得出所求环量为 4。

1-18　若 $\boldsymbol{F}=x^2\boldsymbol{e}_x+y^2\boldsymbol{e}_y+z^2\boldsymbol{e}_z$，分别用体积分和面积分两种方法计算该矢量场在单位正方体表面的通量。正方体由 $0\leqslant x\leqslant 1$，$0\leqslant y\leqslant 1$，$0\leqslant z\leqslant 1$ 组成。

解　先用散度体积分计算：

$$\nabla\cdot\boldsymbol{F}=x+y+z$$

$$\oint_S\boldsymbol{F}\cdot\mathrm{d}\boldsymbol{S}=\int_V\nabla\cdot\boldsymbol{F}\mathrm{d}V=\int_V(x+y+z)\mathrm{d}V$$

可以算得这个积分值为 3。同样用面积分计算结果也为 3。

1-19　若 $\boldsymbol{F}=(x^2+x)\boldsymbol{e}_x+(y^2+y)\boldsymbol{e}_y+(z^2+z)\boldsymbol{e}_z$，求该矢量场在以坐标原点为中心，以 a 为半径的球面上的通量。

解　用散度体积分计算：

$$\nabla\cdot\boldsymbol{F}=x+y+z+3$$

$$\oint_S\boldsymbol{F}\cdot\mathrm{d}\boldsymbol{S}=\int_V\nabla\cdot\boldsymbol{F}\mathrm{d}V=\int_V(x+y+z+3)\mathrm{d}V$$

由于 x，y，z 是球形区域的奇函数，因而计算结果为 $4\pi a^3$。

1－20 已知 $u=x^2-y^2+2xy$，求 $\nabla^2 u$。

解 $$\nabla^2(x^2-y^2+2xy)=\left(\frac{\partial^2}{\partial x^2}+\frac{\partial^2}{\partial y^2}+\frac{\partial^2}{\partial z^2}\right)(x^2-y^2+2xy)=0$$

1－21 设 $\boldsymbol{C}$ 为常矢量，$\boldsymbol{r}=x\boldsymbol{e}_x+y\boldsymbol{e}_y+z\boldsymbol{e}_z$，试证：

(1) $\nabla(\boldsymbol{C}\cdot\boldsymbol{r})=\boldsymbol{C}$；

(2) $\nabla\cdot(\boldsymbol{C}\times\boldsymbol{r})=0$；

(3) $\nabla\times(\boldsymbol{C}\times\boldsymbol{r})=2\boldsymbol{C}$；

(4) $\nabla\cdot[(\boldsymbol{C}\cdot\boldsymbol{r})\boldsymbol{r}]=4\boldsymbol{C}\cdot\boldsymbol{r}$。

证明

(1) $$\nabla(\boldsymbol{C}\cdot\boldsymbol{r})=\nabla(C_x x+C_y y+C_z z)=C_x\boldsymbol{e}_x+C_y\boldsymbol{e}_y+C_z\boldsymbol{e}_z=\boldsymbol{C}$$

(2) $$\nabla\cdot(\boldsymbol{C}\times\boldsymbol{r})=\boldsymbol{r}\cdot\nabla\times\boldsymbol{C}-\boldsymbol{C}\cdot\nabla\times\boldsymbol{r}=0$$

(3) $$(\boldsymbol{C}\times\boldsymbol{r})=\boldsymbol{e}_x(C_y z-C_z y)+\boldsymbol{e}_y(C_z x-C_x z)+\boldsymbol{e}_z(C_x y-C_y x)$$

$$\nabla\times(\boldsymbol{C}\times\boldsymbol{r})=\begin{vmatrix}\boldsymbol{e}_x & \boldsymbol{e}_y & \boldsymbol{e}_z\\ \dfrac{\partial}{\partial x} & \dfrac{\partial}{\partial y} & \dfrac{\partial}{\partial z}\\ C_y z-C_z y & C_z x-C_x z & C_x y-C_y x\end{vmatrix}=2\boldsymbol{C}$$

(4) $$\nabla\cdot[(\boldsymbol{C}\cdot\boldsymbol{r})\boldsymbol{r}]=(\boldsymbol{C}\cdot\boldsymbol{r})\nabla\cdot\boldsymbol{r}+\boldsymbol{r}\cdot\nabla(\boldsymbol{C}\cdot\boldsymbol{r})$$

用 $\nabla(\boldsymbol{C}\cdot\boldsymbol{r})=\boldsymbol{C}$ 和 $\nabla\cdot\boldsymbol{r}=3$ 即可得证。

1－22 证明：

$$\nabla^2(\nabla\cdot\boldsymbol{A})=\nabla\cdot(\nabla^2\boldsymbol{A})$$

证明 由

$$\nabla\times\nabla\times\boldsymbol{A}=-\nabla^2\boldsymbol{A}+\nabla(\nabla\cdot\boldsymbol{A})$$

可得

$$\nabla\cdot(\nabla\times\nabla\times\boldsymbol{A})=-\nabla\cdot\nabla^2\boldsymbol{A}+\nabla\cdot\nabla(\nabla\cdot\boldsymbol{A})=0$$

化简即可得证。

1－23 求下列两种条件下的 $\nabla\cdot\boldsymbol{A}$ 和 $\nabla\times\boldsymbol{A}$：

(1) $\boldsymbol{A}(\rho,\phi,z)=\boldsymbol{e}_\rho\rho\cos\phi+\boldsymbol{e}_\varphi\rho\sin\phi$；

(2) $\boldsymbol{A}(r,\theta,\phi)=\dfrac{2\cos\theta}{r^3}\boldsymbol{e}_r+\dfrac{\sin\theta}{r^3}\boldsymbol{e}_\theta$。

解 (1)

$$\begin{aligned}\nabla\cdot\boldsymbol{A}(\rho,\phi,z)&=\nabla\cdot(\boldsymbol{e}_\rho\rho\cos\phi+\boldsymbol{e}_\phi\rho\sin\phi)\\&=\frac{1}{\rho}\left[\frac{\partial}{\partial\rho}(\rho\rho\cos\phi)+\frac{\partial}{\partial\phi}(\rho\sin\phi)\right]\\&=3\cos\phi\end{aligned}$$

$$\nabla\times\boldsymbol{A}=\frac{1}{\rho}\begin{vmatrix}\boldsymbol{e}_\rho & \rho\boldsymbol{e}_\phi & \boldsymbol{e}_z\\ \dfrac{\partial}{\partial\rho} & \dfrac{\partial}{\partial\phi} & \dfrac{\partial}{\partial z}\\ \rho\cos\phi & \rho\rho\sin\phi & 0\end{vmatrix}=3\sin\phi\boldsymbol{e}_z$$

(2)

$$\nabla\cdot\boldsymbol{A}=0$$

$$\nabla\times\boldsymbol{A}=0$$

1－24 设 $\boldsymbol{r}=\boldsymbol{e}_x x+\boldsymbol{e}_y y+\boldsymbol{e}_z z$，$\boldsymbol{e}_r=\dfrac{\boldsymbol{r}}{r}$，分别在三种正交坐标系中计算 $\boldsymbol{r}$ 和 $\boldsymbol{e}_r$ 的散度，

并且证明前者都等于 3，后者都等于 $\dfrac{2}{r}$。

证明　在直角坐标系：

$$\nabla\cdot \boldsymbol{r}=\nabla\cdot(\boldsymbol{e}_x x+\boldsymbol{e}_y y+\boldsymbol{e}_z z)=\frac{\partial x}{\partial x}+\frac{\partial y}{\partial y}+\frac{\partial z}{\partial z}=3$$

在圆柱坐标系：

$$\boldsymbol{r}=\boldsymbol{e}_x x+\boldsymbol{e}_y y+\boldsymbol{e}_z z=\boldsymbol{e}_\rho \rho+\boldsymbol{e}_z z$$

$$\nabla\cdot \boldsymbol{r}=\nabla\cdot(\boldsymbol{e}_\rho \rho+\boldsymbol{e}_z z)=\frac{1}{\rho}\frac{\partial(\rho\rho)}{\partial\rho}+\frac{\partial z}{\partial z}=3$$

在球坐标系：

$$\boldsymbol{r}=\boldsymbol{e}_x x+\boldsymbol{e}_y y+\boldsymbol{e}_z z=\boldsymbol{e}_r r$$

$$\nabla\cdot \boldsymbol{r}=\nabla\cdot(\boldsymbol{e}_r r)=\frac{1}{r^2}\frac{\partial(r^2 r)}{\partial r}=3$$

同理可证，在三个坐标系中，$\boldsymbol{e}_r$ 的散度都等于 $2/r$。

1-25　若 $\boldsymbol{A}=\boldsymbol{A}_0\mathrm{e}^{-\mathrm{j}\boldsymbol{k}\cdot\boldsymbol{r}}$，$f=f_0\mathrm{e}^{-\mathrm{j}\boldsymbol{k}\cdot\boldsymbol{r}}$，其中，$\boldsymbol{A}_0$ 和 $\boldsymbol{k}$ 为常矢量，f_0 是常数，证明下列结论：

(1) $\nabla f=-\mathrm{j}\boldsymbol{k}f$；

(2) $\nabla\cdot\boldsymbol{A}=-\mathrm{j}\boldsymbol{k}\cdot\boldsymbol{A}$；

(3) $\nabla\times\boldsymbol{A}=-\mathrm{j}\boldsymbol{k}\times\boldsymbol{A}$；

(4) $\nabla^2 f=-k^2 f$；

(5) $\nabla^2\boldsymbol{A}=-k^2\boldsymbol{A}$。

证明　(1)　$\nabla f=\nabla(f_0\mathrm{e}^{-\mathrm{j}\boldsymbol{k}\cdot\boldsymbol{r}})=f_0\nabla\mathrm{e}^{-\mathrm{j}\boldsymbol{k}\cdot\boldsymbol{r}}=-\mathrm{j}\mathrm{e}^{-\mathrm{j}\boldsymbol{k}\cdot\boldsymbol{r}}f_0\nabla(\boldsymbol{k}\cdot\boldsymbol{r})$

再利用 $\nabla(\boldsymbol{k}\cdot\boldsymbol{r})=\boldsymbol{k}$ 即可得证。

同理可证上述其他结论。

第2章 静 电 场

2.1 基本内容与公式

1. 库仑定律、电场强度

库仑定律的内容是：真空中点电荷 q' 作用于点电荷 q 的力为

$$\boldsymbol{F} = \frac{q'q}{4\pi\varepsilon_0 R^2}\boldsymbol{e}_R = \frac{q'q}{4\pi\varepsilon_0}\frac{\boldsymbol{R}}{R^3}$$

式中：$\boldsymbol{R} = \boldsymbol{r} - \boldsymbol{r}'$，表示从 $\boldsymbol{r}'$ 到 $\boldsymbol{r}$ 的矢量；R 是 $\boldsymbol{r}'$ 到 $\boldsymbol{r}$ 的距离；$\boldsymbol{e}_R$ 是 $\boldsymbol{R}$ 的单位矢量；ε_0 是真空的介电常数，且有

$$\varepsilon_0 = 8.854 \times 10^{-12} \approx \frac{1}{36\pi} \times 10^{-9}\,(\text{F/m})$$

空间一点的电场强度定义为单位试验电荷在该点所受到的电场力。

位于点 $\boldsymbol{r}'$ 处的点电荷 q 在 $\boldsymbol{r}$ 处产生的电场强度为

$$\boldsymbol{E}(\boldsymbol{r}) = \frac{q}{4\pi\varepsilon_0}\frac{\boldsymbol{R}}{R^3} = \frac{q}{4\pi\varepsilon_0}\frac{(\boldsymbol{r} - \boldsymbol{r}')}{|\boldsymbol{r} - \boldsymbol{r}'|^3}$$

将电荷所在点 $\boldsymbol{r}'$ 称为源点，将观察点 $\boldsymbol{r}$ 称为场点。

如果真空中一共有 n 个点电荷，则 $\boldsymbol{r}$ 处的电场强度可由叠加原理计算，即

$$\boldsymbol{E}(\boldsymbol{r}) = \sum_{i=1}^{n}\frac{q_i}{4\pi\varepsilon_0}\frac{(\boldsymbol{r} - \boldsymbol{r}_i)}{|\boldsymbol{r} - \boldsymbol{r}_i|^3}$$

体电荷的电场强度为

$$\boldsymbol{E}(\boldsymbol{r}) = \frac{1}{4\pi\varepsilon_0}\int_V \frac{\rho(\boldsymbol{r}')(\boldsymbol{r} - \boldsymbol{r}')}{|\boldsymbol{r} - \boldsymbol{r}'|^3}\mathrm{d}V'$$

面电荷的电场强度为

$$\boldsymbol{E}(\boldsymbol{r}) = \frac{1}{4\pi\varepsilon_0}\int_S \frac{\rho_S(\boldsymbol{r}')(\boldsymbol{r} - \boldsymbol{r}')}{|\boldsymbol{r} - \boldsymbol{r}'|^3}\mathrm{d}S'$$

线电荷的电场强度为

$$\boldsymbol{E}(\boldsymbol{r}) = \frac{1}{4\pi\varepsilon_0}\int_l \frac{\rho_l(\boldsymbol{r}')(\boldsymbol{r} - \boldsymbol{r}')}{|\boldsymbol{r} - \boldsymbol{r}'|^3}\mathrm{d}l'$$

2. 电位

由于静电场的旋度恒等于零，因而，可以将电场强度表示为一个标量位函数的负梯度：

$$\boldsymbol{E} = -\nabla\varphi$$

当取点 P_0 为参考点时，点 P 处的电位为

$$\varphi(P)=\int_P^{P_0}\boldsymbol{E}\cdot\mathrm{d}\boldsymbol{l}$$

上式说明，空间点 P 处的电位就是将单位正电荷从点 P 移动到参考点 P_0 的过程中，电场力所做的功。

位于源点 $\boldsymbol{r}'$ 处的点电荷 q，在 $\boldsymbol{r}$ 处产生的电位为

$$\varphi(\boldsymbol{r})=\frac{q}{4\pi\varepsilon_0|\boldsymbol{r}-\boldsymbol{r}'|}$$

体电荷在场点 $\boldsymbol{r}$ 处的电位为

$$\varphi(\boldsymbol{r})=\frac{1}{4\pi\varepsilon_0}\int_V\frac{\rho(\boldsymbol{r}')}{|\boldsymbol{r}-\boldsymbol{r}'|}\mathrm{d}V'$$

面电荷在场点 $\boldsymbol{r}$ 处的电位为

$$\varphi(\boldsymbol{r})=\frac{1}{4\pi\varepsilon_0}\int_S\frac{\rho_S(\boldsymbol{r}')}{|\boldsymbol{r}-\boldsymbol{r}'|}\mathrm{d}S'$$

线电荷在场点 $\boldsymbol{r}$ 处的电位为

$$\varphi(\boldsymbol{r})=\frac{1}{4\pi\varepsilon_0}\int_l\frac{\rho_l(\boldsymbol{r}')}{|\boldsymbol{r}-\boldsymbol{r}'|}\mathrm{d}l'$$

在真空中，电位满足泊松方程：

$$\nabla\cdot\nabla\varphi=\nabla^2\varphi=-\frac{\rho}{\varepsilon_0}$$

在无电荷的区域 $\rho=0$，电位满足拉普拉斯方程：

$$\nabla^2\varphi=0$$

3. 电偶极子的电场和电位

用电偶极矩表示电偶极子的大小和空间取向，它定义为电荷 q 乘以有向距离 $\boldsymbol{l}$，即

$$\boldsymbol{p}=q\boldsymbol{l}$$

位于坐标原点的电偶极子产生的电位和电场分别为

$$\varphi=\frac{\boldsymbol{p}\cdot\boldsymbol{r}}{4\pi\varepsilon_0 r^3}$$

$$\boldsymbol{E}=\frac{p}{4\pi\varepsilon_0 r^3}(\boldsymbol{e}_r 2\cos\theta+\boldsymbol{e}_\theta\sin\theta)$$

4. 电介质中的场方程

1）极化强度

用极化强度表征电介质的极化强弱和方向，它代表单位体积中电偶极矩的矢量和。

$$\boldsymbol{P}=\lim_{\Delta V\to 0}\frac{\sum\boldsymbol{p}}{\Delta V}$$

2）束缚电荷

极化电介质在空间产生的电场、电位等效为束缚电荷产生的电场电位，电介质内的束缚电荷体密度和电介质表面的束缚电荷面密度分别为

$$\rho(\boldsymbol{r})=-\nabla\cdot\boldsymbol{P}(\boldsymbol{r})$$

$$\rho_{SP}=\boldsymbol{P}(\boldsymbol{r})\cdot\boldsymbol{n}$$

此处的 $\boldsymbol{n}$ 是电介质表面的外法向。

3）电介质中的场方程

微分形式：

$$\nabla\cdot \boldsymbol{D}=\rho$$
$$\nabla\times \boldsymbol{E}=\boldsymbol{0}$$

积分形式：

$$\oint_S \boldsymbol{D}\cdot \mathrm{d}\boldsymbol{S}=q$$
$$\oint_l \boldsymbol{E}\cdot \mathrm{d}\boldsymbol{l}=0$$

4）介电常数

$$\boldsymbol{D}=\varepsilon_0(1+\chi_e)\boldsymbol{E}=\varepsilon_0\varepsilon_r\boldsymbol{E}=\varepsilon\boldsymbol{E}$$

称 ε_r 为电介质的相对介电常数，称 ε 为电介质的介电常数。

5. 静电场的边界条件

静电场的边界条件为

法向分量

$$\boldsymbol{n}\cdot(\boldsymbol{D}_2-\boldsymbol{D}_1)=\rho_S$$

切向分量

$$\boldsymbol{n}\times(\boldsymbol{E}_2-\boldsymbol{E}_1)=\boldsymbol{0}$$

其中，$\boldsymbol{n}$ 是从区域 1 指向区域 2 的单位法向。

该边界条件也可表示为

$$D_{2\mathrm{n}}-D_{1\mathrm{n}}=\rho_S$$
$$E_{2\mathrm{t}}=E_{1\mathrm{t}}$$

6. 导体系统的电容

多导体系统的电位与电荷间的关系可以用电位系数 p_{ij} 描述：

$$\varphi_i=\sum_{j=1}^{n}p_{ij}q_j$$

或者用电容系数（也叫感应系数）β_{ij} 描述：

$$q_i=\sum_{j=1}^{n}\beta_{ij}\varphi_j$$

也可以用部分电容 C_{ij} 描述：

$$\left.\begin{aligned}q_1&=C_{11}\varphi_1+C_{12}(\varphi_1-\varphi_2)+\cdots+C_{1n}(\varphi_1-\varphi_n)\\q_2&=C_{21}(\varphi_2-\varphi_1)+C_{22}\varphi_1+\cdots+C_{2n}(\varphi_2-\varphi_n)\\&\vdots\\q_n&=C_{n1}(\varphi_n-\varphi_1)+C_{n2}(\varphi_n-\varphi_2)+\cdots+C_{nn}\varphi_n\end{aligned}\right\}$$

7. 电场能量

点电荷系的静电能量为

$$W_\mathrm{e}=\frac{1}{2}\sum_{i=1}^{n}q_i\varphi_i$$

注意：φ_i 是其余点电荷 q 所在处产生的电位。

体分布电荷的能量为

$$W_e = \int_V \frac{1}{2}\rho(\boldsymbol{r})\varphi(\boldsymbol{r})\mathrm{d}V$$

面电荷和线电荷的电场能量分别为

$$W_e = \int_S \frac{1}{2}\rho_S(\boldsymbol{r})\varphi(\boldsymbol{r})\mathrm{d}S$$

$$W_e = \int_l \frac{1}{2}\rho_l(\boldsymbol{r})\varphi(\boldsymbol{r})\mathrm{d}l$$

静电场的能量可以表示为整个电场存在区域的积分：

$$W_e = \frac{1}{2}\int_V \boldsymbol{E}\cdot\boldsymbol{D}\mathrm{d}V$$

单位体积储存的静电能量，称为静电场的能量密度，以 w_e表示，即

$$w_e = \frac{1}{2}\boldsymbol{E}\cdot\boldsymbol{D}$$

2.2 典型例题

例 2-1 一个半径为 a 的均匀带电圆柱(无限长)的电荷密度为 ρ，求圆柱体内、外的电场强度。

解 因为电荷分布是柱对称的，因而选取圆柱坐标系求解。在半径为 r 的柱面上，电场强度大小相等，方向为沿半径方向。

计算柱内电场时，取半径为 r、高度为 l 的圆柱面为高斯面，在此柱面上，使用高斯定律，有

$$\oint_S \boldsymbol{D}\cdot\mathrm{d}\boldsymbol{S} = \varepsilon_0 E 2\pi r l = q$$

而

$$q = \rho\pi r^2 l$$

所以有

$$E = \frac{r\rho}{2\varepsilon_0}$$

计算柱外电场时，取通过柱外待计算点的半径为 r、高度为 l 的圆柱面为高斯面，对此柱面使用高斯定律，有

$$\oint_S \boldsymbol{D}\cdot\mathrm{d}\boldsymbol{S} = \varepsilon_0 E 2\pi r l = q$$

而

$$q = \rho\pi a^2 l$$

所以有

$$E = \frac{\rho a^2}{2r\varepsilon_0}$$

例 2-2 如例 2-2 图所示，一个半径为 a 的均匀带电圆盘，电荷面密度为 ρ_S，求轴线上任一点的电场强度。

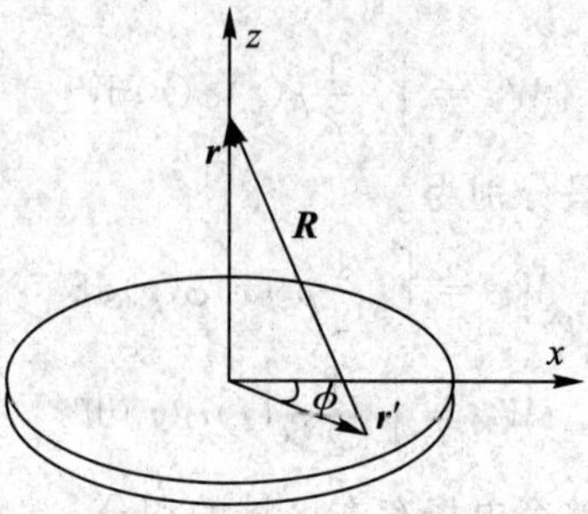

例 2-2 图

解 由面电荷的电场强度计算公式：

$$\boldsymbol{E}(\boldsymbol{r}) = \frac{1}{4\pi\varepsilon_0}\int_S \frac{\rho_S(\boldsymbol{r}')(\boldsymbol{r}-\boldsymbol{r}')}{|\boldsymbol{r}-\boldsymbol{r}'|^3}\mathrm{d}S'$$

及其电荷的对称关系，可知电场仅有 z 分量，代入场点 $r = z\boldsymbol{e}_z$，源点

$$\boldsymbol{r}' = \boldsymbol{e}_x r'\cos\phi + \boldsymbol{e}_y r'\sin\phi$$

$$\mathrm{d}S' = r'\mathrm{d}r'\mathrm{d}\phi$$

求得电场的轴向分量为

$$E = \frac{\rho_{S0}}{4\pi\varepsilon_0}\int_0^{2\pi}\mathrm{d}\phi\int_0^a \frac{zr'\mathrm{d}r'}{(z^2+r'^2)^{\frac{3}{2}}}$$

$$= \frac{\rho_{S0}}{2\varepsilon_0}\left(1-\frac{z}{(a^2+z^2)^{\frac{1}{2}}}\right)$$

上述结果适用于场点位于 $z>0$ 区域的情况。当场点位于 $z<0$ 区域时，电场的轴向分量为

$$E = -\frac{\rho_{S0}}{2\varepsilon_0}\left(1-\frac{|z|}{(a^2+z^2)^{\frac{1}{2}}}\right)$$

例 2-3 已知半径为 a 的球的内、外电场分布为

$$\boldsymbol{E} = \begin{cases} \boldsymbol{e}_r E_0 \dfrac{r}{a} & r<a \\ \boldsymbol{e}_r E_0 \left(\dfrac{a}{r}\right)^2 & r>a \end{cases}$$

求电荷密度。

解 从电场分布计算电荷分布，应使用高斯定律的微分形式 $\nabla\cdot\boldsymbol{D}=\rho$。用球坐标系中的散度公式，并注意电场仅仅有半径方向的分量，得出 $r<a$ 时，

$$\rho = \varepsilon_0\,\nabla\cdot\boldsymbol{E} = \varepsilon_0\,\frac{1}{r^2}\frac{\partial}{\partial r}(r^2E_r) = \frac{3E_0}{a}$$

$r>a$ 时，

$$\rho = \varepsilon_0\,\nabla\cdot\boldsymbol{E} = \varepsilon_0\,\frac{1}{r^2}\frac{\partial}{\partial r}(r^2E_r) = 0$$

例 2-4 真空中有两个点电荷，一个 $-q$ 位于原点，另一个 $q/2$ 位于$(a,0,0)$处，求电位为零的等位面方程。

解 由点电荷产生的电位公式，得电位为零的等位面为

$$\frac{-q}{4\pi\varepsilon_0 r}+\frac{\frac{q}{2}}{4\pi\varepsilon_0 r_1}=0$$

其中，

$$r=(x^2+y^2+z^2)^{\frac{1}{2}},\quad r_1=[(x-a)^2+y^2+z^2]^{\frac{1}{2}}$$

等位面方程简化为 $2r_1=r$，即

$$4[(x-a)^2+y^2+z^2]=x^2+y^2+z^2$$

此方程可以改写为

$$\left(x-\frac{4a}{3}\right)^2+y^2+z^2=\left(\frac{2a}{3}\right)^2$$

这是球心在 $\left(\frac{4a}{3},0,0\right)$，半径为 $\frac{2a}{3}$ 的球面。

例 2-5 一个半径为 a 的导体球表面套一层厚度为 $b-a$ 的电介质，电介质的介电常数为 ε。假设导体球带电 q，求任一点的电位。

解 计算电位可以由电场强度的线积分进行，也可以通过解电位微分方程进行。先用电场强度的线积分计算。

在导体球的内部，电场强度为零。对于电介质和空气中的电场分布，用高斯定律计算。在电介质或空气中，取球面为高斯面，由

$$\int_S \boldsymbol{D}\cdot \mathrm{d}\boldsymbol{S}=4\pi r^2 D_r=q$$

得出

$$D_r=\frac{q}{4\pi r^2}$$

在电介质($a<r<b$)中，电场为

$$E_r=\frac{q}{4\pi\varepsilon r^2}$$

在空气($r>b$)中，电场为

$$E_r=\frac{q}{4\pi\varepsilon_0 r^2}$$

于是，在空气($r>b$)中电位为

$$\varphi=\int_r^{\infty}E\,\mathrm{d}r=\int_r^{\infty}\frac{q}{4\pi\varepsilon_0 r^2}\mathrm{d}r=\frac{q}{4\pi\varepsilon_0 r}$$

在电介质($a<r<b$)中的电位为

$$\varphi=\int_r^{\infty}E\,\mathrm{d}r=\int_b^{\infty}\frac{q}{4\pi\varepsilon_0 r^2}\mathrm{d}r+\int_r^{b}\frac{q}{4\pi\varepsilon r^2}=\frac{q}{4\pi\varepsilon_0 b}+\frac{q}{4\pi\varepsilon}\left(\frac{1}{r}-\frac{1}{b}\right)$$

导体内的电位为常数，其值为 $\frac{q}{4\pi\varepsilon_0 b}+\frac{q}{4\pi\varepsilon}\left(\frac{1}{a}-\frac{1}{b}\right)$。

例 2-6 证明极化电介质中，束缚电荷体密度与自由电荷体密度的关系为

$$\rho_P=-\frac{\varepsilon-\varepsilon_0}{\varepsilon}\rho$$

证明 由方程 $\nabla\cdot\boldsymbol{D}=\rho$，$\nabla\cdot\boldsymbol{P}=-\rho_P$ 及其 $\boldsymbol{D}=\varepsilon\boldsymbol{E}=\varepsilon_0\boldsymbol{E}+\boldsymbol{P}$ 得到

$$\rho_P = -\nabla\cdot \boldsymbol{P} = -\nabla\cdot(\boldsymbol{D}-\varepsilon_0\boldsymbol{E}) = -\nabla\cdot\left(\boldsymbol{D}-\frac{\varepsilon}{\varepsilon}\varepsilon_0\boldsymbol{E}\right)$$

$$= -\nabla\cdot\left(\boldsymbol{D}-\frac{\varepsilon_0}{\varepsilon}\boldsymbol{D}\right) = -\frac{\varepsilon-\varepsilon_0}{\varepsilon}\nabla\cdot\boldsymbol{D} = -\frac{\varepsilon-\varepsilon_0}{\varepsilon}\rho$$

例 2-7 真空中有两个导体球的半径都是 a，两球心之间的距离为 d，且 $d\gg a$。计算两个导体球之间的电容。

解 因为球心间距远大于导体球的半径，球面的电荷可以看做是均匀分布。由电位系数的定义，可得

$$p_{11} = p_{22} = \frac{1}{4\pi\varepsilon_0 a}$$

$$p_{12} = p_{21} = \frac{1}{4\pi\varepsilon_0 d}$$

让第一个导体带电 q，第二个导体带电 $-q$，则

$$\varphi_1 = p_{11}q - p_{12}q = \frac{q}{4\pi\varepsilon_0 a} - \frac{q}{4\pi\varepsilon_0 d}$$

$$\varphi_2 = p_{21}q - p_{22}q = \frac{q}{4\pi\varepsilon_0 d} - \frac{q}{4\pi\varepsilon_0 a}$$

$$C = \frac{q}{U} = \frac{q}{\varphi_1 - \varphi_2}$$

化简后得

$$C = \frac{2\pi\varepsilon_0 ad}{d-a}$$

2.3 习题及答案

2-1 在 xoy 平面上，中心在坐标原点、半径为 a 的圆面上，以面密度 $\rho_S = A\sqrt{x^2+y^2}$ 的形式分布着面电荷，其中 A 是常数。

(1) 求带电总量 Q；

(2) 指出 A 的或者单位；

(3) 求 z 轴上的点电荷 q 受到的作用力：

解 (1) 带电总量为

$$Q = \int \rho_S \mathrm{d}S = \int_0^a A\rho 2\pi\rho \mathrm{d}\rho = \frac{2}{3}A\pi a^3$$

(2) 常数 A 的单位是 $\mathrm{C/m^3}$。

(3) 由题 2-1 解图可以定出：

$$\boldsymbol{r} = z\boldsymbol{e}_z$$

$$\boldsymbol{r}' = \rho'\cos\phi'\boldsymbol{e}_x + \rho'\sin\phi'\boldsymbol{e}_y$$

$$|\boldsymbol{r}-\boldsymbol{r}'| = (z^2+\rho^2)^{\frac{1}{2}}$$

$$|\boldsymbol{r}-\boldsymbol{r}'| = (z^2+\rho'^2)^{\frac{1}{2}}\ \mathrm{d}S' = \rho\mathrm{d}\rho\mathrm{d}\phi$$

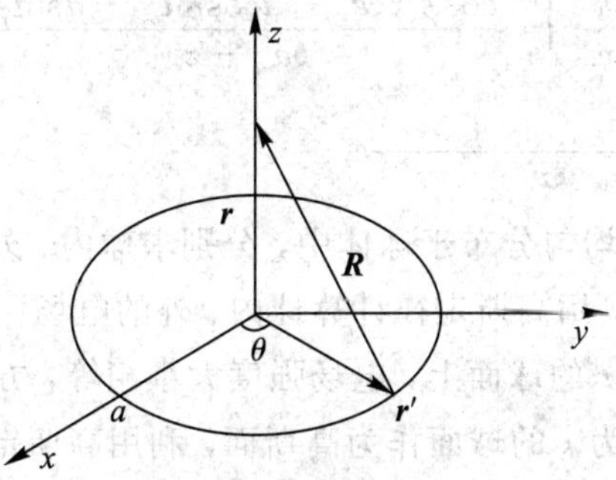

题 2-1 解图

所以

$$\boldsymbol{E}(\boldsymbol{r})=\frac{A}{4\pi\varepsilon_0}\int\frac{\rho'(z\boldsymbol{e}_z-\rho'\cos\phi'\boldsymbol{e}_x-\rho'\sin\phi'\boldsymbol{e}_y)}{(a^2+\rho'^2)^{3/2}}\rho'\mathrm{d}\rho'\mathrm{d}\phi'$$

显然上式的 x 分量和 y 分量为零，这样就有

$$E_z=\frac{A}{2\varepsilon_0}\int_0^a\frac{\rho'^2\mathrm{d}\rho'}{(\rho'^2+z^2)^{3/2}}'=\frac{A}{2\varepsilon_0}\int_0^a\rho'\mathrm{d}[-(\rho'^2+z^2)^{-1/2})]$$

$$=\frac{A}{2\varepsilon_0}\left(\frac{-a}{\sqrt{a^2+z^2}}+\int_0^a\frac{d\rho'}{\sqrt{\rho'^2+z^2}}\right)$$

$$=\frac{A}{2\varepsilon_0}\left[\frac{-a}{\sqrt{a^2+z^2}}+\ln\frac{\sqrt{a^2+z^2}+a}{z}\right]$$

电荷 q 受到的作用力为 qE_z。

2-2 若半径为 a 的非均匀带电圆环，其电荷线密度为 $\rho_l=A\cos\phi$，其中 A 为常数，圆环位于 xoy 平面，且圆心在坐标原点。ϕ 为圆柱坐标系的方位角。求 Z 轴上的电场强度。

解 由题 2-2 解图可以定出：

$$\boldsymbol{r}=z\boldsymbol{e}_z$$

$$\boldsymbol{r}'=a\cos\phi\boldsymbol{e}_x+a\sin\phi\boldsymbol{e}_y$$

$$|\boldsymbol{r}-\boldsymbol{r}'|=(z^2+a^2)^{\frac{1}{2}}$$

$$\mathrm{d}l'=a\mathrm{d}\phi'$$

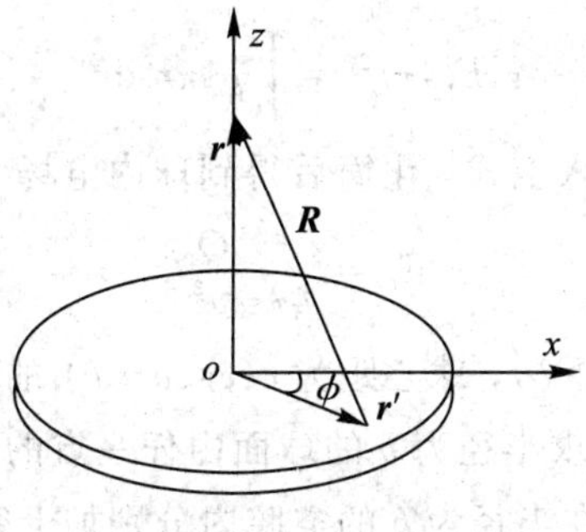

题 2-2 解图

所以

$$\boldsymbol{E}(\boldsymbol{r}) = \frac{\rho_l}{4\pi\varepsilon_0}\int_0^{2\pi}\frac{\cos\phi'(z\boldsymbol{e}_z - a\cos\phi'\boldsymbol{e}_x - a\sin\phi'\boldsymbol{e}_y)}{(a^2+z^2)^{3/2}}a\mathrm{d}\phi'$$

$$= \frac{a\rho_l}{4\varepsilon_0}\frac{1}{(a^2+z^2)^{3/2}}\boldsymbol{e}_x$$

2-3 总量为 q 的电荷均匀分布于球体中，分别求球内、外的电场强度。

解 设球体的半径为 a，用高斯定律计算球内、外的电场。由电荷分布可知，电场强度是球对称的，在距离球心为 r 的球面上，电场强度大小相等，方向为沿半径方向。

在球外($r>a$)，取半径为 r 的球面作为高斯面，利用高斯定理有

$$\oint_S \boldsymbol{D}\cdot\mathrm{d}\boldsymbol{S} = \varepsilon_0 E_r 4\pi r^2 = q$$

$$E_r = \frac{q}{4\pi\varepsilon_0 r^2}$$

在球内($r<a$)，也取球面作为高斯面，同样利用高斯定理有

$$\oint_S \boldsymbol{D}\cdot\mathrm{d}\boldsymbol{S} = \varepsilon_0 E_r 4\pi r^2 = q'$$

$$q' = \frac{4}{3}\pi r^3\rho = \frac{4}{3}\pi r^3\frac{q}{\frac{4}{3}\pi a^3} = \frac{r^3 q}{a^3}$$

$$E_r = \frac{rq}{4\pi\varepsilon_0 a^3}$$

2-4 总电量为 Q 的电荷以密度 $\rho = \dfrac{Q(n+3)}{4\pi a^3}r^n$ 的形式球对称地分布在半径为 a 的球内，球外无电荷，其中 n 是常数，试求其产生的电场。

解 依据问题的对称性，显然电场强度只有径向分量，且大小仅仅与半径 r 有关。

在球外($r>a$)，取半径为 r 的球面作为高斯面，利用高斯定理有

$$\oint_S \boldsymbol{D}\cdot\mathrm{d}\boldsymbol{S} = \varepsilon_0 E_r 4\pi r^2 = Q$$

$$E_r = \frac{Q}{4\pi\varepsilon_0 r^2}$$

在球内($r<a$)，也取球面作为高斯面，同样利用高斯定理有

$$\varepsilon_0 E_r 4\pi r^2 = \int_0^r \rho 4\pi r^2\,\mathrm{d}r$$

把球内电荷密度表达式代入上式，化简后得到球内电场为

$$E_r = \frac{r^{n+1}Q}{4\pi\varepsilon_0 a^3}$$

2-5 半径分别为 a、$b(a>b)$，球心距为 $c(c<a-b)$ 的两球面间有密度为 ρ 的均匀体电荷分布，如题 2-5 图所示，求半径为 b 的球面内任一点的电场强度。

解 为了使用高斯定理，在半径为 b 的空腔内分别加上密度为 $+\rho$ 和 $-\rho$ 的体电荷，这样，任一点的电场就相当于带正电的大球体和一个带负电的小球体共同产生的。正、负带电体所产生的场分别由高斯定理计算。

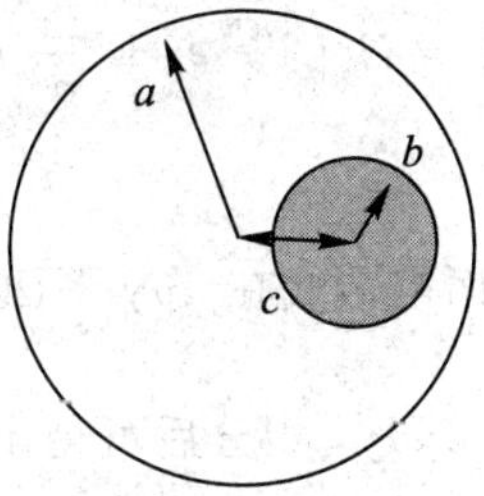

题 2-5 图

正电荷在空腔内产生的电场为

$$\boldsymbol{E}_1 = \frac{\rho r_1}{3\varepsilon_0}\boldsymbol{e}_{r1}$$

负电荷在空腔内产生的电场为

$$\boldsymbol{E}_2 = \frac{-\rho r_2}{3\varepsilon_0}\boldsymbol{e}_{r2}$$

单位向量 $\boldsymbol{e}_{r1}$，$\boldsymbol{e}_{r2}$ 分别以大、小球体的球心为球面坐标的原点。考虑到

$$r_1\boldsymbol{e}_{r1} - r_2\boldsymbol{e}_{r2} = c\boldsymbol{e}_x = \boldsymbol{c}$$

最后得到空腔内的电场为 $\boldsymbol{E} = \frac{\rho c}{3\varepsilon_0}\boldsymbol{e}_x$。

2-6　若一个正 N 边形薄板均匀带电，其电荷面密度为 ρ_S，设其内切圆的半径为 a，试证明它的中心点的电位为

$$\varphi = \frac{\rho_S a N}{2\pi\varepsilon_0}\ln\left[\tan\left(\frac{\pi}{N}\right) + \sec\left(\frac{\pi}{N}\right)\right]$$

解　我们先计算一个均匀带电的直角三角形薄板在锐角顶点的电位(参考题 2-6 解图)，采用极坐标系把要计算的电位表示为

$$\varphi(\boldsymbol{r}) = \frac{\rho_S}{4\pi\varepsilon_0}\iint\frac{r\mathrm{d}r\mathrm{d}\theta}{r} = \frac{\rho_S}{4\pi\varepsilon_0}\int_0^{\beta}\frac{a}{\cos\theta}\mathrm{d}\theta = \frac{\rho_S a}{4\pi\varepsilon_0}\ln(\tan\beta + \sec\beta)$$

再利用 $\beta = \pi/N$，可以证明上述结论。

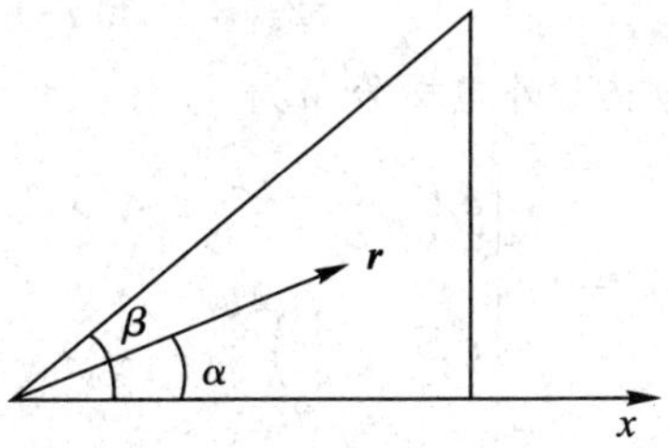

题 2-6 解图

2-7　若边长为 a 的正三角形薄板均匀带电，其电荷面密度为 ρ_S，试证明：三角形中心的电位为 $\varphi = \frac{\rho_S}{4\pi\varepsilon_0}\sqrt{3}a\ln(2+\sqrt{3})$；顶点的电位为 $\varphi = \frac{\rho_S}{8\pi\varepsilon_0}\sqrt{3}a\ln 3$；某个边的中点的电位为 $\varphi = \frac{\rho_S}{8\pi\varepsilon_0}\sqrt{3}a\ln(3+2\sqrt{3})$。

解　本题求解过程与上题类似，此处略。

2-8 已知某区域的电场为 $\boldsymbol{E}=E_0\left(\frac{4xy}{a^2}\boldsymbol{e}_x+\frac{2x^2}{a^2}\boldsymbol{e}_y\right)$，求电力线方程(其中 E_0 和 a 是常量)。

解 由于电场没有 z 分量，因而电力线在 xoy 平面内。由矢量线方程 $\frac{\mathrm{d}x}{E_x}=\frac{\mathrm{d}y}{E_y}$ 可以得到 $\frac{\mathrm{d}x}{4xy}=\frac{\mathrm{d}y}{2x^2}$，化简以后有 $x\mathrm{d}x=2y\mathrm{d}y$，积分后可得出电力线方程为

$$x^2-2y^2=C$$

2-9 标量函数 $u=A(5x^2-6y^2+z^2)$，能否作为无电荷区域的电位(其中 A 是常数)。

解 因为

$$\nabla^2 u=\frac{\partial^2 u}{\partial x^2}+\frac{\partial^2 u}{\partial y^2}+\frac{\partial^2 u}{\partial z^2}=0$$

可见该标量函数无电荷区域的电位，所以不能。

2-10 一个半径为 a 的均匀带电无限长圆柱电荷密度是 ρ，求圆柱体内、外的电场强度。

解 根据问题的对称性，可以知道电场仅仅有沿半径 r(r 是二维半径)方向的分量，并且仅仅是 r 的函数。在带电圆柱外，做半径为 r、高度为 h 的高斯面，有

$$2\pi rhE_r=\frac{1}{\varepsilon_0}\pi a^2h\rho$$

化简得外部电场为

$$E_r=\frac{a^2\rho}{2\varepsilon_0 r}$$

计算内部电场时，在圆柱内部作半径为 r、高度为 h 的高斯面，有

$$2\pi rhE_r=\frac{1}{\varepsilon_0}\pi r^2h\rho$$

化简得外部电场为

$$E_r=\frac{\rho r}{2\varepsilon_0}$$

2-11 已知半径为 a 的球内、外电场分布为

$$\boldsymbol{E}=\begin{cases}\boldsymbol{e}_rE_0\,\dfrac{r}{a} & r<a\\ \boldsymbol{e}_rE_0\left(\dfrac{a}{r}\right)^2 & r>a\end{cases}$$

求电荷密度。

解 从电场分布计算电荷分布，应使用高斯定理的微分形式 $\nabla\cdot\boldsymbol{D}=\rho$。用球坐标系中的散度公式，并注意电场仅仅有半径方向的分量，得出 $r<a$ 时，

$$\rho=\varepsilon_0\nabla\cdot E=\varepsilon_0\frac{1}{r^2}\frac{\partial}{\partial r}(r^2E_r)=\frac{3E_0}{a}$$

$r>a$ 时，

$$\rho=\varepsilon_0\nabla\cdot E=\varepsilon_0\frac{1}{r^2}\frac{\partial}{\partial r}(r^2E_r)=0$$

2-12 求题2-3的电位分布。

解 均匀电球体在球外的电场为

$$E_r = \frac{q}{4\pi\varepsilon_0 r^2}$$

球内电场为

$$E_r = \frac{rq}{4\pi\varepsilon_0 a^3}$$

球外($r>a$)电位为

$$\varphi = \int_r^{\infty} E\,\mathrm{d}r = \int_r^{\infty} \frac{q}{4\pi\varepsilon_0 r^2}\mathrm{d}r = \frac{q}{4\pi\varepsilon_0 r}$$

球内($r \leqslant a$)电位为

$$\begin{aligned}\varphi &= \int_r^{\infty} E\,\mathrm{d}r = \int_r^{a} \frac{rq}{4\pi\varepsilon_0 a^3}\mathrm{d}r + \int_a^{\infty} \frac{q}{4\pi\varepsilon_0 r^2} \\ &= \frac{q}{4\pi\varepsilon_0 a^3}\left(\frac{a^2}{2} - \frac{r^2}{2}\right) + \frac{q}{4\pi\varepsilon_0 a} \\ &= \frac{q}{8\pi\varepsilon_0 a^3}(3a^2 - r^2)\end{aligned}$$

2-13 电荷分布如题2-13图所示，试证明在 $r \gg l$ 处的电场为 $E = \dfrac{3ql^2}{2\pi\varepsilon_0 r^4}$。

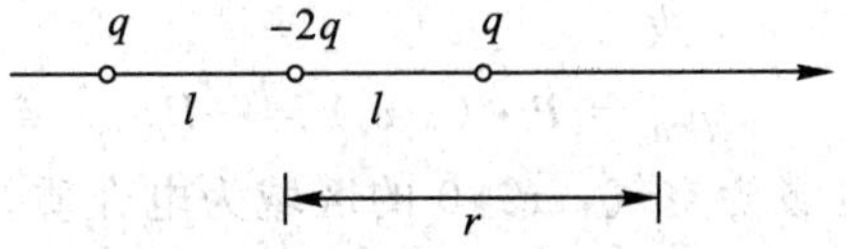

题2-13图

证明 由点电荷电场强度的公式及叠加原理，有

$$E = \frac{1}{4\pi\varepsilon_0}\left(\frac{q}{(r+l)^2} - \frac{2q}{r^2} + \frac{q}{(r-l)^2}\right)$$

当 $r \gg l$ 时，有

$$\frac{1}{(r+l)^2} = \frac{1}{r^2}\frac{1}{\left(1+\dfrac{l}{r}\right)^2} \approx \frac{1}{r^2}\left(1 - 2\frac{l}{r} + 3\frac{l^2}{r^2} - \cdots\right)$$

$$\frac{1}{(r-l)^2} = \frac{1}{r^2}\frac{1}{\left(1-\dfrac{l}{r}\right)^2} \approx \frac{1}{r^2}\left(1 + 2\frac{l}{r} + 3\frac{l^2}{r^2} + \cdots\right)$$

将以上的结果代入电场强度表达式，并忽略高阶小量，得出

$$E = \frac{3ql^2}{2\pi\varepsilon_0 r^4}$$

2-14 真空中有两个异号点电荷，一个为 $-q$，位于原点，另一个为 $q/2$，位于$(a, 0, 0)$处，试证明电位为零的等位面是一个球面，并求出球心坐标及其球面半径。

解 由点电荷产生的电位公式，得电位为零的等位面为

$$\frac{-q}{4\pi\varepsilon_0 r} + \frac{\dfrac{q}{2}}{4\pi\varepsilon_0 r_1} = 0$$

其中，

$$r=(x^2+y^2+z^2)^{\frac{1}{2}},\ r_1=[(x-a)^2+y^2+z^2]^{\frac{1}{2}}$$

等位面方程简化为 $2r_1=r$，即

$$4[(x-a)^2+y^2+z^2]=x^2+y^2+z^2$$

此方程可以改写为

$$\left(x-\frac{4a}{3}\right)^2+y^2+z^2=\left(\frac{2a}{3}\right)^2$$

这是球心在 $\left(\frac{4a}{3},0,0\right)$、半径为 $\frac{2a}{3}$ 的球面。

2-15 一个圆柱形极化电介质的极化强度沿其轴线方向，电介质柱的高度为 L，半径为 a，且均匀极化，求束缚体电荷及束缚面电荷分布。

解 选取圆柱坐标系计算，并假设极化强度沿 z 轴方向，$\boldsymbol{P}=P_0\boldsymbol{e}_z$。由于为均匀极化，所以束缚体电荷为

$$\rho=-\nabla\cdot\boldsymbol{P}=0$$

在圆柱的侧面，注意电介质的外法向沿半径方向，即 $\boldsymbol{n}=\boldsymbol{e}_r$，极化强度在 z 轴方向，故

$$\rho_{SP}=\boldsymbol{P}\cdot\boldsymbol{e}_r=0$$

在顶面，外法向为 $\boldsymbol{n}=\boldsymbol{e}_z$，故

$$\rho_{SP}=\boldsymbol{P}\cdot\boldsymbol{e}_z=P_0$$

在底面，外法向为 $\boldsymbol{n}=-\boldsymbol{e}_z$，故

$$\rho_{SP}=\boldsymbol{P}\cdot(-\boldsymbol{e}_z)=-P_0$$

2-16 假设 $x<0$ 的区域为空气，$x>0$ 的区域为电介质，电介质的介电常数为 $3\varepsilon_0$，如果空气中的电场强度为 $\boldsymbol{E}_1=3\boldsymbol{e}_x+4\boldsymbol{e}_y+5\boldsymbol{e}_z$(V/m)，求电介质中的电场强度。

解 在电介质与空气的界面上没有自由电荷，因而电场强度的切向分量连续，电位移矢量的法向分量连续。在空气中，电场强度的切向分量为 $\boldsymbol{E}_{1t}=4\boldsymbol{e}_y+5\boldsymbol{e}_z$，可以得出电介质中电场强度的切向分量为 $\boldsymbol{E}_{2t}=4\boldsymbol{e}_y+5\boldsymbol{e}_z$；对于法向分量，有 $D_{1n}=D_{2n}$，即 $\varepsilon_0 E_{1x}=\varepsilon E_{2x}$，并注意 $E_{1x}=3$，$\varepsilon=3\varepsilon_0$，得出 $E_{2x}=1$。将所得到的切向分量和法向分量相叠加，得电介质中的电场为

$$\boldsymbol{E}_2=\boldsymbol{e}_x+4\boldsymbol{e}_y+5\boldsymbol{e}_z\text{(V/m)}$$

2-17 一个半径为 a 的导体球表面套一层厚度为 $b-a$ 的电介质，电介质的介电常数为 ε，假设导体球带电 q，求任一点的电位。

解 计算电位可以由电场强度的线积分进行，也可以通过解电位微分方程进行。先用电场强度的线积分计算。

在导体球的内部，电场强度为零。对于电介质和空气中的电场分布，用高斯定理计算。在电介质或空气中，取球面为高斯面，由 $\int_S \boldsymbol{D}\cdot d\boldsymbol{S}=4\pi r^2 D_r=q$ 得出

$$D_r=\frac{q}{4\pi r^2}$$

在电介质($a<r<b$)中，电场为

$$E_r=\frac{q}{4\pi\varepsilon r^2}$$

在空气($r>b$)中，电场为

$$E_r = \frac{q}{4\pi\varepsilon_0 r^2}$$

于是，在空气($r>b$)中，电位为

$$\varphi = \int_r^{\infty} E\,\mathrm{d}r = \int_r^{\infty} \frac{q}{4\pi\varepsilon_0 r^2}\mathrm{d}r = \frac{q}{4\pi\varepsilon_0 r}$$

在电介质($a<r<b$)中的电位为

$$\varphi = \int_r^{\infty} E\,\mathrm{d}r = \int_b^{\infty} \frac{q}{4\pi\varepsilon_0 r^2}\mathrm{d}r + \int_r^{b} \frac{q}{4\pi\varepsilon r^2} = \frac{q}{4\pi\varepsilon_0 b} + \frac{q}{4\pi\varepsilon}\left(\frac{1}{r} - \frac{1}{b}\right)$$

导体内的电位为常数，其值为 $\frac{q}{4\pi\varepsilon_0 b} + \frac{q}{4\pi\varepsilon}\left(\frac{1}{a} - \frac{1}{b}\right)$。再用直接积分法求解。由电荷分布的对称性，可以得出电位仅仅是半径 r 的函数。这样电位的泊松方程就简化为一个变量的常微分方程。设空气中的电位为 φ_1，电介质中的电位为 φ_2 。

当 $r>b$ 时，

$$\nabla^2 \varphi_1 = \frac{1}{r^2}\frac{\mathrm{d}}{\mathrm{d}r}\left(r^2 \frac{\mathrm{d}\varphi_1}{\mathrm{d}r}\right) = 0$$

当 $a<r<b$ 时，

$$\nabla^2 \varphi_2 = \frac{1}{r^2}\frac{\mathrm{d}}{\mathrm{d}r}\left(r^2 \frac{\mathrm{d}\varphi_2}{\mathrm{d}r}\right) = 0$$

解以上两方程，得

$$\varphi_1 = \frac{C_1}{r} + C_2$$

$$\varphi_2 = \frac{C_3}{r} + C_4$$

四个常数由边界条件确定。当观察点在无穷远处时，电位为零，故 $C_2 = 0$。

在导体面($r=a$)上，有均匀分布的面电荷 $\rho_S = \frac{q}{4\pi a^2}$，由 $\rho_S = D_n = -\varepsilon \frac{\partial \varphi_2}{\partial r}\big|_{r=a}$ 得到 $C_3 = \frac{q}{4\pi\varepsilon}$。其余两个常数由电介质与空气的界面边界条件确定，即在 $r=b$ 处，

$$\varphi_1 = \varphi_2$$

$$\varepsilon_0 \frac{\partial \varphi_1}{\partial r} = \varepsilon \frac{\partial \varphi_2}{\partial r}$$

即

$$\frac{C_1}{b} = \frac{C_3}{b} + C_4$$

$$\varepsilon_0 \frac{C_1}{b^2} = \varepsilon \frac{C_3}{b^2}$$

代入 $C_3 = \frac{q}{4\pi\varepsilon}$，得 $C_1 = \frac{q}{4\pi\varepsilon_0}$，$C_4 = \frac{q}{4\pi\varepsilon_0 b} - \frac{q}{4\pi\varepsilon b}$，最后得到电位为

$$\left.\begin{aligned} &\varphi = \frac{q}{4\pi\varepsilon_0 r} \quad r > b \\ &\varphi = \frac{q}{4\pi\varepsilon_0 b} + \frac{q}{4\pi\varepsilon}\left(\frac{1}{r} - \frac{1}{b}\right) \quad a < r < b \end{aligned}\right\}$$

2-18 同轴线内、外导体的半径分别为 a 和 b，证明其所储存的电能有一半是在半径为 $c=\sqrt{ab}$ 的圆柱内。

证明 设内、外导体单位长带电分别为 $+\rho_l$ 和 $-\rho_l$，则同轴线内外导体之间的电场为

$$E=\frac{\rho_l}{2\pi\varepsilon r}$$

如果将同轴线内单位长度储存的电场能量记为 W，而将从 a 到 c 单位长度储能记为 W_1，则有

$$W=\int_a^b \frac{1}{2}\varepsilon E^2 2\pi r\mathrm{d}r=\frac{\rho_l^2}{4\pi\varepsilon}\ln\frac{b}{a}$$

$$W_1=\int_a^c \frac{1}{2}\varepsilon E^2 2\pi r\mathrm{d}r=\frac{\rho_l^2}{4\pi\varepsilon}\ln\frac{c}{a}$$

令 $W_1=\frac{1}{2}W$，得 $c^2=ab$，$c=\sqrt{ab}$，即以 c 为半径的圆柱内的静电能量是整个能量的一半。

2-19 根据下列不同的模型，计算单个自由电子的能量：

(1) 电量 $Q=-e=-1.6\times10^{-19}\,\mathrm{C}$，且均匀分布在半径等于 a 的球面上；

(2) 电量同上，但均匀分布在半径为 a 的球体内。

解 (1) 电量 Q 均匀分布在半径等于 a 的球面上时，由高斯定理可得在球内电场为零，球外电场为

$$E_r=\frac{Q}{4\pi\varepsilon_0 r^2}$$

$$W_e=\frac{1}{2}\varepsilon_0\int E^2\mathrm{d}V=\frac{1}{2}\varepsilon_0\int_a^{\infty}\left(\frac{Q}{4\pi\varepsilon_0 r^2}\right)^2 4\pi r^2\mathrm{d}r=\frac{Q^2}{8\pi\varepsilon_0 a}$$

(2) 电量 Q 均匀分布在半径为 a 的球体内时，球外电场与情形(1)的一致，而球内电场为 $E_r=\frac{Qr}{4\pi\varepsilon_0 a^3}$。采用与情形(1)类似的方法，可得

$$W_e=\frac{3Q^2}{20\pi\varepsilon_0 a}$$

2-20 将两个半径为 a 的雨滴当做导体球，当它们带电后，电势为 U_0，当两雨滴并在一起(仍为球形)后，求其电位。

解 设单个雨滴所带电荷为 q，则由导体球的电荷、电位关系得

$$U_0=\frac{q}{4\pi\varepsilon_0 a}$$

将两个雨滴合并以后，电量和体积均变为原来的两倍，半径变为 b，且 $b=\sqrt[3]{2}a$，电位为

$$U=\frac{2q}{4\pi\varepsilon_0 b}=\frac{2q}{4\pi\varepsilon_0 2^{\frac{1}{3}}a}=\frac{2^{\frac{2}{3}}q}{4\pi\varepsilon_0 a}=2^{\frac{2}{3}}U_0\approx1.587U_0$$

2-21 真空中有两个导体球的半径都是 a，两球心之间的距离为 d，且 $d\gg a$。计算两个导体球之间的电容。

解 因为球心间距远大于导体球的半径，球面的电荷可以看做是均匀分布。由电位系

数的定义，可得

$$p_{11}=p_{22}=\frac{1}{4\pi\varepsilon_0 a}$$

$$p_{12}=p_{21}=\frac{1}{4\pi\varepsilon_0 d}$$

让第一个导体球带电 q，第二个导体球带电 $-q$，则

$$\varphi_1=p_{11}q-p_{12}q=\frac{q}{4\pi\varepsilon_0 a}-\frac{q}{4\pi\varepsilon_0 d}$$

$$\varphi_2=p_{21}q-p_{22}q=\frac{q}{4\pi\varepsilon_0 d}-\frac{q}{4\pi\varepsilon_0 a}$$

$$C=\frac{q}{U}=\frac{q}{\varphi_1-\varphi_2}$$

化简后得

$$C=\frac{2\pi\varepsilon_0 ad}{d-a}$$

2-22 设同轴线的内导体半径为 1 mm，外导体壳的内半径为 3 mm，其间的媒质为空气，估计这种传输线每一千米长度的电容。

解 空气填充的同轴线每米长度的电容为

$$C_0=\frac{2\pi\varepsilon_0}{\ln\frac{b}{a}}=\frac{2\pi\times\frac{1}{36\pi}\times10^{-9}}{\ln\frac{3}{1}}\approx5.057\times10^{-11}(\text{F})$$

则每千米长度的电容为

$$C\approx5.057\times10^{-8}(\text{F})$$

2-23 四个完全相同的导体球置于正方形的四个顶点，并按照顺时针方向排序。给球 1 带电 q，然后用细导线依次将它与球 2、球 3、球 4 接触，每次接触均达到平衡为止。试证明最后球 4 和球 1 上的电荷为

$$q_4=\frac{q}{8}\frac{p_{11}-p_{24}}{p_{11}-p_{14}},\quad q_1=\frac{q}{8}\frac{p_{11}-2p_{14}+p_{24}}{p_{11}-p_{14}}$$

证明 由导体球排列的位置可以知道，电位系数有以下的性质：

$$p_{11}=p_{22}=p_{33}=p_{44}$$

$$p_{12}=p_{23}=p_{34}=p_{14}$$

$$p_{24}=p_{13}$$

设第一次球 1 和球 2 达到平衡时，球 1 带电 q_1，球 2 带电 q_2，则

$$\varphi_1=p_{11}q_1+p_{12}q_2$$

$$\varphi_2=p_{21}q_1+p_{22}q_2=p_{12}q_1+p_{11}q_2$$

再由 $\varphi_1=\varphi_2$ 和 $q=q_1+q_2$，可以解出

$$q_1=\frac{q}{2},\quad q_2=\frac{q}{2}$$

当球 1 和球 3 接触并且平衡以后，球 1 带电 q_1'，球 3 带电 q_3，则

$$\varphi_1'=p_{11}q_1'+p_{12}q_2+p_{13}q_3=p_{11}q_1'+p_{14}q_2+p_{24}q_3$$

$$\varphi_3=p_{31}q_1'+p_{32}q_2+p_{33}q_3=p_{24}q_1'+p_{14}q_2+p_{33}q_3$$

再由 $\varphi_1' = \varphi_3$ 和 $\dfrac{q}{2} = q_1' + q_3$，$q_2 = \dfrac{q}{2}$，可以解出

$$q_1' = \frac{q}{4}, \quad q_3 = \frac{q}{4}$$

当球 1 和球 4 接触并且平衡以后，球 1 带电 q_1''，球 4 带电 q_4，则

$$\varphi_1'' = p_{11}q_1'' + p_{12}q_2 + p_{13}q_3 + p_{14}q_4 = p_{11}q_1'' + p_{14}q_2 + p_{24}q_3 + p_{14}q_4$$

$$\varphi_4 = p_{41}q_1'' + p_{42}q_2 + p_{43}q_3 + p_{44}q_4 = p_{14}q_1'' + p_{24}q_2 + p_{14}q_3 + p_{11}q_4$$

再由 $\varphi_1'' = \varphi_4$ 和 $\dfrac{q}{4} = q_1'' + q_4$，$q_2 = \dfrac{q}{2}$，$q_3 = \dfrac{q}{4}$，可以解出

$$q_4 = \frac{q}{8}\,\frac{p_{11} - p_{24}}{p_{11} - p_{14}}$$

$$q_1'' = \frac{q}{8}\,\frac{p_{11} - 2p_{14} + p_{24}}{p_{11} - p_{14}}$$

第 3 章　恒定电场与恒定磁场

3.1　基本内容与公式

1. 恒定电场

1）电流与电流密度

通过导线上电流的强弱用电流强度表示：

$$I=\lim_{\Delta t\to 0}\frac{\Delta q}{\Delta t}$$

用电流密度描述导电媒质中某一点处电荷流动的强弱及其方向：

$$\boldsymbol{J}=\lim_{\Delta S\to 0}\frac{\Delta I}{\Delta S}\boldsymbol{n}=\frac{\mathrm{d}I}{\mathrm{d}S}\boldsymbol{n}$$

通过某一曲面的电流可以表示为电流密度的通量：

$$I=\int_S\boldsymbol{J}\cdot\mathrm{d}\boldsymbol{S}=\int_S I\cos\theta\mathrm{d}S$$

2）电流连续性方程

电荷守恒定律表明，任意一个封闭区域的电荷总量不变。也就是说，流出一个封闭面的电流等于曲面内电荷（单位时间内）的减少率。电流连续性方程的积分形式为

$$\oint_S\boldsymbol{J}\cdot\mathrm{d}\boldsymbol{S}=-\frac{\mathrm{d}q}{\mathrm{d}t}=-\int_V\frac{\partial\rho}{\partial t}\mathrm{d}V$$

其微分形式为

$$\nabla\cdot\boldsymbol{J}+\frac{\partial\rho}{\partial t}=0$$

3）焦耳定律、欧姆定律的微分形式

对于线性各向同性导电媒质，其电流密度与电场强度成正比，即 $\boldsymbol{J}=\sigma\boldsymbol{E}$，这是欧姆定律的微分形式。

当导电媒质中有电流流动时，一定存在功率损耗，功率密度为 $p=\boldsymbol{J}\cdot\boldsymbol{E}$，此公式就是焦耳定律的微分形式。

4）恒定电场的基本方程

导电媒质内，恒定电场基本方程的积分形式为

$$\oint_S\boldsymbol{J}\cdot\mathrm{d}\boldsymbol{S}=0$$

$$\oint_l\boldsymbol{E}\cdot\mathrm{d}\boldsymbol{l}=0$$

微分形式为

$$\nabla\cdot\boldsymbol{J}=0$$

$$\nabla\times \boldsymbol{E} = \mathbf{0}$$

恒定电场的边界条件为

$$\boldsymbol{n}\times(\boldsymbol{E}_2-\boldsymbol{E}_1)=\mathbf{0}$$
$$\boldsymbol{n}\cdot(\boldsymbol{J}_2-\boldsymbol{J}_1)=0$$

或

$$J_{1n}=J_{2n}$$
$$E_{1t}=E_{2t}$$

在线性各向同性导电媒质中，电位满足拉普拉斯方程 $\nabla^2\varphi=0$，两种不同导电媒质的分界面上，电位的边界条件为

$$\varphi_1=\varphi_2$$
$$\sigma_1\frac{\partial\varphi_1}{\partial n}=\sigma_2\frac{\partial\varphi_2}{\partial n}$$

5）电导的计算

一个导体的电导可以用三种方式来计算：

（1）假设两个极板间的电流为 I，按照 $I\rightarrow\boldsymbol{J}\rightarrow\boldsymbol{E}\rightarrow U$ 的次序，用公式 $G=\dfrac{I}{U}$ 计算。

（2）假设两个极板间的电压为 U，按照 $U\rightarrow\varphi\rightarrow\boldsymbol{E}\rightarrow\boldsymbol{J}\rightarrow I$ 的次序，用公式 $G=\dfrac{I}{U}$ 计算。

（3）依静电比拟计算。

6）静电比拟

导电媒质中电源外部区域的恒定电场和无电荷分布区域的静电场之间，有许多相似处，因而可以通过静电比拟法从某一特定的静电问题的解方便地求出与其相应的恒定电场问题的解。静电比拟法的理论依据是场的唯一性定理。恒定电流场与静电场的对偶量为

静电场	$\boldsymbol{E}$	$\boldsymbol{D}$	φ	q	ε	C
恒定电场	$\boldsymbol{E}$	$\boldsymbol{J}$	φ	I	σ	G

2. 安培定律和毕奥—萨伐尔定律

安培定律：真空中载流 I_1 的回路 C_1 对另一载流 I_2 的回路 C_2 的作用力表示为

$$\boldsymbol{F}_{12}=\frac{\mu_0}{4\pi}\oint_{C_2}\oint_{C_1}\frac{I_2\,\mathrm{d}\boldsymbol{l}_2\times(I_1\,\mathrm{d}\boldsymbol{l}_1\times\boldsymbol{R})}{R^3}$$

式中，μ_0 是真空的磁导率，$\mu_0=4\pi\times10^{-7}$ H/m。

毕奥—萨伐尔定律：在真空中，线电流、面电流、体电流产生的磁感应强度分别为

$$\boldsymbol{B}=\frac{\mu_0}{4\pi}\oint_{C_1}\frac{I\mathrm{d}\boldsymbol{l}\times\boldsymbol{R}}{R^3}$$

$$\boldsymbol{B}(\boldsymbol{r})=\frac{\mu_0}{4\pi}\int_S\frac{\boldsymbol{J}_S(\boldsymbol{r}')\times\boldsymbol{R}}{R^3}\mathrm{d}S'$$

$$\boldsymbol{B}(\boldsymbol{r})=\frac{\mu_0}{4\pi}\int_V\frac{\boldsymbol{J}(\boldsymbol{r}')\times\boldsymbol{R}}{R^3}\mathrm{d}V'$$

3. 恒定磁场基本方程

真空中，恒定磁场基本方程为

$$\nabla\times\boldsymbol{B}=\mu_0\boldsymbol{J}$$
$$\nabla\cdot\boldsymbol{B}=0$$

其相应的积分形式为

$$\oint_S\boldsymbol{B}\cdot\mathrm{d}\boldsymbol{S}=0$$

$$\oint_C\boldsymbol{B}\cdot\mathrm{d}\boldsymbol{l}=\mu_0\oint_S\boldsymbol{J}\cdot\mathrm{d}\boldsymbol{S}$$

4. 磁矢位

由磁通连续方程，引入磁矢位 $\boldsymbol{A}$ 来描述恒定磁场：$\boldsymbol{B}=\nabla\times\boldsymbol{A}$。为了单值地确定磁矢位，常常取库仑规范条件 $\nabla\cdot\boldsymbol{A}=0$。磁矢位满足泊松方程或拉普拉斯方程，即

$$\nabla^2\boldsymbol{A}=-\mu_0\boldsymbol{J}$$
$$\nabla^2\boldsymbol{A}=0\boldsymbol{J}=0$$

在无界均匀媒质中(电流分布于有限区域)，体电流、面电流、线电流产生的磁矢位分别为

$$\boldsymbol{A}=\frac{\mu_0}{4\pi}\int_V\frac{\boldsymbol{J}}{R}\mathrm{d}V$$

$$\boldsymbol{A}=\frac{\mu_0}{4\pi}\int_S\frac{\boldsymbol{J}_S}{R}\mathrm{d}S$$

$$\boldsymbol{A}=\frac{\mu_0}{4\pi}\int_l\frac{I\,\mathrm{d}\boldsymbol{l}}{R}$$

5. 磁偶极子

位于点 $\boldsymbol{r}'$的磁矩为 $\boldsymbol{m}$ 的磁偶极子，在点 $\boldsymbol{r}$ 处产生的磁矢位为

$$\boldsymbol{A}(\boldsymbol{r})=\frac{\mu_0}{4\pi}\frac{\boldsymbol{m}\times(\boldsymbol{r}-\boldsymbol{r}')}{|\boldsymbol{r}-\boldsymbol{r}'|^3}$$

位于外磁场 $\boldsymbol{B}$ 中的磁偶极子 $\boldsymbol{m}$，会受到外磁场的作用力

$$\boldsymbol{F}=(\boldsymbol{m}\cdot\nabla)\boldsymbol{B}$$

和力矩

$$\boldsymbol{T}=\boldsymbol{m}\times\boldsymbol{B}$$

6. 磁介质中的基本方程

用磁化强度描述磁介质的磁化程度

$$\boldsymbol{M}=\lim_{\Delta V\to0}\frac{\sum\boldsymbol{m}}{\Delta V}$$

磁化使得磁介质中出现了磁化电流，媒质对磁场的作用可以看做由磁化电流产生附加磁场所致。磁化体电流、面电流分别为

$$\boldsymbol{J}_{\mathrm{m}}=\nabla\times\boldsymbol{M}$$
$$\boldsymbol{J}_{\mathrm{m}S}=\boldsymbol{M}\times\boldsymbol{n}$$

磁场强度是恒定磁场中引入的又一个基本物理量：

$$\boldsymbol{H}=\frac{\boldsymbol{B}}{\mu_0-\boldsymbol{M}}$$

对各向同性线性媒质，有

$$\boldsymbol{B} = \mu_r \mu_0 \boldsymbol{H} = \mu \boldsymbol{H}$$

恒定磁场方程的微分形式为

$$\nabla \times \boldsymbol{H} = \boldsymbol{J}$$

$$\nabla \cdot \boldsymbol{B} = 0$$

其相应的积分形式为

$$\oint_S \boldsymbol{B} \cdot \mathrm{d}\boldsymbol{S} = 0$$

$$\oint_C \boldsymbol{H} \cdot \mathrm{d}\boldsymbol{l} = \oint_S \boldsymbol{J} \cdot \mathrm{d}\boldsymbol{S}$$

7. 边界条件

在分界面上，恒定磁场的边界条件为

$$\boldsymbol{n} \cdot (\boldsymbol{B}_2 - \boldsymbol{B}_1) = 0$$

$$\boldsymbol{n} \times (\boldsymbol{H}_2 - \boldsymbol{H}_1) = \boldsymbol{J}_S$$

磁感应强度的法向分量总是连续的。如果分界面上无面电流，则磁场强度的切向分量连续。

8. 电感

在线性各向同性媒质中，一个回路的磁链与产生这个磁链的电流的比值称为电感。电感分为自感、互感。自感又分为内自感、外自感。电感与回路形状、大小、相对位置、媒质特性有关，与电流、磁场、磁通等无关。

在导线内部仅与部分电流相交链的磁链称为内磁链，与其相应的自感称为内自感。如内磁链为 Ψ_{i}，则内自感为

$$L_{\mathrm{i}} = \frac{\Psi_{\mathrm{i}}}{I}$$

通过导体外部与全部电流交链的磁链称为外磁链，与其相应的自感是外自感。如外磁链为 Ψ_{e}，则外自感为

$$L_{\mathrm{e}} = \frac{\Psi_{\mathrm{e}}}{I}$$

内自感与外自感之和统称为自感。

9. 磁场能量

线电流回路系统的磁场能量为

$$W_{\mathrm{m}} = \frac{1}{2}\sum_{i=1}^{N} \Psi_i I_i$$

式中，

$$\Psi_i = \sum_{j=1}^{N} \Psi_{ji} = \sum_{j=1}^{N} M_{ji} I_j$$

对于分布电流，其磁场能量为

$$W_{\mathrm{m}} = \frac{1}{2}\int_V \boldsymbol{J} \cdot \boldsymbol{A} \mathrm{d}V$$

磁场能量可以表示为

$$W_{\mathrm{m}} = \frac{1}{2}\int_V \boldsymbol{H} \cdot \boldsymbol{B} \mathrm{d}V$$

磁场能量密度为

$$w_{\mathrm{m}} = \frac{1}{2}\boldsymbol{B}\cdot\boldsymbol{H}$$

3.2 典型例题

例 3-1　平行板电容器的极板面积为 S，其间填充厚度分别为 d_1 和 d_2 的漏电媒质，电导率分别为 σ_1 和 σ_2，当极板间加电压 U_0 时，求各个区域的电场强度，并求漏电电阻。

解　不考虑边缘效应，设极板间的漏电电流为 I，由于是稳恒电流分布，两个媒质中的电流密度相同，即 $J_1 = J_2 = J = \dfrac{I}{S}$，电场强度在每一区域分别为常数，即 $E_1 = \dfrac{J_1}{\sigma_1}$，$E_2 = \dfrac{J_2}{\sigma_2}$，电压为

$$U_0 = \int E\mathrm{d}l = E_1 d_1 + E_2 d_2 = \frac{I}{S}\left(\frac{d_1}{\sigma_1} + \frac{d_2}{\sigma_2}\right)$$

即

$$I = \frac{SU_0}{\dfrac{d_1}{\sigma_1} + \dfrac{d_2}{\sigma_2}}$$

将其代入电场强度的表示式，有

$$E_1 = \frac{U_0\sigma_2}{\sigma_2 d_1 + \sigma_1 d_2},\quad E_2 = \frac{U_0\sigma_1}{\sigma_2 d_1 + \sigma_1 d_2}$$

漏电电阻为

$$R = \frac{U_0}{I} = \frac{1}{S}\left(\frac{d_1}{\sigma_1} + \frac{d_2}{\sigma_2}\right)$$

例 3-2　一个同心球电容器的内导体半径为 a，外导体的内半径为 c，其间填充两种漏电介质，电导率分别为 σ_1 和 σ_2，分界面半径为 b，求两个极板间的绝缘电阻。

解　设漏电流为 I。在半径为 r 的球面上，漏电流均匀分布，即

$$J = \frac{I}{4\pi r^2}$$

各个区域的电场强度为

$$E_1 = \frac{J_1}{\sigma_1} = \frac{I}{4\pi\sigma_1 r^2}\quad a < r < b$$

$$E_2 = \frac{J_2}{\sigma_2} = \frac{I}{4\pi\sigma_2 r^2}\quad b < r < c$$

极板之间的电压为

$$U = \int_a^c E\,\mathrm{d}r = \int_a^b E_1\,\mathrm{d}r + \int_b^c E_2\,\mathrm{d}r = \frac{I}{4\pi\sigma_1}\left(\frac{1}{a} - \frac{1}{b}\right) + \frac{I}{4\pi\sigma_2}\left(\frac{1}{b} - \frac{1}{c}\right)$$

绝缘电阻为

$$R = \frac{U}{I} = \frac{1}{4\pi\sigma_1}\left(\frac{1}{a} - \frac{1}{b}\right) + \frac{1}{4\pi\sigma_2}\left(\frac{1}{b} - \frac{1}{c}\right)$$

绝缘电阻也可以用电阻的串并联直接计算。半径为 r，厚度为 $\mathrm{d}r$ 的球壳的电阻为

$$dR = \frac{dr}{4\pi\sigma r^2}$$

故

$$R = \int dR = \int_a^b \frac{dr}{4\pi\sigma_1 r^2} + \int_b^c \frac{dr}{4\pi\sigma_2 r^2} = \frac{1}{4\pi\sigma_1}\left(\frac{1}{a} - \frac{1}{b}\right) + \frac{1}{4\pi\sigma_2}\left(\frac{1}{b} - \frac{1}{c}\right)$$

例 3-3 一个半径为 a 的球内均匀分布着总量为 q 的电荷，若其以角速度 ω 绕一直径匀速旋转，求球内的电流密度。

解 选取球坐标系，设转轴和直角坐标系的 z 轴重合，球内某一点的坐标为(r, θ, ϕ)，则该点的线速度为

$$\boldsymbol{v} = \omega \boldsymbol{e}_z \times \boldsymbol{r} = \omega r \sin\theta \boldsymbol{e}_\phi$$

电荷密度为

$$\rho = \frac{q}{(4/3)\pi a^3}$$

电流密度为

$$\boldsymbol{J} = \rho \boldsymbol{v} = \frac{3q\omega r \sin\theta}{4\pi a^3} \boldsymbol{e}_\phi$$

注意球面坐标的有向面积元为

$$d\boldsymbol{S} = \boldsymbol{e}_r r^2 \sin\theta d\theta d\phi + \boldsymbol{e}_\theta r \sin\theta dr d\phi + \boldsymbol{e}_\phi r dr d\theta$$

可以得到总电流为

$$I = \iint_S \boldsymbol{J} \cdot d\boldsymbol{S} = \int_0^\pi \int_0^a J r dr d\theta = \frac{q\omega}{2\pi}$$

总电流也可以通过电流强度的定义计算。因为球体转动一周的时间为 $T = \frac{2\pi}{\omega}$，所以

$$I = \frac{q}{T} = \frac{q\omega}{2\pi}$$

例 3-4 一个半径为 a 的导体球作为电极深埋地下，土壤的电导率为 σ，略去地面的影响，求接地电阻。

解 当不考虑地面影响时，这个问题就相当于计算位于无限大均匀导电媒质中的导体球的恒定电流问题。设导体球的电流为 I，则任意点的电流密度为

$$\boldsymbol{J} = \boldsymbol{e}_r \frac{I}{4\pi r^2}$$

$$\boldsymbol{E} = \boldsymbol{e}_r \frac{I}{4\pi\sigma r^2}$$

导体球面的电位(选取无穷远处为电位零点)为

$$U = \int_a^\infty \frac{I}{4\pi\sigma r^2} dr = \frac{I}{4\pi\sigma a}$$

接地电阻为

$$R = \frac{U}{I} = \frac{1}{4\pi\sigma a}$$

例 3-5 一个半径为 10 cm 的半球形接地导体电极，电极平面与地面重合，如例 3-5 图所示，若土壤的电导率为 0.01 S/m，当电极通过的电流为 100 A 时，求土壤损耗的功率。

解 半球形接地器的电导为

$$G = 2\pi\sigma a$$

接地电阻为

$$R = \frac{1}{G} = \frac{1}{2\pi\sigma a}$$

则土壤的损耗功率为

$$P = I^2 R = \frac{I^2}{2\pi\sigma a} = \frac{100^2}{2\pi \times 0.01 \times 0.1} \approx 1.59 \times 10^6 (\mathrm{W})$$

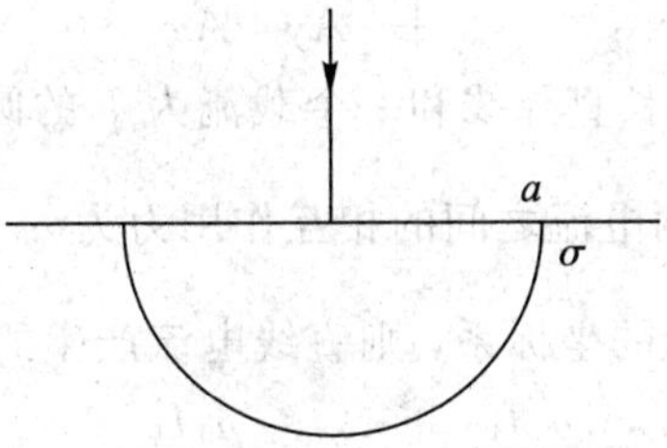

例 3-5 图

例 3-6 两个平行无限长直导线的距离为 a，分别载有电流 I_1 和 I_2，求单位长度受力。

解 设两个导线的电流方向相同，第一根导线与 z 轴重合，由其在导线 2 处产生的磁感应强度为

$$\boldsymbol{B} = \boldsymbol{e}_\phi \frac{\mu_0 I_1}{2\pi a}$$

导线 2 上的电流元 $I_2 \mathrm{d}\boldsymbol{l}_2$ 在导线 1 的磁场中受力为

$$\mathrm{d}\boldsymbol{F} = I_2 \mathrm{d}\boldsymbol{l}_2 \times \boldsymbol{B} = \boldsymbol{e}_\phi \times \boldsymbol{e}_z \frac{\mu_0 I_1 I_2 \mathrm{d}l_2}{2\pi a} = -\boldsymbol{e}_r \frac{\mu_0 I_1 I_2 \mathrm{d}l_2}{2\pi a}$$

导线 2 单位长度受力为

$$\boldsymbol{F} = -\boldsymbol{e}_r \frac{\mu_0 I_1 I_2}{2\pi a}$$

负号表示同向电流为吸引力。如果电流方向相反，则为斥力。

例 3-7 已知在半径为 a 的圆柱区域内部有沿轴向方向的电流，其电流密度为 $\boldsymbol{J} = \boldsymbol{a}_z J_0 r/a$，求柱内、外的磁感应强度。

解 取圆柱坐标系，由电流分布的对称性，可判断出磁场仅仅有圆周方向的分量，且其只是半径的函数。用安培环路定律计算空间各处的磁场。

当待计算的点位于柱内($r<a$)时，选取安培回路为中心在 z 轴半径为 r 的圆(回路所在的平面垂直于 z 轴)，于是

$$\oint B \cdot \mathrm{d}l = 2\pi r B = \mu_0 \int J 2\pi r \mathrm{d}r = \int_0^r \mu_0 J_0 \frac{r}{a} 2\pi r \mathrm{d}r$$

$$B = \frac{\mu_0 J_0}{3a} r^3$$

当待计算的点位于柱外($r>a$)时，也选圆形回路，则有

$$\oint B \cdot \mathrm{d}l = 2\pi r B = \mu_0 \int_0^a \frac{\mu_0 J_0 r}{a} 2\pi r \mathrm{d}r$$

$$B = \frac{\mu_0 J_0}{3r} a^3$$

例 3-8 判断矢量函数 $\boldsymbol{B}=-Ay\boldsymbol{e}_x+Ax\boldsymbol{e}_y$ 是否可能是某区域的磁感应强度，如果是，求相应的电流分布。

解 由恒定磁场的基本方程 $\nabla\cdot\boldsymbol{B}=0$，可知给定的矢量函数可以是磁感应强度。由公式 $\nabla\times\boldsymbol{B}=\mu_0\boldsymbol{J}$，得与其相应的电流分布为

$$\boldsymbol{J}=\frac{1}{\mu_0}\nabla\times\boldsymbol{B}=\frac{1}{\mu_0}\begin{vmatrix}\boldsymbol{e}_x & \boldsymbol{e}_y & \boldsymbol{e}_z\\ \dfrac{\partial}{\partial x} & \dfrac{\partial}{\partial y} & \dfrac{\partial}{\partial z}\\ -Ay & Ax & 0\end{vmatrix}=\frac{2A}{\mu_0}\boldsymbol{e}_z$$

例 3-9 一个载流为 I_1 的长直导线和一个载流为 I_2 的圆环(半径为 a)在同一平面内，圆心与导线的距离是 d。证明两电流之间的相互作用力为 $\mu_0 I_1 I_2\left(\dfrac{d}{\sqrt{d^2-a^2}}-1\right)$。

证明 选取例 3-9 图所示的坐标系，则直线电流产生的磁感应强度为

$$\boldsymbol{B}_1=\frac{\mu_0 I_1}{2\pi r}\boldsymbol{e}_\phi=\frac{\mu_0 I_1}{2\pi(d+a\cos\theta)}\boldsymbol{e}_\phi$$

$$\boldsymbol{F}=\oint I_2\mathrm{d}\boldsymbol{l}_2\times\boldsymbol{B}_1$$

由对称性，可以知道圆电流环受到的总作用力仅仅有水平分量，$\mathrm{d}\boldsymbol{l}_2\times\boldsymbol{e}_\phi$ 的水平分量为 $a\cos\theta\mathrm{d}\theta$，再考虑到圆环上下对称，得

$$F=\frac{\mu_0 I_1 I_2}{2\pi}\int_0^\pi 2\,\frac{a\cos\theta}{d+a\cos\theta}\mathrm{d}\theta=\frac{-\mu_0 I_1 I_2}{\pi}\int_0^\pi\left(\frac{d}{d+a\cos\theta}-1\right)\mathrm{d}\theta$$

使用公式

$$\int_0^\pi\frac{\mathrm{d}\theta}{d+a\cos\theta}=\frac{\pi}{\sqrt{d^2-a^2}}$$

最后得出两回路之间的作用力为 $-\mu_0 I_1 I_2\left(\dfrac{d}{\sqrt{d^2-a^2}}-1\right)$，负号表示吸引力。得证。

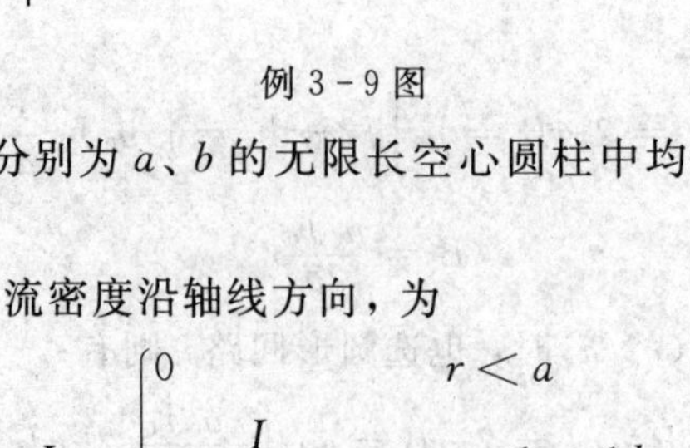

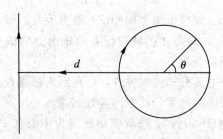

例 3-9 图

例 3-10 内、外半径分别为 a、b 的无限长空心圆柱中均匀分布着轴向电流 I，求柱内、外的磁感强度。

解 用圆柱坐标系，电流密度沿轴线方向，为

$$J=\begin{cases}0 & r<a\\ \dfrac{I}{\pi(b^2-a^2)} & a<r<b\\ 0 & b<r\end{cases}$$

由电流的对称性，可以知道磁场只有圆周分量。用安培环路定律计算不同区域的磁场。

当 $r<a$ 时，磁场为零。

当 $a<r<b$，选取安培回路为半径为 r，且与导电圆柱的轴线同心的圆。该回路包围的电流为

$$I' = J\pi(r^2 - a^2) = \frac{I(r^2 - a^2)}{(b^2 - a^2)}$$

由

$$\oint \boldsymbol{B}\cdot \mathrm{d}\boldsymbol{l} = 2\pi r B = \mu_0 I'$$

得

$$B = \frac{\mu_0 I(r^2 - a^2)}{2\pi r(b^2 - a^2)}$$

当 $r>b$ 时，回路内包围的总电流为 I，于是

$$B = \frac{\mu_0 I}{2\pi r}$$

例 3-11　证明磁矢位 $\boldsymbol{A}_1 = \boldsymbol{e}_x \cos y + \boldsymbol{e}_y \sin x$ 和 $\boldsymbol{A}_2 = \boldsymbol{e}_y(\sin x + x\sin y)$ 能给出相同的磁场 $\boldsymbol{B}$，并且它们得自相同的电流分布。它们是否均满足向量泊松方程？为什么？

证明　与给定矢位相应的磁场为

$$\boldsymbol{B}_1 = \nabla\times \boldsymbol{A}_1 = \begin{vmatrix} \boldsymbol{e}_x & \boldsymbol{e}_y & \boldsymbol{e}_z \\ \dfrac{\partial}{\partial x} & \dfrac{\partial}{\partial y} & \dfrac{\partial}{\partial z} \\ \cos y & \sin x & 0 \end{vmatrix} = \boldsymbol{e}_z(\cos x + \sin y)$$

$$\boldsymbol{B}_2 = \nabla\times \boldsymbol{A}_2 = \begin{vmatrix} \boldsymbol{e}_x & \boldsymbol{e}_y & \boldsymbol{e}_z \\ \dfrac{\partial}{\partial x} & \dfrac{\partial}{\partial y} & \dfrac{\partial}{\partial z} \\ 0 & \sin x + x\sin y & 0 \end{vmatrix} = \boldsymbol{e}_z(\cos x + \sin y)$$

所以，二者的磁场相同。与其相应的电流分布为

$$\boldsymbol{J}_1 = \frac{1}{\mu_0}\nabla\times \boldsymbol{B}_1 = \frac{1}{\mu_0}(\boldsymbol{e}_x \cos y + \boldsymbol{e}_y \sin x)$$

$$\boldsymbol{J}_2 = \frac{1}{\mu_0}(\boldsymbol{e}_x \cos y + \boldsymbol{e}_y \sin x)$$

可以验证，磁矢位 $\boldsymbol{A}_1$ 满足矢量泊松方程，即

$$\nabla^2 \boldsymbol{A}_1 = \nabla^2(\boldsymbol{e}_x \cos y + \boldsymbol{e}_y \sin x) = -(\boldsymbol{e}_x \cos y + \boldsymbol{e}_y \sin x) = -\mu_0 \boldsymbol{J}_1$$

但是，磁矢位 $\boldsymbol{A}_2$ 不满足矢量泊松方程，即

$$\nabla^2 \boldsymbol{A}_2 = \nabla^2[\boldsymbol{e}_y(\sin x + x\sin y)] = -\boldsymbol{e}_y(\sin x + x\sin y) \neq -\mu_0 \boldsymbol{J}_2$$

这是由于 $\boldsymbol{A}_2$ 的散度不为零。当磁矢位不满足库仑规范时，磁矢位与电流的关系为

$$\nabla\times\nabla\times \boldsymbol{A}_2 = -\nabla^2 \boldsymbol{A}_2 + \nabla(\nabla\cdot \boldsymbol{A}_2) = \mu_0 \boldsymbol{J}_2$$

可以验证，对于磁矢位 $\boldsymbol{A}_2$，上式成立，即

$$\begin{aligned} -\nabla^2 \boldsymbol{A}_2 + \nabla(\nabla\cdot \boldsymbol{A}_2) &= \boldsymbol{e}_y(\sin x + x\sin y) + \nabla(x\cos y) \\ &= \boldsymbol{e}_y(\sin x + x\sin y) + \boldsymbol{e}_x \cos y - \boldsymbol{e}_y x\sin y \\ &= \boldsymbol{e}_y \sin x + \boldsymbol{e}_x \cos y = \mu_0 \boldsymbol{J}_2 \end{aligned}$$

例 3-12 由无限长载流直导线的 $\boldsymbol{B}$ 求磁矢位 $\boldsymbol{A}$(提示：用 $\int_S \boldsymbol{B}\cdot d\boldsymbol{S}=\oint_C \boldsymbol{A}\cdot d\boldsymbol{l}$，并取 $r=r_0$ 处为磁矢位的参考零点)，并验证 $\nabla\times\boldsymbol{A}=\boldsymbol{B}$。

解 设导线和 z 轴重合，由于电流只有 z 分量，磁矢位也只有 z 分量。用安培环路定律，可以得到直导线的磁场为

$$\boldsymbol{B}=\boldsymbol{e}_\phi\frac{\mu_0 I}{2\pi r}$$

选取矩形回路 C，如例 3-12 图所示。在此回路上，注意到磁矢位的参考点。磁矢位的线积分为

$$\oint_C A\cdot dl=-A_z h$$

$$\int_S \boldsymbol{B}\cdot d\boldsymbol{S}=\iint\frac{\mu_0 I}{2\pi r}drdz=\frac{\mu_0 Ih}{2\pi}\ln\frac{r}{r_0}$$

由此得到

$$A_z(r)=-\frac{\mu_0 I}{2\pi}\ln\frac{r}{r_0}$$

可以验证：

$$\boldsymbol{B}=\nabla\times\boldsymbol{A}=-\boldsymbol{e}_\phi\frac{\partial A_z}{\partial r}=\boldsymbol{e}_\phi\frac{\mu_0 I}{2\pi r}$$

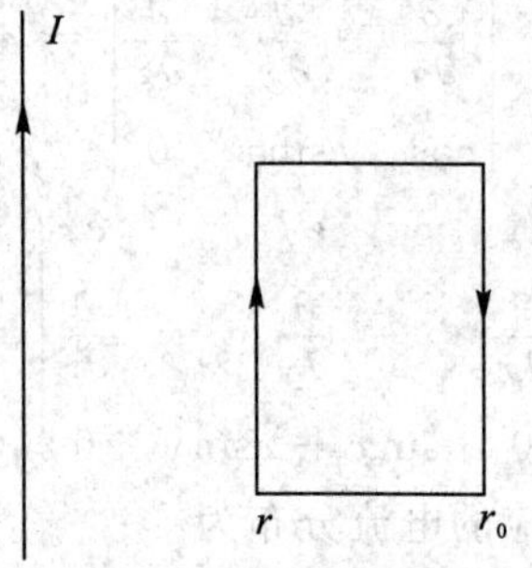

例 3-12 图

例 3-13 一个长为 L，半径为 a 的圆柱状磁介质沿轴向方向均匀磁化(磁化强度为 $\boldsymbol{M}_0$)，求它的磁矩。若 $L=10$ cm，$a=2$ cm，$M_0=2$ A/m，求磁矩的值。

解 均匀磁化介质内的磁化电流为零。在圆柱体的顶面与底面，有

$$\boldsymbol{J}_{mS}=\boldsymbol{M}\times\boldsymbol{n}=0$$

在侧面，有

$$\boldsymbol{J}_{mS}=\boldsymbol{M}\times\boldsymbol{n}=M_0\boldsymbol{e}_z\times\boldsymbol{e}_r=M_0\boldsymbol{e}_\phi$$

侧面的总电流为

$$I=J_{mS}L=M_0 L$$

磁矩为

$$m=IS=I\pi a^2=M_0 L\pi a^2$$

代入数值得

$$m=M_0 L\pi a^2=2\times 0.1\times\pi\times 0.02^2=2.512\times 10^{-4}(\text{A}\cdot\text{m}^2)$$

例 3-14　已知内、外半径分别为 a、b 的无限长铁质圆柱壳(磁导率为 μ)，沿轴向有恒定的传导电流 I，求磁感强度和磁化电流。

解　考虑到问题的对称性，用安培环路定律可以得出各个区域的磁感应强度为

$$\boldsymbol{B}=0 \qquad r<a$$

$$\boldsymbol{B}=\frac{\mu I(r^2-a^2)}{2\pi r(b^2-a^2)}\boldsymbol{e}_\phi \qquad a<r<b$$

$$\boldsymbol{B}=\frac{\mu_0 I}{2\pi r}\boldsymbol{e}_\phi \qquad r>b$$

当 $a<r<b$ 时，

$$\boldsymbol{M}=(\mu_r-1)\boldsymbol{H}=(\mu_r-1)\frac{1}{\mu}\boldsymbol{B}=(\mu_r-1)\frac{I(r^2-a^2)}{2\pi r(b^2-a^2)}\boldsymbol{e}_\phi$$

$$\boldsymbol{J}_m=\nabla\times\boldsymbol{M}=\boldsymbol{e}_z\frac{1}{r}\frac{\partial(rM_\rho)}{\partial r}=\boldsymbol{e}_z\frac{(\mu_r-1)I}{\pi(b^2-a^2)}$$

当 $r>b$ 时，$\boldsymbol{J}_m=0$。

在 $r=a$ 处，磁化强度 $\boldsymbol{M}=0$，所以

$$\boldsymbol{J}_{mS}=\boldsymbol{M}\times\boldsymbol{n}=\boldsymbol{M}\times(-\boldsymbol{e}_r)=0$$

在 $r=b$ 处，磁化强度 $\boldsymbol{M}=\dfrac{(\mu_r-1)I}{2\pi b}\boldsymbol{e}_\phi$，所以

$$\boldsymbol{J}_{mS}=\boldsymbol{M}\times\boldsymbol{n}=\boldsymbol{M}\times(\boldsymbol{e}_r)=-\frac{(\mu_r-1)I}{2\pi b}\boldsymbol{e}_z$$

例 3-15　设 $x<0$ 的半空间充满磁导率为 μ 的均匀磁介质，$x>0$ 的空间为真空。线电流 I 沿 z 轴方向，求磁感应强度。

解　由恒定磁场的边界条件可以判断出在磁介质和真空中，磁感应强度相同，而磁场强度不同。由问题的对称性，选取以 z 轴为轴线，半径为 r 的圆环为安培回路，有

$$\oint_l H\cdot \mathrm{d}l=\pi rH_1+\pi rH_2=I$$

注意到

$$H_1=\frac{B_1}{\mu_1},\ H_2=\frac{B_2}{\mu_2}$$

$$B_1=B_2=B,\ \mu_1=\mu_0,\ \mu_2=\mu$$

因而得

$$B=\frac{\mu_0\mu I}{\pi(\mu_0+\mu)r}$$

其方向沿圆周方向。

例 3-16　空气绝缘的同轴线，内导体的半径为 a，外导体的内半径为 b，通过的电流为 I，设外导体壳的厚度很薄，因而其储存的能量可以忽略不计。计算同轴线单位长度的储能，并由此求单位长度的自感。

解　设内导体的电流均匀分布，用安培环路定律可求出磁场：

$$H=\frac{Ir}{2\pi a^2} \qquad r<a$$

$$H=\frac{I}{2\pi r} \qquad a<r<b$$

单位长度的磁场能量为

$$W_{\mathrm{m}} = \int_0^a \frac{1}{2}\mu_0 H^2 2\pi r \mathrm{d}r + \int_a^b \frac{1}{2}\mu_0 H^2 2\pi r \mathrm{d}r$$

$$= \frac{\mu_0 I^2}{16\pi} + \frac{\mu_0 I^2}{4\pi}\ln\frac{b}{a}$$

$$L = \frac{\mu_0}{8\pi} + \frac{\mu_0}{2\pi}\ln\frac{b}{a}$$

其中第一项是内导体的内自感。

3.3 习题及答案

3-1 一个半径为 a 的球内均匀分布着总量为 q 的电荷，若其以角速度 ω 绕一直径匀速旋转，求球内的电流密度。

解 选取球面坐标系，设转轴和直角坐标系的 z 轴重合，球内某一点的坐标为 (r, θ, ϕ)，则该点的线速度为

$$\boldsymbol{v} = \omega \boldsymbol{e}_z \times \boldsymbol{r} = \omega r \sin\theta \boldsymbol{e}_\phi$$

电荷密度为

$$\rho = \frac{q}{\left(\frac{4}{3}\right)\pi a^3}$$

电流密度为

$$\boldsymbol{J} = \rho \boldsymbol{v} = \frac{3q\omega r\sin\theta}{4\pi a^3}\boldsymbol{e}_\phi$$

注意球面坐标的有向面积元为

$$\mathrm{d}\boldsymbol{S} = \boldsymbol{e}_r r^2 \sin\theta \mathrm{d}\theta \mathrm{d}\phi + \boldsymbol{e}_\theta r\sin\theta \mathrm{d}r\mathrm{d}\phi + \boldsymbol{e}_\phi r\,\mathrm{d}r\mathrm{d}\theta$$

可以得到总电流为

$$I = \iint_S \boldsymbol{J} \cdot \mathrm{d}\boldsymbol{S} = \int_0^\pi \int_0^a J r\,\mathrm{d}r\mathrm{d}\theta = \frac{q\omega}{2\pi}$$

3-2 一电容器的两极是同心的导体球面，半径分别为 a 和 $b(b>a)$，导体的电导率为 σ_0，两极间填充媒质的电导率为 $\sigma(\sigma_0 \gg \sigma)$，若两极接在端电压为 U 的电源上，试求媒质内一点处单位体积的损耗功率、媒质的损耗总功率以及求媒质的电阻。

解 设内、外极板之间的总电流为 I，由对称性，可以得到极板间的电流密度为

$$\boldsymbol{J} = \frac{I}{4\pi r^2}\boldsymbol{e}_r$$

$$\boldsymbol{E} = \frac{I}{4\pi\sigma r^2}\boldsymbol{e}_r$$

$$U_0 = \int_a^b E\,\mathrm{d}r = \frac{I}{4\pi\sigma}\left(\frac{1}{a} - \frac{1}{b}\right)$$

从而

$$I = \frac{4\pi\sigma U_0}{\frac{1}{a} - \frac{1}{b}}, \boldsymbol{J} = \frac{\sigma U_0}{\left(\frac{1}{a} - \frac{1}{b}\right)r^2}\boldsymbol{e}_r$$

单位体积内功率损耗为

$$p=\frac{J^2}{\sigma}=\sigma\left[\frac{U_0}{\left(\frac{1}{a}-\frac{1}{b}\right)r^2}\right]^2$$

总功率损耗为

$$P=\int_a^b p4\pi r^2\,\mathrm{d}r=\frac{4\pi\sigma U_0^2}{\left(\frac{1}{a}-\frac{1}{b}\right)^2}\int_a^b\frac{\mathrm{d}r}{r^2}=\frac{4\pi\sigma U_0^2}{\frac{1}{a}-\frac{1}{b}}$$

由 $P=\frac{U_0^2}{R}$ 得

$$R=\frac{1}{4\pi\sigma}\left(\frac{1}{a}-\frac{1}{b}\right)$$

3-3　在介电常数为 ε，电导率为 σ 的线性、各向同性的非均匀媒质中有密度为 $\boldsymbol{J}$ 的恒定电流分布，试证明在此情况下媒质中有密度为 $\rho=\boldsymbol{J}\cdot\nabla\left(\frac{\varepsilon}{\sigma}\right)$ 的体电荷分布。

证明　$$\rho=\nabla\cdot\boldsymbol{D}=\nabla\cdot(\varepsilon\boldsymbol{E})=\nabla\cdot\left(\frac{\varepsilon}{\sigma}\boldsymbol{J}\right)=\left(\nabla\frac{\varepsilon}{\sigma}\right)\cdot\boldsymbol{J}+\frac{\varepsilon}{\sigma}\nabla\cdot\boldsymbol{J}$$

考虑到恒定电流 $\nabla\cdot\boldsymbol{J}=0$，得证。

3-4　平板电容器间由两种媒质完全填充，厚度分别为 d_1 和 d_2，介电常数分别为 ε_1 和 ε_2，电导率分别为 σ_1 和 σ_2，当外加电压 U_0 时，求媒质内任意一点的电场强度、电流密度和两媒质界面上的自由电荷面密度。

解　设电容器极板之间的电流密度为 J，则

$$J=\sigma_1E_1=\sigma_2E_2$$

$$E_1=\frac{J}{\sigma_1},\quad E_2=\frac{J}{\sigma_2}$$

于是有

$$U_0=\frac{Jd_1}{\sigma_1}+\frac{Jd_2}{\sigma_2}$$

即

$$J=\frac{U_0}{\frac{d_1}{\sigma_1}+\frac{d_2}{\sigma_2}}$$

因此分界面上的自由面电荷密度为

$$\rho_S=D_{2\mathrm{n}}-D_{1\mathrm{n}}=\varepsilon_2E_2-\varepsilon_1E_1=\left(\frac{\varepsilon_2}{\sigma_2}-\frac{\varepsilon_1}{\sigma_1}\right)J=\left(\frac{\varepsilon_2}{\sigma_2}-\frac{\varepsilon_1}{\sigma_1}\right)\frac{U_0}{\frac{d_1}{\sigma_1}+\frac{d_2}{\sigma_2}}$$

3-5　同轴线的内导体半径为 a、外导体的内半径为 c，其间由两种媒质完全填充，媒质界面是半径为 b 的、轴线与同轴线的轴线重合的圆柱面，介电常数分别为 $\varepsilon_1(a<r<b)$ 和 $\varepsilon_2(b<r<c)$，电导率分别为 $\sigma_1(a<r<b)$ 和 $\sigma_2(b<r<c)$，若将同轴线的内、外导体接在端电压为 U 的电源上，试求两媒质界面上的自由面电荷密度。

解　设在纵向单位长度上从内导体流向外导体的电流为 I，则在半径为 r 的圆柱面上电流均匀分布：

$$\boldsymbol{J}=\frac{I}{2\pi r}\boldsymbol{e}_r$$

$$\boldsymbol{E}_1=\frac{I}{2\pi\sigma_1 r}\boldsymbol{e}_r,\quad \boldsymbol{E}_2=\frac{I}{2\pi\sigma_2 r}\boldsymbol{e}_r$$

$$U=\int_a^b E\,\mathrm{d}r=\frac{I}{2\pi\sigma_1}\ln\frac{b}{a}+\frac{I}{2\pi\sigma_2}\ln\frac{c}{b}$$

电流为

$$I=\frac{2\pi U}{\dfrac{1}{\sigma_1}\ln\dfrac{b}{a}+\dfrac{1}{\sigma_2}\ln\dfrac{c}{b}}$$

在半径为 b 的圆柱面上电流密度为

$$J=\frac{I}{2\pi b}\rho_S=\left(\frac{\varepsilon_2}{\sigma_2}-\frac{\varepsilon_1}{\sigma_1}\right)J=\frac{(\varepsilon_2\sigma_1-\varepsilon_1\sigma_2)U}{b\left(\sigma_2\ln\dfrac{b}{a}+\sigma_1\ln\dfrac{c}{b}\right)}$$

3-6 一个半径为 0.4 m 的导体球作为电极深埋地下，土壤的电导率为 0.6 S/m，略去地面的影响，求电极的接地电阻。

解 当不考虑地面影响时，这个问题就相当于计算位于无限大均匀导电媒质中的导体球的恒定电流问题。设导体球的电流为 I，则任意点的电流密度为

$$\boldsymbol{J}=\boldsymbol{e}_r\frac{I}{4\pi r^2}$$

$$\boldsymbol{E}=\boldsymbol{e}_r\frac{I}{4\pi\sigma r^2}$$

导体球面的电位(选取无穷远处为电位零点)为

$$U=\int_a^{\infty}\frac{I}{4\pi\sigma r^2}\mathrm{d}r=\frac{I}{4\pi\sigma a}$$

接地电阻为

$$R=\frac{U}{I}=\frac{1}{4\pi\sigma a}$$

代入数值得电阻为 0.33 Ω。

3-7 在电导率为 σ 的媒质中有两个半径分别为 a 和 b，球心距为 $d(d\gg a+b)$，电导率为 $\sigma_0\gg\sigma$ 的良导体小球，求两小球间的电阻。

解 用静电比拟法求解，由于 $d\gg a+b$，容易得出电位系数为

$$p_{11}=\frac{1}{4\pi\varepsilon a},\quad p_{22}=\frac{1}{4\pi\varepsilon b},\quad p_{12}=p_{21}=\frac{1}{4\pi\varepsilon d}$$

电容为

$$C=\frac{1}{p_{11}+p_{22}-2p_{12}}=\frac{4\pi\varepsilon}{1/a+1/b-2/d}$$

电导为

$$G=\frac{4\pi\sigma}{1/a+1/b-2/d}$$

电阻为

$$R=\frac{1/a+1/b-2/d}{4\pi\sigma}$$

3-8　高度为 h，内、外半径分别为 a、b 的圆柱面之间填充电导率为 σ 的媒质，试证明内、外圆柱面间的电阻为

$$R=\frac{\ln\dfrac{b}{a}}{2\pi\sigma h}$$

证明　设从内导体流向外导体的总电流为 I，由问题的对称性可知，在高度为 h、半径为 r 的圆柱面上电流均匀分布，即

$$\boldsymbol{J}=\boldsymbol{e}_r\frac{I}{2\pi rh}$$

$$\boldsymbol{E}=\boldsymbol{e}_r\frac{I}{2\pi\sigma hr}$$

$$U=\int_a^{\infty}\frac{I}{2\pi\sigma hr^2}\mathrm{d}r=\frac{I}{2\pi\sigma h}\ln\frac{b}{a}$$

$$R=\frac{U}{I}=\frac{\ln\dfrac{b}{a}}{2\pi\sigma h}$$

得证。

3-9　试证明当有恒定电流穿过两种导电媒质的界面，而界面上无面电荷堆积(即 $\rho_S=0$)的条件是两种导电媒质介电常数之比等于电导率之比。

证明
$$\rho_S=D_{2\mathrm{n}}-D_{1\mathrm{n}}=\varepsilon_2E_{2\mathrm{n}}-\varepsilon_1E_{1\mathrm{n}}=\frac{\varepsilon_2}{\sigma_2}J_{2\mathrm{n}}-\frac{\varepsilon_1}{\sigma_1}J_{1\mathrm{n}}$$

由于

$$J_{2\mathrm{n}}=J_{1\mathrm{n}}=J_{\mathrm{n}},\quad \rho_S=\left(\frac{\varepsilon_2}{\sigma_2}-\frac{\varepsilon_1}{\sigma_1}\right)J_{\mathrm{n}}$$

所以当介电常数之比等于电导率之比时，界面无电荷。得证。

3-10　在介电常数为 ε，电导率为 σ(均与坐标有关)的非均匀、线性媒质中有恒定电流分布，证明媒质中的自由电荷密度为

$$\rho=\boldsymbol{E}\cdot\left(\nabla\varepsilon-\frac{\varepsilon}{\sigma}\nabla\sigma\right)$$

式中，$\boldsymbol{E}$ 为电场强度。

证明　由方程 $\nabla\cdot\boldsymbol{J}=0$ 得

$$\nabla\cdot\boldsymbol{J}=\nabla\cdot(\sigma\boldsymbol{E})=\boldsymbol{E}\cdot\nabla\sigma+\sigma\nabla\cdot\boldsymbol{E}=0$$

即

$$\nabla\cdot\boldsymbol{E}=-\frac{\nabla\sigma}{\sigma}\cdot\boldsymbol{E}$$

从而有

$$\begin{aligned}\rho&=\nabla\cdot\boldsymbol{D}=\nabla\cdot(\varepsilon\boldsymbol{E})=\boldsymbol{E}\cdot\nabla\varepsilon+\varepsilon\nabla\cdot\boldsymbol{E}\\&=\boldsymbol{E}\cdot\nabla\varepsilon-\varepsilon\frac{\nabla\sigma}{\sigma}\cdot\boldsymbol{E}=\boldsymbol{E}\cdot\left(\nabla\varepsilon-\frac{\varepsilon}{\sigma}\nabla\sigma\right)\end{aligned}$$

得证。

3-11 一个外接圆半径为 a 的正 n 边形线圈中通过的电流为 I，试证此线圈中心的磁感应强度为

$$\boldsymbol{B}=\frac{\mu_0 nI}{2\pi a}\tan\frac{\pi}{n}$$

证明 设线圈外接圆半径为 a，先计算有限长度的直导线在线圈中心产生的磁场：

$$\boldsymbol{B}=\frac{\mu_0 I}{4\pi r}(\sin\alpha_1-\sin\alpha_2)$$

注意到 $\alpha_1=-\alpha_2=\dfrac{2\pi}{2n}=\dfrac{\pi}{n}$，设正多边形的外接圆半径是 a，则 $\dfrac{r}{a}=\cos\dfrac{\pi}{n}$，所以，中心点的磁感应强度为

$$\boldsymbol{B}=\frac{\mu_0 nI}{2\pi a}\tan\frac{\pi}{n}$$

得证。

3-12 求载流为 I，半径为 a 的圆形导线中心的磁感应强度。

解 电流元 $I\mathrm{d}\boldsymbol{l}$ 在中心处产生的磁场为

$$\mathrm{d}\boldsymbol{B}=\frac{\mu_0}{4\pi}\frac{I\mathrm{d}\boldsymbol{l}\times\boldsymbol{e}_r}{r^2}$$

各电流元在中心处产生的磁场在同一方向，注意到 $\oint\dfrac{\mathrm{d}l}{r^2}=\dfrac{2\pi}{a}$，所以，圆心处的磁场为 $\dfrac{\mu_0 I}{2a}$。

3-13 一个载流 I_1 的长直导线和一个载流 I_2 的圆环(半径为 a)在同一平面内，圆心与导线的距离是 d。证明两电流之间的相互作用力为

$$F=\mu_0 I_1 I_2\left(\frac{d}{\sqrt{d^2-a^2}}-1\right)$$

证明 选取题 3-13 解图所示的坐标。直线电流产生的磁感应强度为

$$\boldsymbol{B}_1=\frac{\mu_0 I_1}{2\pi r}\boldsymbol{e}_\phi=\frac{\mu_0 I_1}{2\pi(d+a\cos\theta)}\boldsymbol{e}_\phi$$

$$\boldsymbol{F}=\oint I_2\,\mathrm{d}\boldsymbol{l}_2\times\boldsymbol{B}_1$$

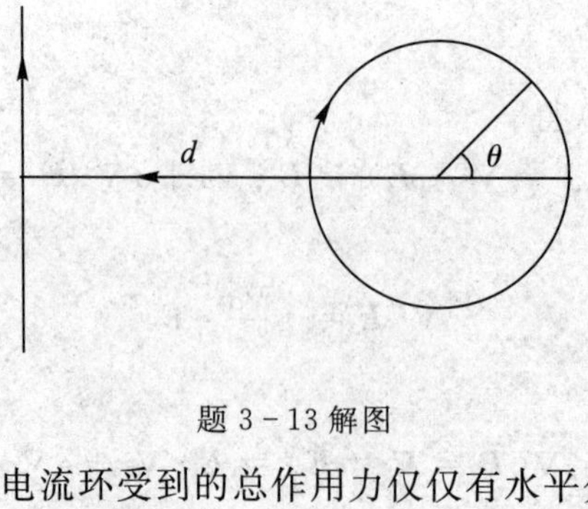

题 3-13 解图

由对称性可以知道，圆电流环受到的总作用力仅仅有水平分量，$\mathrm{d}\boldsymbol{l}_2\times\boldsymbol{e}_\phi$ 的水平分量为 $a\cos\theta\mathrm{d}\theta$，再考虑到圆环上下对称，得

$$F=\frac{\mu_0 I_1 I_2}{2\pi}\int_0^{\pi}2\frac{a\cos\theta}{d+a\cos\theta}\mathrm{d}\theta=\frac{-\mu_0 I_1 I_2}{\pi}\int_0^{\pi}\left(\frac{d}{d+a\cos\theta}-1\right)\mathrm{d}\theta$$

使用公式

$$\int_0^{\pi}\frac{\mathrm{d}\theta}{d+a\cos\theta}=\frac{\pi}{\sqrt{d^2-a^2}}$$

最后得出两回路之间得作用力为 $-\mu_0 I_1 I_2\left(\frac{d}{\sqrt{d^2-a^2}}-1\right)$，负号表示吸引力。得证。

3-14　内、外半径分别为 a、b 的无限长空心圆柱壳内有均匀分布的轴向电流 I，求柱内、外的磁感强度。

解　用圆柱坐标系，电流密度沿轴线方向，为

$$J=\begin{cases}0 & r<a\\ \dfrac{I}{\pi(b^2-a^2)} & a<r<b\\ 0 & b<r\end{cases}$$

由电流的对称性，可以知道磁场只有圆周分量。用安培环路定律计算不同区域的磁场。当 $r<a$ 时，磁场为零。当 $a<r<b$ 时，选取安培回路为半径为 r 且与导电圆柱的轴线同心的圆。该回路包围的电流为

$$I'=J\pi(r^2-a^2)=\frac{I(r^2-a^2)}{b^2-a^2}$$

由

$$\oint\boldsymbol{B}\cdot\mathrm{d}\boldsymbol{l}=2\pi rB=\mu_0 I'$$

得

$$B=\frac{\mu_0 I(r^2-a^2)}{2\pi r(b^2-a^2)}$$

当 $r>b$ 时，回路内包围的总电流为 I，于是 $B=\frac{\mu_0 I}{2\pi r}$。

3-15　两个半径都为 a 的无限长圆柱体，轴间距为 d，$d<2a$（如题 3-15 图所示）。除两柱重叠部分 R 外，柱间有大小相等、方向相反的轴向电流，密度为 $\boldsymbol{J}$，求区域 R 内的 $\boldsymbol{B}$。

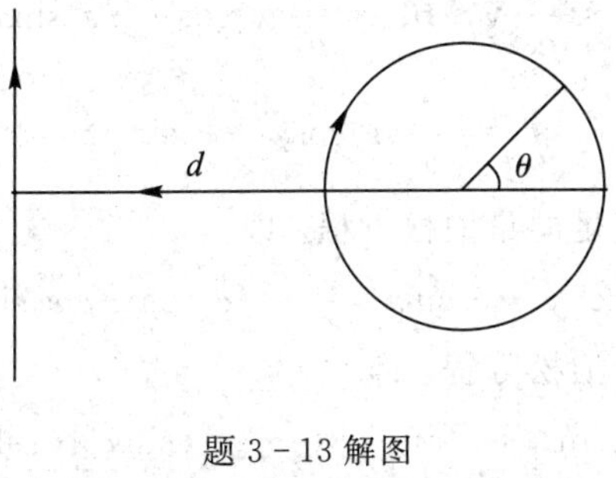

题 3-13 解图

解　在重叠区域分别加上量值相等（密度为 $\boldsymbol{J}$）、方向相反的电流分布，可以将原问题的电流分布化为一个圆柱体内均匀分布正向电流，另一个圆柱体内均匀分布反向电流。由其产生的磁场可以通过叠加原理计算。

沿正方向的电流(左边圆柱)在重叠区域产生的磁感应强度为 $\boldsymbol{B}_1$，有

$$\oint \boldsymbol{B}_1 \cdot \mathrm{d}l = 2\pi r_1 \boldsymbol{B}_1 = \mu_0 \pi r_1^2 \boldsymbol{J}$$

$$\boldsymbol{B}_1 = \frac{\mu_0 r_1 \boldsymbol{J}}{2}$$

其方向为左边圆柱的圆周方向 $\boldsymbol{e}_{\phi_1}$。

沿负方向的电流(右边圆柱)在重叠区域产生的磁感应强度为

$$\boldsymbol{B}_2 = -\frac{\mu_0 r_2 \boldsymbol{J}}{2}$$

其方向为右边圆柱的圆周方向 $\boldsymbol{e}_{\phi_2}$。

考虑到 $\boldsymbol{e}_{\phi_1} = \boldsymbol{e}_z \times \boldsymbol{e}_{\rho_1}$，$\boldsymbol{e}_{\phi_2} = \boldsymbol{e}_z \times \boldsymbol{e}_{\rho_2}$，所以有

$$\boldsymbol{B} = \boldsymbol{B}_1 + \boldsymbol{B}_2 = \frac{\mu_0 J}{2} \boldsymbol{e}_z \times (\rho_1 \boldsymbol{e}_{\rho_1} - \rho_2 \boldsymbol{e}_{\rho_2})$$

$$= \frac{\mu_0 J}{2} \boldsymbol{e}_z \times (d\boldsymbol{e}_x) = \frac{\mu_0 J}{2} d\boldsymbol{e}_y$$

3-16 证明磁矢位 $\boldsymbol{A}_1 = \boldsymbol{e}_x \cos y + \boldsymbol{e}_y \sin x$ 和 $\boldsymbol{A}_2 = \boldsymbol{e}_y(\sin x + x\sin y)$ 对应相同的磁场 $\boldsymbol{B}$，并证明 $\boldsymbol{A}_1$、$\boldsymbol{A}_2$ 得自相同的电流分布。它们是否均满足矢量泊松方程?

解 与给定磁矢位对应的磁场为

$$\boldsymbol{B}_1 = \nabla \times \boldsymbol{A}_1 = \begin{vmatrix} \boldsymbol{e}_x & \boldsymbol{e}_y & \boldsymbol{e}_z \\ \dfrac{\partial}{\partial x} & \dfrac{\partial}{\partial y} & \dfrac{\partial}{\partial z} \\ \cos y & \sin x & 0 \end{vmatrix} = \boldsymbol{e}_z(\cos x + \sin y)$$

$$\boldsymbol{B}_2 = \nabla \times \boldsymbol{A}_2 = \begin{vmatrix} \boldsymbol{e}_x & \boldsymbol{e}_y & \boldsymbol{e}_z \\ \dfrac{\partial}{\partial x} & \dfrac{\partial}{\partial y} & \dfrac{\partial}{\partial z} \\ 0 & \sin x + x\sin y & 0 \end{vmatrix} = \boldsymbol{e}_z(\cos x + \sin y)$$

所以，二者的磁场相同。

与其相应的电流分布为

$$\boldsymbol{J}_1 = \frac{1}{\mu_0} \nabla \times \boldsymbol{B}_1 = \frac{1}{\mu_0}(\boldsymbol{e}_x \cos y + \boldsymbol{e}_y \sin x)$$

$$\boldsymbol{J}_2 = \frac{1}{\mu_0}(\boldsymbol{e}_x \cos y + \boldsymbol{e}_y \sin x)$$

可以验证，磁矢位 $\boldsymbol{A}_1$ 满足向量泊松方程，即

$$\nabla^2 \boldsymbol{A}_1 = \nabla^2 (\boldsymbol{e}_x \cos y + \boldsymbol{e}_y \sin x) = -(\boldsymbol{e}_x \cos y + \boldsymbol{e}_y \sin x) = -\mu_0 \boldsymbol{J}_1$$

但是，磁矢位 $\boldsymbol{A}_2$ 不满足向量泊松方程，即

$$\nabla^2 \boldsymbol{A}_2 = \nabla^2 [\boldsymbol{e}_y(\sin x + x\sin y)] = -\boldsymbol{e}_y(\sin x + x\sin y) \neq -\mu_0 \boldsymbol{J}_2$$

这是由于 $\boldsymbol{A}_2$ 的散度不为零。当磁矢位不满足库仑规范时，磁矢位与电流的关系为

$$\nabla \times \nabla \times \boldsymbol{A}_2 = -\nabla^2 \boldsymbol{A}_2 + \nabla(\nabla \cdot \boldsymbol{A}_2) = \mu_0 \boldsymbol{J}_2$$

可以验证，对于磁矢位 $\boldsymbol{A}_2$，上式成立，即

$$-\nabla^2 \boldsymbol{A}_2 + \nabla(\nabla \cdot \boldsymbol{A}_2) = \boldsymbol{e}_y(\sin x + x\sin y) + \nabla(x\cos y)$$
$$= \boldsymbol{e}_y(\sin x + x\sin y) + \boldsymbol{e}_x\cos y - \boldsymbol{e}_y x\sin y$$
$$= \boldsymbol{e}_y \sin x + \boldsymbol{e}_x \cos y = \mu_0 \boldsymbol{J}_2$$

3-17　半径为 a 的长圆柱面上有密度为 J_S 的面电流，电流方向分别为：

(1) 电流沿圆周方向；

(2) 电流沿轴线方向。

分别求两种情形下柱内、外的 $\boldsymbol{B}$。

解　(1) 当面电流沿圆周方向时，由问题的对称性，可以知道，磁感应强度仅仅是半径 r 的函数，而且只有轴向方向的分量，即

$$\boldsymbol{B} = \boldsymbol{e}_z B_z(r)$$

由于电流仅仅分布在圆柱面上，所以，在柱内或柱外，$\nabla\times\boldsymbol{B} = \boldsymbol{0}$。将 $\boldsymbol{B} = \boldsymbol{e}_z B_z(r)$ 代入 $\nabla\times\boldsymbol{B} = \boldsymbol{0}$ 得

$$\nabla\times\boldsymbol{B} = -\boldsymbol{e}_\phi \frac{\partial B_z}{\partial r} = \boldsymbol{0}$$

即磁场是与 r 无关的常量。在离柱面无穷远处的观察点，由于电流可以看成是一系列流向相反而强度相同的电流元之和，所以磁场为零。由于 B 与 r 无关，所以，在柱外的任一点处，磁场恒为零。

为了计算柱内的磁场，选取安培回路为题 3-17 解图所示的矩形回路。

$$\oint_l \boldsymbol{B}\cdot \mathrm{d}\boldsymbol{l} = hB = h\mu_0 J_S$$

因而柱内任一点处，$\boldsymbol{B} = \boldsymbol{e}_z \mu_0 J_S$。

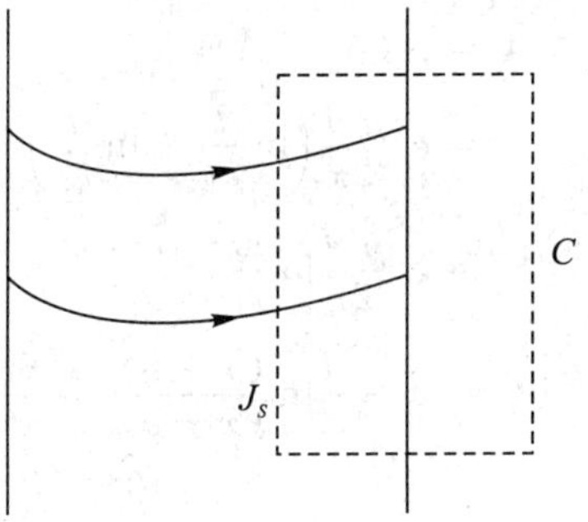

题 3-17 解图

(2) 当面电流沿轴线方向时，由对称性，可知空间的磁场仅仅有圆周分量，且只是半径 r 的函数。在柱内，选取安培回路为圆心在轴线并且位于圆周方向的圆，可以得出，柱内任一点的磁场为零。在柱外，选取圆形回路，$\oint_l \boldsymbol{B}\cdot \mathrm{d}\boldsymbol{l} = \mu_0 I$，与该回路交链的电流为 $2\pi a J_S$，有

$$\oint_l \boldsymbol{B}\cdot \mathrm{d}\boldsymbol{l} = 2\pi r B$$

所以

$$\boldsymbol{B} = \boldsymbol{e}_\phi \mu_0 J_S \frac{a}{r}$$

3-18 一对无限长平行导线，相距 $2a$，线上载有大小相等、方向相反的电流 I，求磁矢位 $\boldsymbol{A}$，并求 $\boldsymbol{B}$(如题 3-18 图所示)。

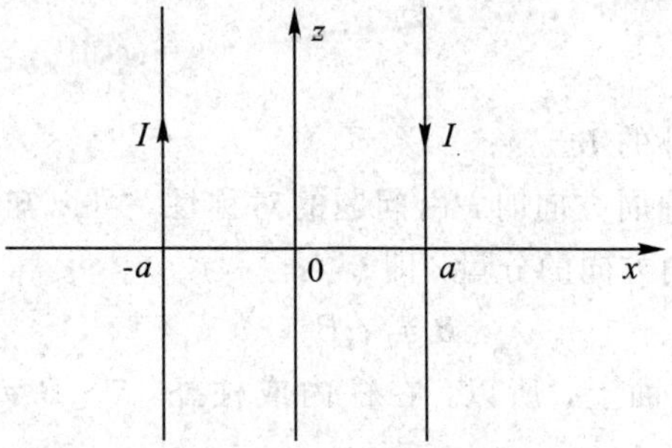

题 3-18 图

解
$$A_1 = \frac{\mu_0 I}{4\pi}\int_{-l/2}^{l/2}\frac{\mathrm{d}z}{(r_1^2+z^2)^{1/2}} = \frac{\mu_0 I}{2\pi}\ln\frac{l/2+[(l/2)^2+r_1^2]^{1/2}}{r_1}$$

当 $l\to\infty$时，有

$$A_1 = \frac{\mu_0 I}{2\pi}\ln\frac{l}{r_1}$$

同理，导线 2 产生的磁矢位为

$$A_2 = -\frac{\mu_0 I}{2\pi}\ln\frac{l}{r_2}$$

由两个导线产生的磁矢位为

$$\begin{aligned}\boldsymbol{A} &= \boldsymbol{e}_z(A_1+A_2)\\ &= \boldsymbol{e}_z\frac{\mu_0 I}{2\pi}\left(\ln\frac{l}{r_1}-\ln\frac{l}{r_2}\right)\\ &= \boldsymbol{e}_z\frac{\mu_0 I}{2\pi}\ln\frac{r_2}{r_1}\\ &= \boldsymbol{e}_z\frac{\mu_0 I}{4\pi}\ln\frac{(x+a)^2+y^2}{(x-a)^2+y^2}\end{aligned}$$

相应的磁场为

$$\begin{aligned}\boldsymbol{B} &= \nabla\times\boldsymbol{A} = \boldsymbol{e}_x\frac{\partial A_z}{\partial y}-\boldsymbol{e}_y\frac{\partial A_z}{\partial y}\\ &= \boldsymbol{e}_x\frac{\mu_0 I}{2\pi}\left(\frac{y}{(x+a)^2+y^2}-\frac{y}{(x-a)^2+y^2}\right)-\boldsymbol{e}_y\frac{\mu_0 I}{2\pi}\left(\frac{x+a}{(x+a)^2+y^2}-\frac{x-a}{(x-a)^2+y^2}\right)\end{aligned}$$

3-19 由无限长载流直导线产生的 $\boldsymbol{B}$ 求磁矢位 A(用 $\int_S \boldsymbol{B}\mathrm{d}\cdot\boldsymbol{S}=\oint_C \boldsymbol{A}\cdot\mathrm{d}\boldsymbol{l}$，并取 $r=r_0$ 处为磁矢位的参考点)，并验证$\nabla\times\boldsymbol{A}=\boldsymbol{B}$。

解 设导线和 z 轴重合，由于电流只有 z 分量，磁矢位也只有 z 分量。用安培环路定律，可以得到直导线的磁场为

$$\boldsymbol{B} = \boldsymbol{e}_\phi\frac{\mu_0 I}{2\pi r}$$

选取矩形回路 C，如题 3-19 解图所示。在此回路上，注意到磁矢位的参考点，磁矢位的线积分为

$$\oint_C \boldsymbol{A}\cdot \mathrm{d}\boldsymbol{l} = -A_z h$$

$$\int_S \boldsymbol{B}\cdot \mathrm{d}\boldsymbol{S} = \iint \frac{\mu_0 I}{2\pi r}\mathrm{d}\rho \mathrm{d}z = \frac{\mu_0 Ih}{2\pi}\ln\frac{r}{r_0}$$

由此得到

$$A_z(r) = -\frac{\mu_0 I}{2\pi}\ln\frac{r}{r_0}$$

可以验证

$$\boldsymbol{B} = \nabla\times\boldsymbol{A} = -\boldsymbol{e}_\phi\frac{\partial A_z}{\partial r} = \boldsymbol{e}_\phi\frac{\mu_0 I}{2\pi r}$$

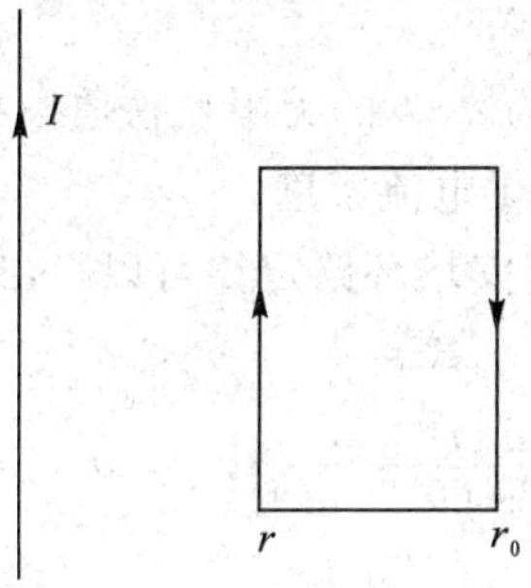

题 3-19 解图

3-20　一个长为 L、半径为 a 的磁介质圆柱体沿轴向方向均匀磁化（磁化强度为 M_0），求它的磁矩 $\boldsymbol{m}$ 及 $r \gg l$ 处的磁矢位 $\boldsymbol{A}$ 和磁感应强度 $\boldsymbol{B}$。若 $L = 10$ cm，$a = 2$ cm，$M_0 = 2$ A/m，求磁矩的值。

解　均匀磁介质内的磁化电流为零。在圆柱体的顶面与底面，有

$$\boldsymbol{J}_{\mathrm{m}S} = \boldsymbol{M}\times\boldsymbol{n} = \boldsymbol{0}$$

在侧面，有

$$\boldsymbol{J}_{\mathrm{m}S} = \boldsymbol{M}\times\boldsymbol{n} = M_0\boldsymbol{e}_z\times\boldsymbol{e}_r = M_0\boldsymbol{e}_\phi$$

侧面的总电流为

$$I = J_{\mathrm{m}S}L = M_0 L$$

磁矩为

$$m = IS = I\pi a^2 = M_0 L\pi a^2$$

代入数值得

$$m = M_0 L\pi a^2 = 2\times 0.1\times\pi\times 0.02^2 = 2.512\times 10^{-4}(\mathrm{A}\cdot\mathrm{m}^2)$$

在 $r \gg l$ 处的磁矢位 $\boldsymbol{A}$ 与把磁化柱体看做一个磁偶极子一致。

3-21　一球心在坐标原点，半径为 a 的磁介质球的磁化强度为 $\boldsymbol{M} = \boldsymbol{e}_z M_0\dfrac{z^2}{a^2}$（$M_0$ 为常数），求磁介质球的磁化体电流密度和面电流密度。

解　磁化电流的体密度为

$$\boldsymbol{J}_{\mathrm{m}} = \nabla\times\boldsymbol{M} = \boldsymbol{0}$$

在球面上，有

$$\boldsymbol{J}_{\mathrm{mS}}=\boldsymbol{M}\times\boldsymbol{n}=M_0\boldsymbol{e}_z\times\boldsymbol{e}_r=M_0\frac{z^2}{a^2}\sin\theta\boldsymbol{e}_\phi$$

注意，在球面上：

$$z=a\cos\theta,\ \boldsymbol{J}_{\mathrm{mS}}=M_0\cos^2\theta\sin\theta\boldsymbol{e}_\phi$$

3-22 证明相对磁导率为 μ_r 的磁介质内的磁化电流是传导电流的(μ_r-1)倍。

证明

$$J_{\mathrm{m}}=\nabla\times\boldsymbol{M}$$

$$\boldsymbol{B}=\mu\boldsymbol{H}=\mu_0(\boldsymbol{H}+\boldsymbol{M})$$

$$\boldsymbol{M}=\left(\frac{\mu}{\mu_0}-1\right)\boldsymbol{H}=(\mu_r-1)\boldsymbol{H}$$

因而

$$\boldsymbol{J}_{\mathrm{m}}=(\mu_r-1)\boldsymbol{J}$$

得证。

3-23 已知内、外半径分别为 a、b 的无限长铁质圆柱壳(磁导率为 μ)，沿轴向有恒定的传导电流 I，求磁感应强度和磁化电流密度。

解 考虑到问题的对称性，用安培环路定律可以得出各个区域的磁感应强度为

$$\boldsymbol{B}=0\qquad r<a$$

$$\boldsymbol{B}=\frac{\mu I(r^2-a^2)}{2\pi r(b^2-a^2)}\boldsymbol{e}_\phi\qquad a<r<b$$

$$\boldsymbol{B}=\frac{\mu_0 I}{2\pi r}\boldsymbol{e}_\phi\qquad r>b$$

当 $a<r<b$ 时，

$$\boldsymbol{M}=(\mu_r-1)\boldsymbol{H}=(\mu_r-1)\frac{1}{\mu}\boldsymbol{B}=(\mu_r-1)\frac{I(r^2-a^2)}{2\pi r(b^2-a^2)}\boldsymbol{e}_\phi$$

$$\boldsymbol{J}_{\mathrm{m}}=\nabla\times\boldsymbol{M}=\boldsymbol{e}_z\frac{1}{r}\frac{\partial(rM_\rho)}{\partial r}=\boldsymbol{e}_z\frac{(\mu_r-1)I}{\pi(b^2-a^2)}$$

当 $r>b$ 时，$\boldsymbol{J}_{\mathrm{m}}=0$。

在 $r=a$ 处，磁化强度 $M=0$，所以

$$\boldsymbol{J}_{\mathrm{mS}}=\boldsymbol{M}\times\boldsymbol{n}=\boldsymbol{M}\times(-\boldsymbol{e}_r)=\boldsymbol{0}$$

在 $r=b$ 处，磁化强度

$$\boldsymbol{M}=\frac{(\mu_r-1)I}{2\pi b}\boldsymbol{e}_\phi$$

所以

$$\boldsymbol{J}_{\mathrm{mS}}=\boldsymbol{M}\times\boldsymbol{n}=\boldsymbol{M}\times(\boldsymbol{e}_r)=-\frac{(\mu_r-1)I}{2\pi b}\boldsymbol{e}_z$$

3-24 设 $x<0$ 的半无限大空间充满磁导率为 μ 的均匀磁介质，在 $x>0$ 的半无限大空间为空气。在界面上有沿 z 轴方向的电流 I，求空间的磁感应强度和磁化电流分布。

解 由恒定磁场的边界条件，可以判断出在磁介质和真空中，磁感应强度相同，而磁场强度不同。由问题的对称性，选取以 z 轴为轴线，半径为 r 的圆环为安培回路，有

$$\oint_l\boldsymbol{H}\cdot\mathrm{d}\boldsymbol{l}=\pi rH_1+\pi rH_2=I$$

注意到

$$H_1=\frac{B_1}{\mu_1},\ H_2=\frac{B_2}{\mu_2},\ B_1=B_2=B,\ \mu_1=\mu_0,\ \mu_2=\mu$$

因而得

$$B=\frac{\mu_0\mu I}{\pi(\mu_0+\mu)r}$$

其方向为沿圆周方向。

3-25　已知在半径为 a 的无限长圆柱导体内有恒定电流 I 沿轴向均匀分布。设导体的磁导率为 μ_1，其外充满磁导率为 μ_2 的均匀磁介质。求导体内、外的磁场强度、磁感应强度、磁化电流分布。

解　由安培环路定律可得导体 1 内部的磁场强度 H_1 满足如下方程：

$$2\pi r H_1=I\frac{\pi r^2}{\pi a^2}=I\frac{r^2}{a^2}$$

因而有

$$\boldsymbol{H}_1=\frac{Ir}{2\pi a^2}\boldsymbol{e}_\phi,\ \boldsymbol{B}_1=\frac{\mu_1 Ir}{2\pi a^2}\boldsymbol{e}_\phi$$

$$\boldsymbol{M}_1=\frac{\boldsymbol{B}_1}{\mu_0}-\boldsymbol{H}_1=(\mu_{1\mathrm{r}}-1)\boldsymbol{H}_1=(\mu_{1\mathrm{r}}-1)\frac{Ir}{2\pi a^2}\boldsymbol{e}_\phi$$

把上述磁化强度代入圆柱坐标系的旋度公式，可得磁化电流 $(\mu_{1\mathrm{r}}-1)\dfrac{I}{\pi a^2}\boldsymbol{e}_z$。

同理可得导体 2 中有

$$\boldsymbol{H}_2=\frac{I}{2\pi r}\boldsymbol{e}_\phi,\ \boldsymbol{B}_2=\frac{\mu_2 I}{2\pi r}\boldsymbol{e}_\phi$$

$$\boldsymbol{M}_2=(\mu_{2\mathrm{r}}-1)\boldsymbol{H}_2=(\mu_{2\mathrm{r}}-1)\frac{I}{2\pi r}\boldsymbol{e}_\phi$$

对这个磁化强度在圆柱坐标系求旋度可得导体 2 中磁化电流为零。

3-26　试证无限长直导线和其共面的正三角形(如题 3-26 图所示)之间的互感为

$$M=\frac{\mu_0}{\pi\sqrt{3}}\left[(a+b)\ln\left(1+\frac{a}{b}\right)-a\right]$$

其中，a 是三角形的高，b 是三角形平行于长直导线的边至直导线的距离(且该边距离直导线最近)。

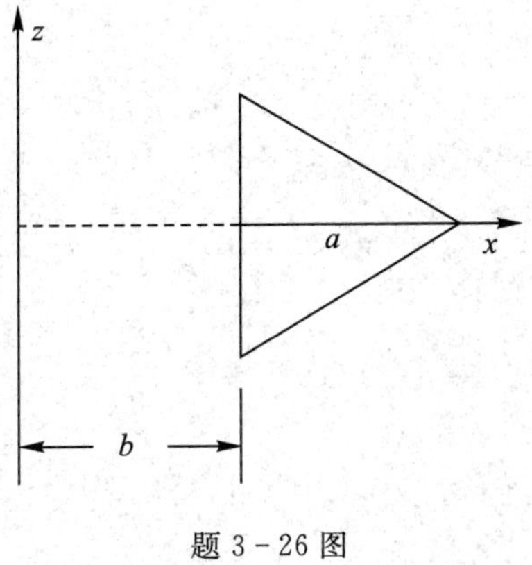

题 3-26 图

证明 取如题 3-26 图所示的坐标系。直线电流 I 产生的磁场为

$$B = \frac{\mu_0 I}{2\pi x}$$

由图知道，三角形为 $A(b, a/\sqrt{3})$、$B(b, -a/\sqrt{3})$、$C(a+b, 0)$，直线 AC 的方程为

$$z = \frac{1}{\sqrt{3}}(a+b-x)$$

互感磁通为

$$\Psi = \int B\mathrm{d}S = 2\int_b^{a+b} \frac{\mu_0 I}{2\pi x}\frac{1}{\sqrt{3}}(a+b-x)\mathrm{d}x$$

$$= \frac{\mu_0 I}{\pi\sqrt{3}}\left[(a+b)\ln\left(1+\frac{a}{b}\right)-a\right]$$

直线与矩形回路的互感为

$$M = \frac{\mu_0}{\pi\sqrt{3}}\left[(a+b)\ln\left(1+\frac{a}{b}\right)-a\right]$$

得证。

第 4 章　静态场的解

4.1　基本内容与公式

1. 边值问题

静电场的边值问题是指在给定的边界条件下，求解泊松方程 $\nabla^2\varphi=-\frac{\rho}{\varepsilon}$ 或拉普拉斯方程 $\nabla^2\varphi=0$ 的问题。

边值问题通常分为三类：

第一类边值问题：给定整个边界上的位函数值，即已知 $\varphi|_S=f(\boldsymbol{r})$。

第二类边值问题：给定边界上每一点位函数的法向导数，即已知 $\frac{\partial\varphi}{\partial n}|_S=g(\boldsymbol{r})$。

第三类边值问题：给定边界上的电位及边界上每一点的电位法向导数的线性组合，即已知 $\left(\alpha\varphi+\beta\frac{\partial\varphi}{\partial n}\right)=F(\boldsymbol{r})$。

2. 唯一性定理

唯一性定理表明，满足电位的泊松方程(或拉普拉斯方程)和给定边值条件的电位 φ，必定是唯一的。

唯一性定理是电磁理论中的一个重要定理，它指出了静电场问题有唯一解的条件，同时也为静电场问题的各种求解方法提供了理论保障。

根据唯一性定理，如果有一个函数，既满足电位的微分方程，又满足边界条件，则此函数就是电位的真解。

3. 镜像法

镜像法是依据唯一性定理寻找场解的一种特殊方法。它适用于边界形状比较典型的一些特殊情况。镜像法求解问题的基本思路是，用放置在待求解区域以外的镜像电荷(如点电荷、线电荷等)来等效导体面上的感应电荷或介质面上的极化电荷，从而把有边界的问题简化为无边界的问题求解。

使用镜像法时必须注意两点：一是镜像电荷必须放置在要求解的区域以外；二是镜像电荷的个数、大小及其位置由待求区域的边界条件来确定。

几种典型问题的镜像法：

(1) 导体平面镜像法。点电荷 q 距离无穷大接地导体平面距离为 h，其镜像电荷为 $-q$，位置在导体另一侧与原电荷对称处。

(2) 导体球面镜像法。接地导体球的半径为 a，球外点电荷 q 与球心的距离为 $d(d>a)$，则镜像电荷 q' 位于球内距离球心 b 处(镜像电荷在球心和原电荷 q 的连线上)，且

$$q' = -\frac{aq}{d}, \quad b = \frac{a^2}{d}$$

若导体球不接地，且导体球不带电，则导体面上的感应电荷要用两个镜像电荷代替，一个镜像电荷为 q'，其位置与大小和前面接地情况相同，另一个镜像电荷为 $-q'$，位于原点。

若导体球不接地，且带电 Q，则 q'位置与大小和前面接地情况相同，另一个镜像电荷为 $Q-q'$，位于原点。

(3) 导体圆柱面镜像法(电轴法)。电轴法将两根等量异号的平行线电荷看成电轴，并用此来求解平行双导体圆柱系统的静电问题。当电轴分别位于 d 和 $-d$ 时，等位线是一簇圆，半径和圆心为

$$R_0 = \frac{2md}{|m^2 - 1|}, \quad x_0 = \frac{m^2+1}{m^2-1}d$$

圆心、半径和电轴位置之间满足下列关系：

$$R_0^2 = x_0^2 - d^2 = (x_0 + d)(x_0 - d)$$

即两个电轴到任意一个等位线圆的圆心的距离之积等于该圆半径的平方。这表明两个电轴点对于任意的等位线圆互为镜像。

(4) 介质平面镜像法。点电荷位于介质 2 中，离界面的距离为 d。计算介质 2 中的电位时，将整个空间用介质 2 填充，电位由原电荷 q 和镜像电荷 q'产生，镜像电荷位于原电荷的对称点处。计算介质 1 中的电位时，将整个空间用介质 1 填充，用位于原电荷处的镜像电荷 q''代替原电荷和介质面上极化电荷的共同作用。

$$q' = \frac{\varepsilon_2 - \varepsilon_1}{\varepsilon_2 + \varepsilon_1}q$$

$$q'' = \frac{2\varepsilon_1}{\varepsilon_2 + \varepsilon_1}$$

4. 分离变量法

分离变量法是求解偏微分方程(如拉普拉斯方程)的一种常用方法。分离变量法的特点是将电位用三个仅含一个坐标变量的函数的乘积表示，代入原来的偏微分方程，将偏微分方程分离为三个常微分方程，分别求解这些常微分方程，再将待求解的电位写成乘积解的线性组合，用边界条件确定乘积解的形式和常数。分离变量法通常按照以下的步骤进行：首先根据待求解问题边界面的具体形状选定适当的坐标系；再将泊松方程或者拉普拉斯方程在所确定的坐标系下分离为几个常微分方程，并得出位函数的通解；最后依边界条件定出通解中的待定常数。

直角坐标系中的分离变量法：如果所求解问题的边界适合选用直角坐标系，则在直角坐标系中求解拉普拉斯方程。对于二维电位分布 $\varphi(x, y)$，分离变量法的形式解为

$$\varphi(x, y) = X_0 Y_0 + \sum_{n=1}^{\infty} X_n Y_n$$

其中，

$$X_0 = A_0 x + B_0, \quad Y_0 = C_0 x + D_0$$

$$X_n = A_n \sin k_n x + B_n \cos k_n x, \quad Y_n = C_n \sinh k_n y + D_n \cosh k_n y$$

或者

$$X_n = A_n \sinh k_n x + B_n \cosh k_n x, \ Y_n = C_n \sin k_n y + D_n \cos k_n y$$

圆柱坐标系中的分离变量法：如果待求解区域的边界为圆柱形，则用圆柱坐标系求解。对于电位分布与 z 轴无关的情形，分离变量法的通解为

$$\varphi(r, \phi) = (A_0 \phi + B_0)(C_0 \ln r + D_0) + \sum_{n=1}^{\infty} r^n (A_n \cos n\phi + B_n \sin n\phi) + \sum_{n=1}^{\infty} r^{-n} (C_n \cos n\phi + D_n \sin n\phi)$$

球坐标系中的分离变量法：对于球形边界问题，选取球坐标系求解。当电位不是坐标 φ 的函数时，拉普拉斯方程的通解为

$$\varphi(r, \theta) = \sum_{n=0}^{\infty} (A_n r^n + B_n r^{-n-1}) P_n(\cos\theta)$$

确定待定常数时，要用到勒让德多项式的正交关系：

$$\int_{-1}^{1} P_m(x) P_n(x) \mathrm{d}x = \int_0^{\pi} P_m(\cos\theta) P_n(\cos\theta) \sin\theta \mathrm{d}\theta = \frac{2}{2n+1}\delta_{mn}$$

5. 格林函数法

格林函数是单位点源在齐次边界条件下产生的位函数。可以通过镜像法、分离变量法或直接解格林函数方程来求格林函数。格林函数的主要应用是建立电磁问题的积分方程。

与电位泊松方程相应的格林函数方程为

$$\nabla^2 G(\boldsymbol{r}, \boldsymbol{r}') = -\frac{\delta(\boldsymbol{r} - \boldsymbol{r}')}{\varepsilon}$$

电位泊松方程的格林函数形式解为

$$\varphi(\boldsymbol{r}) = \int_V \rho(\boldsymbol{r}') G(\boldsymbol{r}, \boldsymbol{r}') \mathrm{d}V' + \varepsilon \oint_S \left(G \frac{\partial \varphi(\boldsymbol{r}')}{\partial n'} - \varphi(\boldsymbol{r}') \frac{\partial G(\boldsymbol{r}, \boldsymbol{r}')}{\partial n'} \right) \mathrm{d}S'$$

6. 有限差分法

有限差分法是求解偏微分方程数值解的一种常用方法。有限差分法求解时，首先要把场域用适当的网格离散化，在各个网格节点上，用电位的差分来近似代替偏微分，把偏微分方程转化为差分方程。一个节点的电位差分方程，是将该点的电位与其周围点的电位相联系的代数方程。含有场域内全部节点电位的差分方程组，一般通过迭代法求解较方便。

在直角坐标系中，对二维电位分布，采用正方形网格时，差分格式为

$$\varphi_0 = \frac{1}{4}(\varphi_1 + \varphi_2 + \varphi_3 + \varphi_4)$$

即任一点的电位等于它周围四个点电位的平均值。

简单迭代法的计算公式为

$$\varphi_{i,j}^{n+1} = \frac{1}{4}(\varphi_{i+1,j}^{n} + \varphi_{i,j+1}^{n} + \varphi_{i-1,j}^{n} + \varphi_{i,j-1}^{n})$$

塞德尔(Seidel)迭代法的计算公式为

$$\varphi_{i,j}^{n+1} = \frac{1}{4}(\varphi_{i+1,j}^{n} + \varphi_{i,j+1}^{n} + \varphi_{i-1,j}^{n+1} + \varphi_{i,j-1}^{n+1})$$

超松弛迭代法的计算公式为

$$\varphi_{i,j}^{n+1}=\varphi_{ij}^{n}+\frac{\alpha}{4}(\varphi_{i+1,j}^{n}+\varphi_{i,j+1}^{n}+\varphi_{i-1,j}^{n+1}+\varphi_{i,j-1}^{n+1}-4\varphi_{ij}^{n})$$

4.2 典型例题

例 4-1 一个点电荷位于接地的直角形导体拐角区域内，点电荷 q 到各导体板的垂直距离都是 d，求点电荷受到导体板的作用力。

解 如例 4-1 图所示，点电荷 q 受到导体板的作用力等于三个镜像电荷的作用力之和。镜像电荷 $q_1=-q$，位于 B$(d, -d)$处，$q_2=q$，位于 $C(-d, -d)$处，$q_3=-q$，位于 $D(-d, d)$处。

$$\boldsymbol{F}_1=\frac{-q^2}{4\pi\varepsilon_0(2d)^2}\boldsymbol{e}_y$$

$$\boldsymbol{F}_2=\frac{q^2}{4\pi\varepsilon_0\left[(2d)^2+(2d)^2\right]^{\frac{3}{2}}}(2d\boldsymbol{e}_x+2d\boldsymbol{e}_y)$$

$$\boldsymbol{F}_3=\frac{-q^2}{4\pi\varepsilon_0(2d)^2}\boldsymbol{e}_x$$

$$\boldsymbol{F}=\frac{q^2}{16\pi\varepsilon_0 d^2}\left[\left(\frac{1}{2\sqrt{2}}-1\right)\boldsymbol{e}_x+\left(\frac{1}{2\sqrt{2}}-1\right)\boldsymbol{e}_y\right]$$

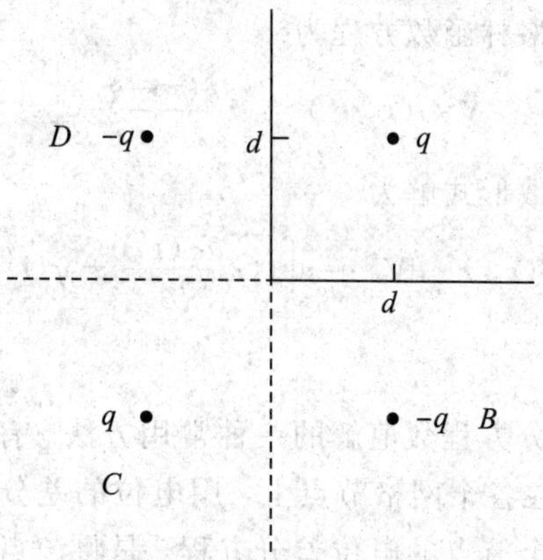

例 4-1 图

例 4-2 空气中有一个半径 5 cm 的金属球，其上带有 1 μC 的点电荷，在距离球心 15 cm 处另外有一电量也为 1 μC 的点电荷，求球心处的电位以及球外点电荷受到的作用力。

解 由球面镜像法可以知道，球外任意点的电位等于三部分的叠加。一由球外电荷 q 产生，二由 q 的镜像电荷 q' 产生，三由导体球面上的电荷 $Q-q'$ 产生。球面上的电荷必须均匀分布在导体球面上。

$$\varphi=\frac{1}{4\pi\varepsilon_0}\left(\frac{Q-q'}{r}+\frac{q'}{r_2}+\frac{q}{r_1}\right)$$

其中，r 是从球心到场点的距离，r_1 是 q 到场点的距离，r_2 是 q' 到场点的距离。

导体球是一个等位体，其电位值为

$$\varphi = \frac{1}{4\pi\varepsilon_0}\frac{Q-q'}{a} = \frac{Q+aq/d}{4\pi\varepsilon_0 a}$$

球外点电荷受到的作用力等于球面上电荷与镜像电荷对其的作用力，即

$$F = \frac{q}{4\pi\varepsilon_0}\left[\frac{Q-q'}{d^2}+\frac{q'}{(d-b)^2}\right]$$

代入数值 $a=5$ cm，$d=15$ cm，$Q=q=1\ \mu$C，$q'=\frac{1}{3}\mu$C，$b=\frac{a^2}{d}=\frac{25}{15}=\frac{5}{3}$ cm，$\varepsilon_0=\frac{10^{-9}}{36\pi}$，得出球心电位是 2.4×10^5 V，球外电荷受力为 0.365 N。

例 4-3　一个沿 z 轴、很长的、横截面为矩形(如例 4-3 图所示)的金属管，其三个边的电位为零，第四边与其他边绝缘，电位是 $U\sin\frac{\pi x}{a}$，求管内的电位。

解　本题的电位是二维的，电位 $\varphi(x, y)$ 的边界条件是：

(1) $\varphi(x, 0)=0$；

(2) $\varphi(x, b)=U\sin\frac{\pi x}{a}$；

(3) $\varphi(0, y)=0$；

(4) $\varphi(a, y)=0$。

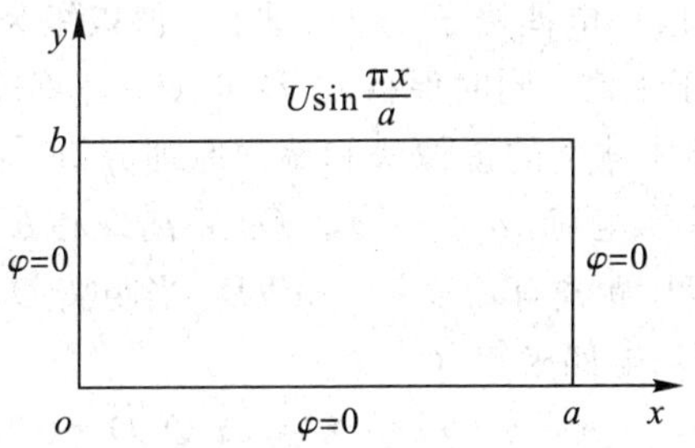

例 4-3 图

考虑到在 x 轴方向上，$x=0$ 和 $x=a$ 处的电位为零，故选取三角函数作为 x 轴方向的基本解，又因在 $x=0$ 处，电位为零，因此选取 $\sin k_x x$。在 y 轴方向，考虑到 $y=0$ 处电位为零，选取双曲正弦 $\sinh k_x y$。再由 $x=a$，电位为零，确定出分离常数 $k_x=\frac{n\pi}{a}$。满足边界条件(1)、(2)和(4)的解为

$$\varphi(x, y)=\sum_{n=1}^{\infty}C_n\sin\frac{n\pi x}{a}\sinh\frac{n\pi y}{a}。$$

展开系数由边界条件(2)确定，将 $y=b$ 代入电位表示式，得

$$U\sin\frac{\pi x}{a}=\sum_{n=1}^{\infty}C_n\sin\frac{n\pi x}{a}\sinh\frac{n\pi b}{a}$$

由三角级数展开的唯一性，比较上式的左右两边，可得出 $C_1=\dfrac{U}{\sinh\frac{\pi b}{a}}$，其余系数均为零。

从而，得到电位为

$$\varphi=\frac{U}{\sinh\frac{\pi b}{a}}\sin\frac{\pi x}{a}\sinh\frac{\pi y}{a}$$

例 4-4 证明：一个点电荷 q 和一个带有电荷 Q 的半径为 R 的导体球之间的作用力为

$$F=\frac{q}{4\pi\varepsilon_0}\left(\frac{Q+Rq/D}{D^2}-\frac{DRq}{(D^2-R^2)^2}\right)$$

其中，D 是 q 到球心的距离（$D>R$）。

证明 使用镜像法分析。由于导体球不接地，本身又带电 Q，必须在导体球内加上两个镜像电荷来等效导体球对球外的影响。在距离球心 $b=R^2/D$ 处，镜像电荷为 $q'=-Rq/D$；在球心处，镜像电荷为 $q_2=Q-q'=Q+Rq/D$。点电荷 q 受导体球的作用力就等于球内两个镜像电荷对 q 的作用力，即

$$F=\frac{q}{4\pi\varepsilon_0}\left(\frac{q_2}{D^2}+\frac{q'}{(D-b)^2}\right)=\frac{q}{4\pi\varepsilon_0}\left(\frac{Q+Rq/D}{D^2}+\frac{-Rq/D}{(D-R^2/D)^2}\right)$$

$$=\frac{q}{4\pi\varepsilon_0}\left(\frac{Q+Rq/D}{D^2}-\frac{DRq}{(D^2-R^2)^2}\right)$$

得证。

例 4-5 两个点电荷 $+Q$ 和 $-Q$ 位于一个半径为 a 的接地导体球的直径的延长线上，距离球心分别为 D 和 $-D$。

(1) 证明：镜像电荷构成一电偶极子，位于球心，偶极矩为 $2a^3Q/D^2$。

(2) 令 Q 和 D 分别趋于无穷，同时保持 Q/D^2 不变，计算球外的电场。

解 (1) 证明 使用导体球面的镜像法和叠加原理分析。在球内应该加上两个镜像电荷，一个是 Q 在球面上的镜像电荷，$q_1=-aQ/D$，距离球心 $b=a^2/D$；第二个是 $-Q$ 在球面上的镜像电荷，$q_2=aQ/D$，距离球心 $b_1=-a^2/D$。当距离 D 较大时，镜像电荷间的距离很小，等效为一个电偶极子，电偶极矩为

$$p=q_2(b-b_1)=2a^3Q/D^2$$

得证。

(2) 球外任意点的电场等于四个点电荷产生的电场叠加。设 $+Q$ 和 $-Q$ 位于坐标 z 轴上，当 Q 和 D 分别趋于无穷，同时保持 Q/D^2 不变时，由 $+Q$ 和 $-Q$ 在空间产生的电场相当于均匀平板电容器的电场，是一个均匀场。均匀场的大小为 $\frac{2Q}{4\pi\varepsilon_0 D^2}$，方向在 $-e_z$。由镜像电荷产生的电场可以由电偶极子的公式计算：

$$\boldsymbol{E}=\frac{p}{4\pi\varepsilon_0 r^3}(\boldsymbol{e}_r 2\cos\theta+\boldsymbol{e}_\theta\sin\theta)=\frac{2a^3Q}{4\pi\varepsilon_0 r^3 D^2}(\boldsymbol{e}_r 2\cos\theta+\boldsymbol{e}_\theta\sin\theta)$$

例 4-6 一个放置在空气中的半径为 a 的均匀极化介质球的极化强度为 P_0，极化沿 z 轴方向。求介质球内、外的电位。

解 用球坐标计算，由极化电荷的公式，得到球内极化电荷为零，在球面上，极化面电荷为 $\rho_{Sp}=\boldsymbol{P}\cdot\boldsymbol{n}=P_0\cos\theta$，球内外没有电荷分布，故电位满足拉普拉斯方程；并且电位是柱对称的，即电位是坐标 r 和 θ 的函数。设其形式解为

$$\varphi=\sum_{n=0}^{\infty}(A_n r^n+B_n r^{-n-1})P_n(\cos\theta)$$

由于极化电荷仅仅分布在球面上，无穷远处的电位应为零，所以 r 的正幂项系数为零，即

球外电位解为

$$\varphi_2 = \sum_{n=0}^{\infty} B_n r^{-n-1} P_n(\cos\theta)$$

又因为球内电位在球心 $r=0$ 处是有限值，所以 r 的负幂项系数为零，即球内电位解为

$$\varphi_1 = \sum_{n=0}^{\infty} A_n r^n P_n(\cos\theta)$$

在球面 $r=a$ 上有两个边界条件：一是电位连续（$\varphi_1 = \varphi_2$）；二是 $D_{2n} = D_{1n}$。其中，

$$D_{2n} = D_{2r} = -\varepsilon_0 \frac{\partial \varphi_2}{\partial r}$$

$$D_{1n} = D_{1r} = \varepsilon_0 E_{1r} + P_r = -\varepsilon_0 \frac{\partial \varphi_1}{\partial r} + P_r = -\varepsilon_0 \frac{\partial \varphi_1}{\partial r} + P_0 \cos\theta$$

代入球面上的边界条件，得待定系数满足以下方程组：

$$\sum_{n=0}^{\infty} A_n a^n P_n(\cos\theta) = \sum_{n=0}^{\infty} B_n a^{-n-1} P_n(\cos\theta)$$

$$-\varepsilon_0 \sum_{n=0}^{\infty} n A_n a^{n-1} P_n(\cos\theta) + P_0 \cos\theta = \varepsilon_0 \sum_{n=0}^{\infty} (n+1) B_n a^{-n-2} P_n(\cos\theta)$$

解这个方程组时，应注意勒让德函数是正交归一的，同时，$P_1(\cos\theta) = \cos\theta$，解之得

$$A_1 = \frac{P_0}{3\varepsilon_0},\ B_1 = \frac{P_0 a^3}{3\varepsilon_0}$$

其余系数均为零。最终得到球内、外电位为

$$\varphi_1 = \frac{P_0}{3\varepsilon_0} r\cos\theta,\quad \varphi_2 = \frac{P_0 a^3}{3\varepsilon_0} r^{-2} \cos\theta$$

例 4-7　求截面为矩形的无限长区域($0<x<a$，$0<y<b$)的电位，其四壁的电位为

$$\varphi(x,\ 0) = \varphi(x,\ b) = 0$$

$$\varphi(0,\ y) = 0$$

$$\varphi(a,\ y) = \begin{cases} \dfrac{V_0 y}{b} & 0 < y \leqslant \dfrac{b}{2} \\ V_0\left(1 - \dfrac{y}{b}\right) & \dfrac{b}{2} < y < b \end{cases}$$

解　由边界条件 $\varphi(x,\ 0) = \varphi(x,\ b) = 0$ 可知，方程的基本解在 y 轴方向应该为周期函数，且仅仅取正弦函数，即

$$Y_n = \sin k_n y$$

$$k_n = \frac{n\pi}{b}$$

在 x 轴方向，考虑到是有限区域，选取双曲正、余弦函数，使用边界条件 $\varphi(0,\ y) = 0$，得出仅仅选取双曲正弦函数，即

$$X_n = \sinh \frac{n\pi}{b} x$$

将基本解进行线性组合，得

$$\varphi = \sum_{n=1}^{\infty} C_n \sinh \frac{n\pi x}{b} \sin \frac{n\pi y}{b}$$

待定常数由 $x=a$ 处的边界条件确定，即

$$\varphi(a,\ y)=\sum_{n=1}^{\infty}C_n\sinh\frac{n\pi a}{b}\sin\frac{n\pi y}{b}$$

使用正弦函数的正交归一性质，有

$$\frac{b}{2}C_n\sinh\frac{n\pi a}{b}=\int_0^b\varphi(a,\ y)\sin\frac{n\pi y}{b}\mathrm{d}y$$

$$\int_0^{b/2}\frac{V_0y}{b}\sin\frac{n\pi y}{b}\mathrm{d}y=\frac{V_0}{b}\left[\left(\frac{b}{n\pi}\right)^2\sin\frac{n\pi y}{b}-\frac{b}{n\pi}y\cos\frac{n\pi y}{b}\right]\Bigg|_0^{b/2}$$

$$=\frac{V_0}{b}\left[\left(\frac{b}{n\pi}\right)^2\sin\frac{n\pi}{2}-\frac{b^2}{2n\pi}\cos\frac{n\pi}{2}\right]$$

$$\int_{b/2}^{b}V_0\left(1-\frac{y}{b}\right)\sin\frac{n\pi y}{b}\mathrm{d}y=-V_0\frac{b}{n\pi}\cos\frac{n\pi y}{b}\Bigg|_{b/2}^{b}-\frac{V_0}{b}\left[\left(\frac{b}{n\pi}\right)^2\sin\frac{n\pi y}{b}-\frac{b}{n\pi}y\cos\frac{n\pi y}{b}\right]\Bigg|_{b/2}^{b}$$

$$=-V_0\frac{b}{n\pi}\left(\cos n\pi-\cos\frac{n\pi}{2}\right)+\frac{V_0}{b}\left(\frac{b}{n\pi}\right)^2\sin\frac{n\pi}{2}$$

$$+\frac{V_0}{b}\frac{b}{n\pi}b\cos n\pi-\frac{V_0}{b}\frac{b}{n\pi}\frac{b}{2}\cos\frac{n\pi}{2}$$

化简以后得

$$\frac{b}{2}C_n\sinh\frac{n\pi a}{b}=\int_0^b\varphi(a,\ y)\sin\frac{n\pi y}{b}\mathrm{d}y=2V_0\frac{b}{n^2\pi^2}\sin\frac{n\pi}{2}$$

求出系数，代入电位表达式，得

$$\varphi=\sum_{n=1}^{\infty}\frac{4V_0}{n^2\pi^2}\frac{\sin\dfrac{n\pi}{2}}{\sinh\dfrac{n\pi a}{b}}\sin\frac{n\pi y}{b}\sinh\frac{n\pi x}{b}$$

例 4-8 一个截面如例 4-8 图所示的长槽，向 y 轴方向无限延伸。两侧的电位是零，槽内 $y\to\infty$，$\varphi\to 0$。底部的电位为

$$\varphi(x,\ 0)=V_0$$

求槽内的电位。

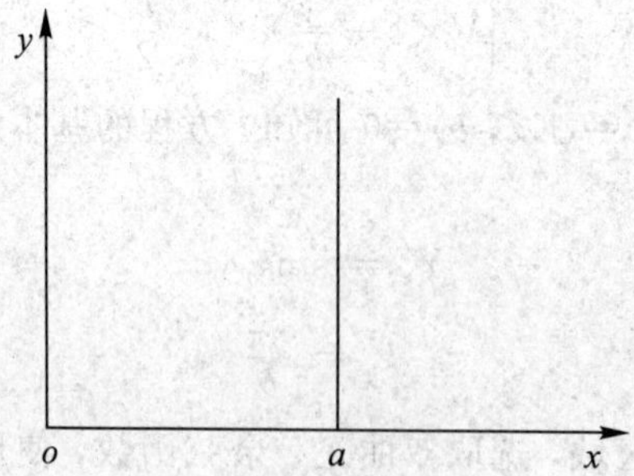

例 4-8 图

解 由于在 $x=0$ 和 $x=a$ 两个边界的电位为零，故在 x 轴方向上选取周期解，且仅仅取正弦函数，即

$$X_n=\sin k_nx,\quad k_n=\frac{n\pi}{a}$$

在 y 方向上，区域包含无穷远处，故选取指数函数。在 $y\to\infty$时，电位趋于零，所以选取 $Y_n=\mathrm{e}^{-k_n y}$。由基本解的叠加构成电位的表示式：

$$\varphi=\sum_{n=1}^{\infty}C_n\sin\frac{n\pi x}{a}\mathrm{e}^{-\frac{n\pi y}{a}}$$

待定系数由 $y=0$ 的边界条件确定。在电位表示式中，令 $y=0$，得

$$V_0=\sum_{n=1}^{\infty}C_n\sin\frac{n\pi x}{a}$$

$$C_n\frac{a}{2}=\int_0^a V_0\sin\frac{n\pi x}{a}dx=\frac{aV_0}{n\pi}(1-\cos n\pi)$$

当 n 为奇数时，$C_n=\dfrac{4V_0}{n\pi}$；当 n 为偶数时，$C_n=0$。最后，电位的解是

$$\varphi=\sum_{n=1,3,5}^{\infty}\frac{4V_0}{n\pi}\sin\frac{n\pi x}{a}\mathrm{e}^{-\frac{n\pi y}{a}}$$

例 4-9 若上题中底部的电位为

$$\varphi(x,0)=V_0\sin\frac{3\pi x}{a}$$

重新求槽内的电位。

解 同上题，在 x 轴方向选取正弦函数，即

$$X_n=\sin k_n x,\ k_n=\frac{n\pi}{a}$$

在 y 轴方向，选取 $Y_n=\mathrm{e}^{-k_n y}$。由基本解的叠加构成电位的表示式：

$$\varphi=\sum_{n=1}^{\infty}C_n\sin\frac{n\pi x}{a}\mathrm{e}^{-\frac{n\pi y}{a}}$$

将 $y=0$ 的电位代入上式，得到

$$V_0\sin\frac{3\pi x}{a}=\sum_{n=1}^{\infty}C_n\sin\frac{n\pi x}{a}$$

应用正弦级数展开的唯一性，可以得到 $n=3$ 时，$C_3=V_0$，其余系数 $C_n=0$，所以

$$\varphi=V_0\sin\frac{3\pi x}{a}\mathrm{e}^{-\frac{3\pi y}{a}}$$

例 4-10 将一个半径为 a 的无限长导体管平分成两半，两部分之间互相绝缘，上半部分($0<\phi<v$)接电压 V_0，下半部分($\pi<\phi<2\pi$)电位为零。求管内的电位。

解 圆柱坐标系下的通解为

$$\varphi(r,\phi)=(A_0\phi+B_0)(C_0\ln r+D_0)+\sum_{n=1}^{\infty}r^n(A_n\cos n\phi+B_n\sin n\phi)+\sum_{n=1}^{\infty}r^{-n}(C_n\cos n\phi+D_n\sin n\phi)$$

由于柱内电位在 $r=0$ 点为有限值，通解中不能有 $\ln r$ 和 r^{-n} 项，因此

$$C_n=0,\ D_n=0,\ C_0=0\qquad n=1,2,\cdots$$

柱内电位是角度的周期函数，$A_0=0$，因此，该题的通解取为

$$\varphi(r,\phi)=B_0D_0+\sum_{n=1}^{\infty}r^n(A_n\cos n\phi+B_n\sin n\phi)$$

各个系数用 $r=a$ 处的边界条件来定：

$$\varphi(a,\ \phi) = B_0 D_0 + \sum_{n=1}^{\infty} b^n (A_n \cos n\phi + B_n \sin n\phi) = \begin{cases} V_0 & 0 < \phi < \pi \\ 0 & \pi < \phi < 2\pi \end{cases}$$

$$B_0 D_0 = \frac{1}{2\pi}\int_0^{2\pi} \varphi(a,\ \phi)\,\mathrm{d}\phi = \frac{U_0}{2}$$

$$a^n A_n = \frac{1}{\pi}\int_0^{2\pi} \varphi(a,\ \phi)\cos n\phi\,\mathrm{d}\phi = 0$$

$$a^n B_n = \frac{1}{\pi}\int_0^{2\pi} \varphi(a,\ \phi)\sin n\phi\,\mathrm{d}\phi = \frac{V_0}{n\pi}(1 - \cos n\pi)$$

柱内的电位为

$$\varphi = \frac{1}{2}V_0 + \frac{2V_0}{\pi}\sum_{n=1,\ 3,\ 5}^{\infty} \frac{1}{n}\left(\frac{r}{a}\right)^n \sin n\phi$$

例 4-11 半径为 a 的无穷长圆柱面上，有密度为 $\rho_S = \rho_{S0}\cos\phi$ 的面电荷，求圆柱面内、外的电位。

解 由于面电荷是余弦分布，所以柱内、外的电位也是角度的偶函数。柱外的电位不应有 r^n 项，柱内电位不应有 r^{-n} 项。柱内、外的电位也不应有对数项，且是角度的周期函数。故柱内电位选为

$$\varphi_1 = A_0 + \sum_{n=1}^{\infty} r^n A_n \cos n\phi$$

柱外电位选为

$$\varphi_2 = C_0 + \sum_{n=1}^{\infty} r^{-n} C_n \cos n\phi$$

假定无穷远处的电位为零，定出系数 $C_0 = 0$。在界面 $r = a$ 上，$\varphi_1 = \varphi_2$，从而

$$-\varepsilon_0 \frac{\partial \varphi_2}{\partial r} + \varepsilon_0 \frac{\partial \varphi_1}{\partial r} = \rho_{S0}\cos\phi$$

即

$$A_0 + \sum_{n=1}^{\infty} a^n A_n \cos n\phi = \sum_{n=1}^{\infty} a^{-n} C_n \cos n\phi$$

$$\varepsilon_0 \sum_{n=1}^{\infty} n a^{-n-1} C_n \cos n\phi + \varepsilon_0 \sum_{n=1}^{\infty} n a^{n-1} A_n \cos n\phi = \rho_{S0}\cos\phi$$

解之得

$$A_0 = 0,\ A_1 = \frac{\rho_{S0}}{2\varepsilon},\ C_1 = \frac{a^2 \rho_{S0}}{2\varepsilon_0}$$

$$A_n = 0,\ C_n = 0 \qquad n > 1$$

最后的电位为

$$\varphi = \begin{cases} \dfrac{\rho_{S0}}{2\varepsilon_0} r\cos\phi & r < a \\[2ex] \dfrac{a^2 \rho_{S0}}{2\varepsilon_0 r}\cos\phi & r > a \end{cases}$$

例 4-12 将一个半径为 a 的导体球置于均匀电场 $\boldsymbol{E}_0$ 中，求球外的电位、电场。

解 采用球坐标求解。设均匀电场沿正 z 轴方向，并设原点为电位零点。因球面是等位面，所以在 $r = a$ 处，$\varphi = 0$；在 $r \to \infty$ 处，电位应是

$$\varphi = -E_0 r\cos\theta$$

球坐标系中，电位通解具有如下形式：

$$\varphi(r,\theta) = \sum_{n=0}^{\infty}(A_n r^n + B_n r^{-n-1})P_n(\cos\theta)$$

用无穷远处的边界条件 $r\to\infty$，$\varphi = -E_0 r\cos\theta$，得到 $A_1 = -E_0$，其余 $A_n = 0$。再使用球面($r=a$)上的边界条件：

$$\varphi(a,\theta) = -E_0 a\cos\theta + \sum_{n=0}^{\infty}B_n a^{-n-1}P_n(\cos\theta) = 0$$

上式可以改写为

$$E_0 a\cos\theta = \sum_{n=0}^{\infty}B_n a^{-n-1}P_n(\cos\theta)$$

因为勒让德多项式是完备的，即将任意的函数展开成勒让德多项式的系数是唯一的，比较上式左右两边，并注意 $P_1(\cos\theta) = \cos\theta$，得

$$E_0 a = B_1 a^{-2}$$

即 $B_1 = E_0 a^3$，其余的 $B_n = 0$。

导体球外电位为

$$\varphi = -\left(1-\frac{a^3}{r^3}\right)E_0 r\cos\theta$$

电场强度为

$$E_r = -\frac{\partial\varphi}{\partial r} = E_0\left(1+\frac{2a^3}{r^3}\right)\cos\theta$$

$$E_\theta = -\frac{\partial\varphi}{r\partial\theta} = -E_0\left(1-\frac{a^3}{r^3}\right)\sin\theta$$

例 4-13 将半径为 a、介电常数为 ε 的无限长介质圆柱放置于均匀电场 $\boldsymbol{E}_0$ 中，设 $\boldsymbol{E}_0$ 沿 x 轴方向，圆柱的轴沿 z 轴，柱外为空气。求任意点的电位、电场。

解 选取原点为电位参考点，用 φ_1 表示柱内电位，φ_2 表示柱外电位。在 $r\to\infty$处，电位 $\varphi_2 = -E_0 r\cos\phi$。

因几何结构和场分布关于 $y=0$ 平面对称，故电位表示式中不应有 ϕ 的正弦项。令

$$\varphi_1 = A_0 + \sum_{n=1}^{\infty}(A_n r^n + B_n r^{-n})\cos n\phi$$

$$\varphi_2 = C_0 + \sum_{n=1}^{\infty}(C_n r^n + D_n r^{-n})\cos n\phi$$

由在原点处电位为零，定出 $A_0 = 0$，$B_n = 0$。用无穷远处边界条件 $r\to\infty$时，$\varphi_2 = -E_0 r\cos\phi$ 定出 $C_1 = -E_0$，其余 $C_n = 0$。

这样，柱内、外电位简化为

$$\varphi_1 = \sum_{n=1}^{\infty}A_n r^n\cos n\phi$$

$$\varphi_2 = C_1 r\cos\phi + \sum_{n=1}^{\infty}D_n r^{-n}\cos n\phi$$

再用介质柱和空气界面($r=a$)的边界条件 $\varphi_1 = \varphi_2$，即 $\varepsilon\dfrac{\partial\varphi_1}{\partial r} = \varepsilon_0\dfrac{\partial\varphi_2}{\partial r}$，得

$$\begin{cases}\sum_{n=1}^{\infty}A_n a^n\cos n\phi = -E_0 a\cos\phi + \sum_{n=1}^{\infty}D_n a^{-n}\cos n\phi \\ \sum_{n=1}^{\infty}\varepsilon n A_n a^{n-1}\cos n\phi = -\varepsilon_0 E_0\cos\phi - \sum_{n=1}^{\infty}\varepsilon_0 n D_n a^{-n-1}\cos n\phi\end{cases}$$

比较方程左右 $n=1$ 的系数，得

$$A_1 - \frac{D_1}{a^2} = E_0$$

$$\varepsilon A_1 + \varepsilon_0\frac{D_1}{a^2} = -\varepsilon_0 E_0$$

解之得

$$A_1 = \frac{-2\varepsilon_0}{\varepsilon+\varepsilon_0}E_0$$

$$D_1 = \frac{\varepsilon-\varepsilon_0}{\varepsilon+\varepsilon_0}E_0 a^2$$

比较系数方程左右 $n>1$ 的各项，得

$$A_n - \frac{D_n}{a^{2n}} = 0$$

$$\varepsilon A_n + \varepsilon_0\frac{D_n}{a^{2n}} = 0$$

由此解出 $A_n = D_n = 0$。最终得到圆柱内、外的电位分别为

$$\varphi_1 = -E_0\frac{2\varepsilon_0}{\varepsilon+\varepsilon_0}r\cos\phi$$

$$\varphi_2 = -E_0 r\cos\phi + E_0\frac{\varepsilon-\varepsilon_0}{\varepsilon+\varepsilon_0}\frac{a^2}{r}\cos\phi$$

电场强度分别为

$$\boldsymbol{E}_1 = -\nabla\varphi_1 = \frac{2\varepsilon_0}{\varepsilon+\varepsilon_0}E_0\cos\phi\boldsymbol{e}_r - \frac{2\varepsilon_0}{\varepsilon+\varepsilon_0}E_0\sin\phi\boldsymbol{e}_\phi$$

$$\boldsymbol{E}_2 = -\nabla\varphi_2 = E_0\cos\phi\left(1+\frac{\varepsilon-\varepsilon_0}{\varepsilon+\varepsilon_0}\frac{\boldsymbol{e}^2}{r^2}\right)\boldsymbol{e}_r - E_0\sin\phi\left(1-\frac{\varepsilon-\varepsilon_0}{\varepsilon+\varepsilon_0}\frac{a^2}{r^2}\right)\boldsymbol{e}_\phi$$

例 4-14 在均匀电场中，放置一个半径为 a 的介质球，若电场的方向沿 z 轴，求介质球内、外的电位和电场(介质球的介电常数为 ε，球外为空气)。

解 设球内、外电位解的形式为

$$\varphi_1 = \sum_{n=0}^{\infty}(A_n r^n + B_n r^{-n-1})P_n(\cos\theta)$$

$$\varphi_2 = \sum_{n=0}^{\infty}(C_n r^n + D_n r^{-n-1})P_n(\cos\theta)$$

选取球心处为电位的参考点，则球内电位的系数中，$A_0=0$，$B_n=0$。在 $r\to\infty$处，电位 $\varphi_2 = -E_0 r\cos\phi$，则球外电位系数 C_n中，仅仅 C_1不为零 ($C_1 = -E_0$)，其余为零。因此球内、外解的形式简化为

$$\varphi_1 = \sum_{n=1}^{\infty}A_n r^n P_n(\cos\theta)$$

$$\varphi_2 = -E_0 r\cos\theta + \sum_{n=0}^{\infty} D_n r^{-n-1} P_n(\cos\theta)$$

再用介质球面($r=a$)的边界条件 $\varphi_1 = \varphi_2$，即 $\varepsilon \dfrac{\partial \varphi_1}{\partial r} = \varepsilon_0 \dfrac{\partial \varphi_2}{\partial r}$，得

$$\begin{cases} \displaystyle\sum_{n=1}^{\infty} A_n a^n P_n(\cos\theta) = -E_0 a\cos\theta + \sum_{n=1}^{\infty} D_n a^{-n-1} P_n(\cos\theta) \\ \displaystyle\sum_{n=1}^{\infty} \varepsilon n A_n a^{n-1} P_n(\cos\theta) = -\varepsilon_0 E_0 \cos\theta - \sum_{n=1}^{\infty} \varepsilon_0 (n+1) D_n a^{-n-2} P_n(\cos\theta) \end{cases}$$

比较上式的系数，可以知道除了 $n=1$ 以外，系数 A_n、D_n 均为零，且

$$A_1 a = -E_0 a + D_1 a^{-2}$$

$$\varepsilon A_1 = -\varepsilon_0 E_0 - 2\varepsilon_0 D_1 a^{-3}$$

由此，解出系数

$$A_1 = \frac{-3\varepsilon_0}{\varepsilon + 2\varepsilon_0} E_0, \quad D_1 = \frac{\varepsilon - \varepsilon_0}{\varepsilon + 2\varepsilon_0} E_0 a^3$$

最后得到电位、电场为

$$\varphi_1 = -E_0 \frac{3\varepsilon_0}{\varepsilon + 2\varepsilon_0} r\cos\theta$$

$$\varphi_2 = -E_0 r\cos\theta + E_0 \frac{\varepsilon - \varepsilon_0}{\varepsilon + 2\varepsilon_0} \frac{a^3}{r^2}\cos\theta$$

$$\boldsymbol{E}_1 = -\nabla\varphi_1 = \frac{3\varepsilon_0}{\varepsilon + 2\varepsilon_0} E_0 \cos\theta \boldsymbol{e}_r - \frac{3\varepsilon_0}{\varepsilon + 2\varepsilon_0} E_0 \sin\theta \boldsymbol{e}_\theta$$

$$\boldsymbol{E}_2 = -\nabla\varphi_2 = E_0 \cos\theta\left(1 + 2\frac{\varepsilon - \varepsilon_0}{\varepsilon + 2\varepsilon_0}\frac{a^3}{r^3}\right)\boldsymbol{e}_r - E_0 \sin\theta\left(1 - \frac{\varepsilon - \varepsilon_0}{\varepsilon + 2\varepsilon_0}\frac{a^3}{r^3}\right)\boldsymbol{e}_\theta$$

例 4-15　已知球面($r=a$)上的电位为 $\varphi=U_0\cos\theta$，求球外的电位。

解　设球外电位解的形式为

$$\varphi = \sum_{n=0}^{\infty} (A_n r^n + B_n r^{-n-1}) P_n(\cos\theta)$$

在无穷远处，应该满足自然边界条件，即电位趋于零。这样就能确定系数 $A_n = 0$，从而球外形式解简化为

$$\varphi = \sum_{n=0}^{\infty} B_n r^{-n-1} P_n(\cos\theta)$$

使用球面($r=a$)的边界条件，有

$$V_0 \cos\theta = \sum_{n=0}^{\infty} B_n a^{-n-1} P_n(\cos\theta)$$

由于勒让德多项式 $P_n(\cos\theta)$ 是线性无关的，考虑到 $P_1(\cos\theta) = \cos\theta$，比较上式左右的系数，得到

$$B_1 = V_0 a^2,\ B_n = 0 \qquad (n = 0, 2, 3, \cdots)$$

所以，球外的电位分布是

$$\varphi = V_0 \frac{a^2}{r^2}\cos\theta$$

4.3 习题及答案

4-1 一个点电荷 Q 与无穷大导体平面相距为 d，如果把它移动到无穷远处，需要做多少功？

解 用镜像法计算。导体面上的感应电荷的影响用镜像电荷来代替，镜像电荷的大小为 $-Q$，位于和原电荷对称的位置。当电荷 Q 离导体板的距离为 x 时，电荷 Q 受到的静电力为

$$F=\frac{-Q^2}{4\pi\varepsilon_0\ (2x)^2}$$

静电力为引力，要将其移动到无穷远处，必须加一个和静电力相反的外力

$$f=\frac{Q^2}{4\pi\varepsilon_0\ (2x)^2}$$

在移动过程中，外力 f 所做的功为

$$\int_d^{\infty} f\,\mathrm{d}x=\int_d^{\infty}\frac{Q^2}{16\pi\varepsilon_0 x^2}\mathrm{d}x=\frac{Q^2}{16\pi\varepsilon_0 d}$$

当用外力将电荷 Q 移动到无穷远处时，同时也要将镜像电荷移动到无穷远处，所以在整个过程中，外力做的总功为 $\dfrac{q^2}{8\pi\varepsilon_0 d}$。

也可以用静电能计算。在移动以前，系统的静电能等于两个点电荷之间的相互作用能：

$$W=\frac{1}{2}q_1\varphi_1+\frac{1}{2}q_2\varphi_2=\frac{1}{2}Q\frac{-Q}{4\pi\varepsilon_0(2d)}+\frac{1}{2}(-Q)\frac{Q}{4\pi\varepsilon_0(2d)}=-\frac{Q^2}{8\pi\varepsilon_0 d}$$

移动点电荷 Q 到无穷远以后，系统的静电能为零。因此，在这个过程中，外力做功等于系统静电能的增量，即外力做功为 $\dfrac{q^2}{8\pi\varepsilon_0 d}$。

4-2 一个点电荷 Q 放在接地的导体拐角附近，两个导体面彼此垂直(如题 4-2 图所示)，求出所有镜像电荷的位置和大小。当 $a=b$ 时，求电荷 Q 受导体面上感应电荷的作用力。

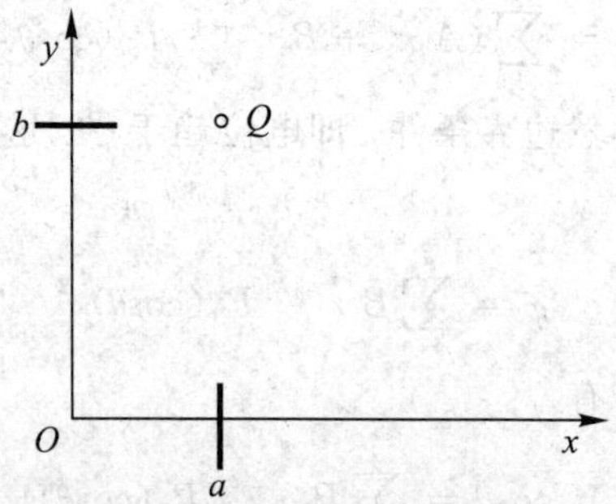

题 4-2 图

解 如题图 4-2 所示，点电荷 q 受到的导体板的作用力等于三个镜像电荷的作用力之和。镜像电荷 $q_1=-q$，位于 $B(d,-d)$处；$q_2=q$，位于 $C(-d,-d)$处；$q_3=-q$，位于 $D(-d,d)$处。

$$\boldsymbol{F}_1=\frac{-q^2}{4\pi\varepsilon_0\ (2d)^2}\boldsymbol{e}_y$$

$$\boldsymbol{F}_2 = \frac{q^2}{4\pi\varepsilon_0 [(2d)^2 + (2d)^2]^{\frac{3}{2}}}(2d\boldsymbol{e}_x + 2d\boldsymbol{e}_y)$$

$$\boldsymbol{F}_3 = \frac{-q^2}{4\pi\varepsilon_0 (2d)^2}\boldsymbol{e}_x$$

$$\boldsymbol{F} = \frac{q^2}{16\pi\varepsilon_0 d^2}\left[\left(\frac{1}{2\sqrt{2}} - 1\right)\boldsymbol{e}_x + \left(\frac{1}{2\sqrt{2}} - 1\right)\boldsymbol{e}_y\right]$$

4-3　两个点电荷$+Q$和$-Q$位于一个半径为a的接地导体球的直径的延长线上，分别距离球心为D和$-D$。

(1) 证明：镜像电荷构成一电偶极子，位于球心，偶极矩为$2a^3Q/D^2$。

(2) 令Q和D分别趋于无穷，同时保持Q/D^2不变，计算球外的电场。

解　(1) 证明　使用导体球面的镜像法和叠加原理分析。在球内应该加上两个镜像电荷，一个是Q在球面上的镜像电荷，$q_1 = -aQ/D$，距离球心$b = a^2/D$；第二个是$-Q$在球面上的镜像电荷，$q_2 = aQ/D$，距离球心$b_1 = -a^2/D$。当距离较大时，镜像电荷间的距离很小，等效为一个电偶极子，电偶极矩为

$$p = q_1(b - b_1) = -\frac{2a^3Q}{D^2}$$

得证。

(2) 球外任意点的电场等于四个点电荷产生的电场叠加。设$+Q$和$-Q$位于坐标z轴上，当Q和D分别趋于无穷，同时保持Q/D^2不变时，由$+Q$和$-Q$在空间产生的电场相当于均匀平板电容器的电场，是一个均匀场。均匀场的大小为$\frac{2Q}{4\pi\varepsilon_0 D^2}$，方向为沿$-\boldsymbol{e}_z$方向。由镜像电荷产生的电场可以由电偶极子的公式计算：

$$\boldsymbol{E} = \frac{p}{4\pi\varepsilon_0 r^3}(\boldsymbol{e}_r 2\cos\theta + \boldsymbol{e}_\theta \sin\theta) = \frac{-2a^3Q}{4\pi\varepsilon_0 r^3 D^2}(\boldsymbol{e}_r 2\cos\theta + \boldsymbol{e}_\theta \sin\theta)$$

4-4　接地无限大导体平板上有一个半径为a的半球形突起，在点$(0, 0, d)$处有一个点电荷q(如题4-4图所示)，求导体上方的电位。

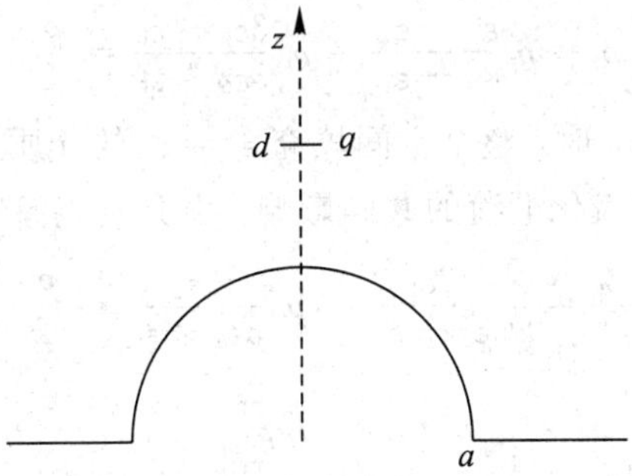

题4-4图

解　计算导体上方的电位时，要保持导体平板部分和半球部分的电位都为零。先找平面导体的镜像电荷$q_1 = -q$，位于$(0, 0, -d)$处。再找球面镜像电荷$q_2 = -aq/d$，位于$(0, 0, b)$处，$b = a^2/d$。当叠加这两个镜像电荷和原电荷共同产生的电位时，在导体平面上和球面都不为零，应当在球内，再加上一个镜像电荷$q_3 = aq/d$，位于$(0, 0, -b)$处。这时，三个镜像电荷和原电荷共同产生的电位在导体平面和球面上都为零，而且三个镜像电

荷在要计算的区域以外。

导体上方的电位为四个点电荷电位的叠加，即

$$\varphi = \frac{1}{4\pi\varepsilon_0}\left(\frac{q}{R} + \frac{q_1}{r_1} + \frac{q_2}{r_2} + \frac{q_3}{r_3}\right)$$

其中，

$$R = [x^2 + y^2 + (z-d)^2]^{\frac{1}{2}}$$
$$r_1 = [x^2 + y^2 + (z+d)^2]^{\frac{1}{2}}$$
$$r_2 = [x^2 + y^2 + (z-b)^2]^{\frac{1}{2}}$$
$$r_3 = [x^2 + y^2 + (z+b)^2]^{\frac{1}{2}}$$

4-5 设在 $x<0$ 的区域内介质为空气，在 $x>0$ 的区域填充介电常数 $\varepsilon_2 = 3\varepsilon_0$ 的均匀介质，在介质中点 $(d, 0, 0)$ 处有一个无限长均匀带电的直导线，其电荷线密度为 ρ_l，且导线和分界面彼此平行，如题 4-5 图所示，试求空间各点的电位和电场，并求界面上的极化电荷的密度。

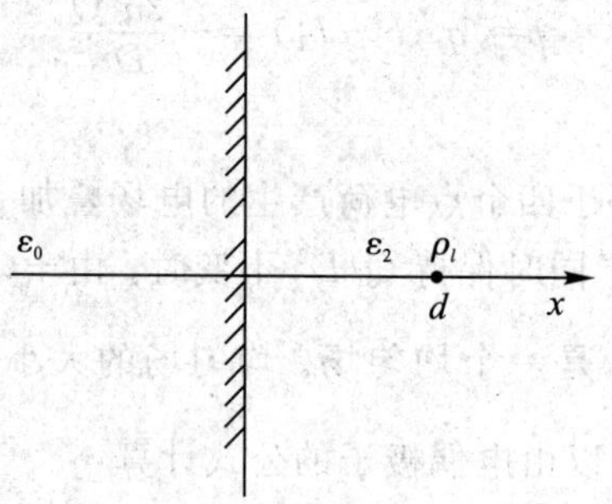

题 4-5 图

解 求解 $x>0$ 区域的电位 φ_2 时，整个空间填充 $\varepsilon_2 = 3\varepsilon_0$ 的介质，在点 $(-d, 0, 0)$ 处加镜像电荷 ρ_l'，由介质镜像法的计算公式可以得到

$$\rho_l' = \rho_l \frac{\varepsilon_2 - \varepsilon_1}{\varepsilon_2 + \varepsilon_1} = \rho_l \frac{3\varepsilon_0 - \varepsilon_0}{3\varepsilon_0 + \varepsilon_0} = \frac{\rho_l}{2}$$

求解 $x<0$ 区域的电位 φ_1 时，整个空间填充 $\varepsilon_1 = \varepsilon_0$ 的介质，在点 $(d, 0, 0)$ 处加镜像电荷 ρ_l''，由它代替原电荷及其极化电荷的共同影响，由介质镜像法的计算公式可以得到

$$\rho_l'' = \rho_l \frac{2\varepsilon_1}{\varepsilon_2 + \varepsilon_1} = \rho_l \frac{2\varepsilon_0}{3\varepsilon_0 + \varepsilon_0} = \frac{\rho_l}{2}$$

这样就有

$$\begin{aligned}
\varphi_2 &= \frac{1}{2\pi\varepsilon_2}\left[\rho_l \ln\frac{1}{|\boldsymbol{r}-\boldsymbol{r}_0|} + \rho_l' \ln\frac{1}{|\boldsymbol{r}-\boldsymbol{r}_0'|}\right] + C \\
&= \frac{1}{12\pi\varepsilon_0}\left[\rho_l \ln\frac{1}{|\boldsymbol{r}-\boldsymbol{r}_0|^2} + \rho_l' \ln\frac{1}{|\boldsymbol{r}-\boldsymbol{r}_0'|^2}\right] + C \\
&= -\frac{1}{12\pi\varepsilon_0}\left[\rho_l \ln|\boldsymbol{r}-\boldsymbol{r}_0|^2 + \frac{1}{2}\rho_l \ln|\boldsymbol{r}-\boldsymbol{r}_0'|^2\right] + C \\
&= -\frac{1}{12\pi\varepsilon_0}\left\{\rho_l \ln[(x-d)^2 + y^2] + \frac{1}{2}\rho_l \ln[(x+d)^2 + y^2]\right\} + C
\end{aligned}$$

$$\varphi_1 = \frac{1}{2\pi\varepsilon_0}\left[\rho_l'' \ln \frac{1}{|\boldsymbol{r}-\boldsymbol{r}_0|}\right] + C$$

$$= \frac{1}{4\pi\varepsilon_0}\left[\frac{1}{2}\rho_l \ln |\boldsymbol{r}-\boldsymbol{r}_0|^2\right] + C$$

$$= -\frac{1}{8\pi\varepsilon_0}[\rho_l \ln |r-r_0|^2] + C$$

$$= -\frac{1}{8\pi\varepsilon_0}\{\rho_l \ln[(x-d)^2+y^2]\} + C$$

$$\boldsymbol{E}_2 = \frac{1}{12\pi\varepsilon_0}\rho_l\left[\frac{2(x-d)\boldsymbol{e}_x + 2y\boldsymbol{e}_y}{(x-d)^2+y^2} + \frac{(x+d)\boldsymbol{e}_x + y\boldsymbol{e}_y}{(x+d)^2+y^2}\right]$$

$$\boldsymbol{E}_1 = \frac{1}{8\pi\varepsilon_0}\rho_l \frac{2(x-d)\boldsymbol{e}_x + 2y\boldsymbol{e}_y}{(x-d)^2+y^2}$$

在求 $x=0$ 面上的极化电荷密度时应注意 $\boldsymbol{n}=-\boldsymbol{e}_x$，界面上

$$E_{2x} = -\frac{\rho_l d}{12\pi\varepsilon_0(d^2+y^2)}$$

$$D_{2x} = -\frac{\rho_l d}{4\pi(d^2+y^2)}$$

$$P_{2x} = -\frac{\rho_l d}{6\pi(d^2+y^2)}$$

从而得出界面上极化电荷为

$$\rho_S = \frac{\rho_l d}{6\pi(d^2+y^2)}$$

4-6　若某个导体的形状由两个彼此相互正交的部分球面组成，如题 4-6 图所示，两个球体的半径分别为 a 和 b(即球心的间距为 c，且满足 $c^2=a^2+b^2$)，用球面镜像法求这个孤立导体的电容。

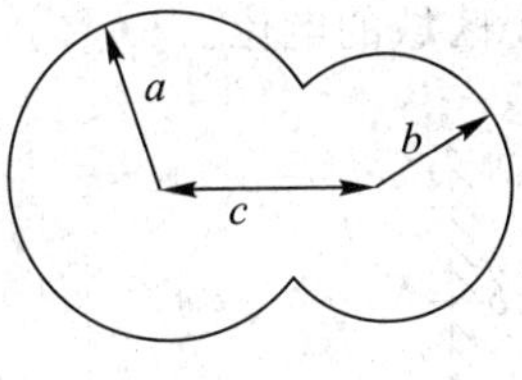

题 4-6 图

解　先在左导体球的球心处放置一个点电荷 $q_1=4\pi\varepsilon_0 aV_0$，再在右导体球的球心处放置一个点电荷 $q_2=4\pi\varepsilon_0 bV_0$，考虑 q_1 在右边球面的成像，设这个电荷为 q_3，由球面镜像法公式求得

$$q_3 = \frac{-q_1 b}{c} = \frac{-4\pi\varepsilon_0 abV_0}{c}$$

可以求出右边的 q_2 在左边球面的镜像电荷也是上述的 q_3。计算两个镜像电荷的位置可以得出它们位于同一点。这样用上述三个点电荷可以保持导体面是等位面。导体内部总电荷为

$$Q = q_1+q_2+q_3 = 4\pi\varepsilon_0 V_0\left(a+b-\frac{ab}{c}\right)$$

电容为

$$C_3 = 4\pi\varepsilon_0\left(a + b - \frac{ab}{c}\right)$$

4-7 若一个导体由两个半径相同(均等于 a)的部分导体球组成，两个球面相交的夹角呈 60°，试求这个孤立导体的电容。

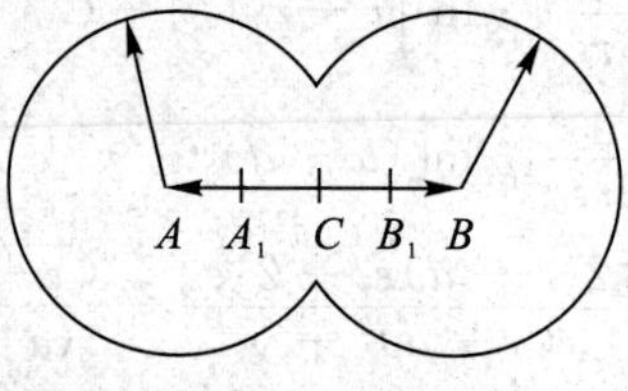

题 4-7 解图

解 如题 4-7 解图所示，考虑到当两个球面夹角为 60°，我们用余弦定理可以算出球心间距为 $c=\sqrt{3}a$。设这个导体表面的电位为 1 V。首先在两个导体的球心 A 和 B 处各放一个等量同号的点电荷 q，并且 $q=4\pi\varepsilon_0 a$。其次考虑位于球心的电荷在左右导体球面成像的像电荷大小及其位置，像电荷离各自球心的距离为 $BB_1=a/\sqrt{3}$，而像电荷大小为 $q_1=-q/\sqrt{3}$。q_1 在导体球面成像的像电荷位于两个球心的中点 C 处，其电荷量为 $q_2=q/2$。最后求得整个导体内部带电量为

$$Q = 2q + 2q_1 + q_2 = 4\pi\varepsilon_0 a\left(\frac{5}{2} - \frac{2}{\sqrt{3}}\right)$$

由于导体表面电位为 1 V，就得到电容为

$$C = 4\pi\varepsilon_0 a\left(\frac{5}{2} - \frac{2}{\sqrt{3}}\right)$$

4-8 设接地导体板位于 $x=0$ 处，在 $x>0$，$y>0$ 的区域填充介电常数为 ε_1 的介质，在 $x>0$，$y<0$ 的区域填充介电常数 ε_2 的介质。在介质 1 中，有一个点电荷位于 $x=a$，$y=b$ 处，如题 4-8 图所示，求空间各个区域的电位。

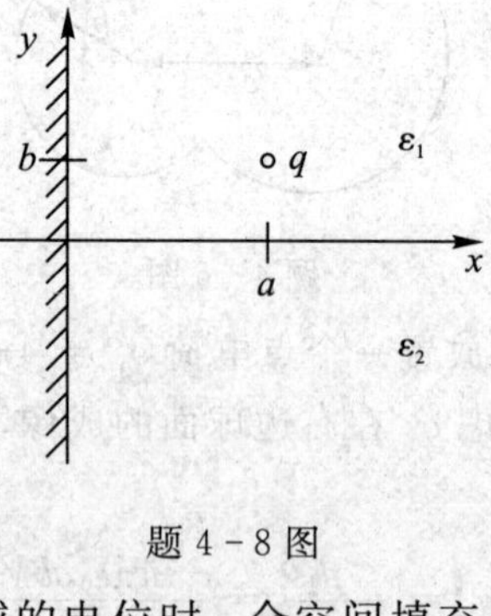

题 4-8 图

解 在计算 $x>0$，$y>0$ 区域的电位时，全空间填充介电常数为 ε_1 的介质，在 $x=a$，$y=-b$ 处加电荷 q'，且 $q'=q\dfrac{\varepsilon_1-\varepsilon_2}{\varepsilon_1+\varepsilon_2}$(注意这里下标和教材有所不同)。再考虑导体面的影响，在 $x=-a$，$y=b$ 处加电荷 $-q$，在 $x=-a$，$y=-b$ 处加电荷 $-q'$。

在计算 $x>0$，$y<0$ 区域的电位时，全空间填充介电常数为 ε_2 的介质，在 $x=a$，$y=b$

处加电荷 q''，且 $q''=q\dfrac{2\varepsilon_2}{\varepsilon_1+\varepsilon_2}$，在 $x=-a$，$y=b$ 处加电荷 $-q''$。

4-9　求截面为矩形的无限长区域($0<x<a$，$0<y<b$)的电位，其四壁的电位为

$$\varphi(x,\ 0)=\varphi(x,\ b)=0$$

$$\varphi(0,\ y)=0$$

$$\varphi(a,\ y)=\begin{cases}\dfrac{V_0 y}{b} & 0<y\leqslant\dfrac{b}{2}\\[2ex] V_0\left(1-\dfrac{y}{b}\right) & \dfrac{b}{2}<y<b\end{cases}$$

解　由边界条件 $\varphi(x,\ 0)=\varphi(x,\ b)=0$ 知道，方程的基本解在 y 轴方向应该为周期函数，且仅仅取正弦函数，即 $Y_n=\sin k_n y$，$k_n=\dfrac{n\pi}{b}$。在 x 轴方向，考虑到是有限区域，选取双曲正、余弦函数，使用边界条件 $\varphi(0,\ y)=0$，得出仅仅选取双曲正弦函数，即 $X_n=\sinh\dfrac{n\pi}{b}x$ 将基本解进行线性组合，得

$$\varphi=\sum_{n=1}^{\infty}C_n\sinh\frac{n\pi x}{b}\sin\frac{n\pi y}{b}$$

待定常数由 $x=a$ 处的边界条件确定，即

$$\varphi(a,\ y)=\sum_{n=1}^{\infty}C_n\sinh\frac{n\pi a}{b}\sin\frac{n\pi y}{b}$$

使用正弦函数的正交归一性质，有

$$\frac{b}{2}C_n\sinh\frac{n\pi a}{b}=\int_0^b\varphi(a,\ y)\sin\frac{n\pi y}{b}\mathrm{d}y$$

$$\begin{aligned}\int_0^{b/2}\frac{V_0 y}{b}\sin\frac{n\pi y}{b}\mathrm{d}y&=\frac{V_0}{b}\left[\left(\frac{b}{n\pi}\right)^2\sin\frac{n\pi y}{b}-\frac{b}{n\pi}y\cos\frac{n\pi y}{b}\right]\Bigg|_0^{b/2}\\&=\frac{V_0}{b}\left[\left(\frac{b}{n\pi}\right)^2\sin\frac{n\pi}{2}-\frac{b^2}{2n\pi}\cos\frac{n\pi}{2}\right]\end{aligned}$$

$$\begin{aligned}\int_{b/2}^{b}V_0\left(1-\frac{y}{b}\right)\sin\frac{n\pi y}{b}\mathrm{d}y&=-V_0\frac{b}{n\pi}\cos\frac{n\pi y}{b}\Bigg|_{b/2}^{b}-\frac{V_0}{b}\left[\left(\frac{b}{n\pi}\right)^2\sin\frac{n\pi y}{b}-\frac{b}{n\pi}y\cos\frac{n\pi y}{b}\right]\Bigg|_{b/2}^{b}\\&=-V_0\frac{b}{n\pi}\left(\cos n\pi-\cos\frac{n\pi}{2}\right)+\frac{V_0}{b}\left(\frac{b}{n\pi}\right)^2\sin\frac{n\pi}{2}\\&\quad+\frac{V_0}{b}\frac{b}{n\pi}b\cos n\pi-\frac{V_0}{b}\frac{b}{n\pi}\frac{b}{2}\cos\frac{n\pi}{2}\end{aligned}$$

化简以后得

$$\frac{b}{2}C_n\sinh\frac{n\pi a}{b}=\int_0^b\varphi(a,\ y)\sin\frac{n\pi y}{b}\mathrm{d}y=2V_0\frac{b}{n^2\pi^2}\sin\frac{n\pi}{2}$$

求出系数，代入电位表达式，得

$$\varphi=\sum_{n=1}^{\infty}\frac{4V_0}{n^2\pi^2}\frac{\sin\dfrac{n\pi}{2}}{\sinh\dfrac{n\pi a}{b}}\sin\frac{n\pi y}{b}\sinh\frac{n\pi x}{b}$$

4-10　一个截面为矩形的长槽(如题 4-10 图所示)，向 y 轴方向无限延伸，两侧的电位是零，槽内 $y\to\infty$，$\varphi\to 0$。底部的电位为 $\varphi(x,\ 0)=V_0$。求槽内的电位。

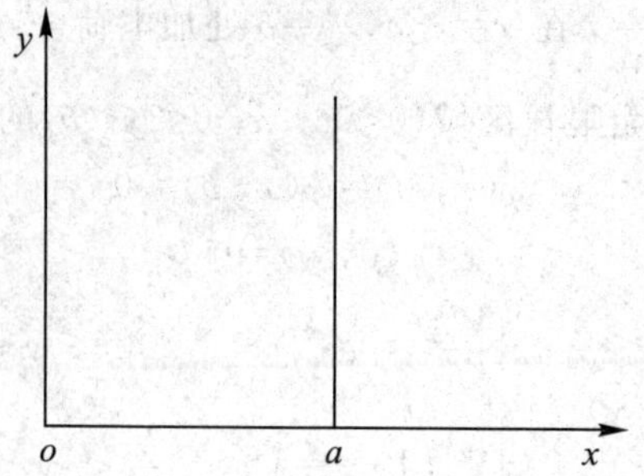

题 4-10 图

解 本题的电位是二维的，考虑到在 x 轴方向上，$x=0$ 和 $x=a$ 处的电位为零，故选取三角函数作为 x 轴方向的基本解，又因在 $x=0$ 处，电位为零，因此选取 $\sin k_x x$。在 y 轴方向，考虑到 $y\to\infty$，$\varphi\to0$，选取指数函数 $e^{-k_x y}$。可以由边界条件确定出分离常数 $k_x=\frac{n\pi}{a}$。设电位为

$$\varphi(x,\ y)=\sum_{n=1}^{\infty}C_n\sin\frac{n\pi x}{a}e^{-\frac{n\pi y}{a}}$$

采用 $y=0$ 电位条件有

$$V_0=\sum_{n=1}^{\infty}C_n\sin\frac{n\pi x}{a}$$

用正弦函数的正交归一性可得

$$C_n\frac{a}{2}=\int_0^a V_0\sin\frac{n\pi x}{a}dx=\frac{V_0 a}{n\pi}(1-\cos n\pi)$$

即

$$C_n=\frac{2V_0}{n\pi}(1-\cos n\pi)$$

从而有

$$\varphi(x,\ y)=\sum_{n=1}^{\infty}\frac{2V_0}{n\pi}(1-\cos n\pi)\sin\frac{n\pi x}{a}e^{-\frac{n\pi y}{a}}$$

4-11 一个矩形导体槽由两部分构成，如题 4-11 图所示，两个导体板的电位分别是 V_0 和 0，求槽内的电位。

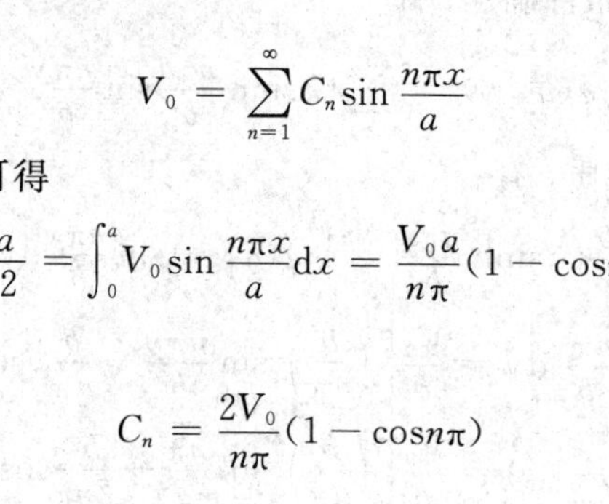

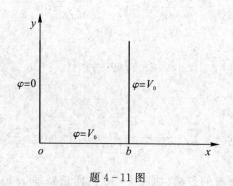

题 4-11 图

解　把这个问题分解为 $\varphi=\frac{V_0x}{b}+\varphi_1$，$\varphi_1$ 的边界条件为左右两个边为零，$y\to\infty$，$\varphi_1=0$；$y=0$，$\varphi_1=V_0-\frac{V_0x}{b}$。

$$\varphi_1=\sum_{n=1}^{\infty}C_n\sin\frac{n\pi x}{b}e^{-\frac{n\pi y}{b}}$$

采用 $y=0$ 电位的 φ_1 条件有

$$V_0-\frac{V_0x}{b}=\sum_{n=1}^{\infty}C_n\sin\frac{n\pi x}{b}$$

利用正弦函数的正交归一性可得

$$C_n\frac{b}{2}=\int_0^b\left(V_0-\frac{V_0x}{b}\right)\sin\frac{n\pi x}{b}dx=\frac{2V_0b}{n\pi}(1-\cos n\pi)$$

$$C_n==\frac{4V_0b}{n\pi}(1-\cos n\pi)$$

$$\varphi=\frac{V_0x}{b}+\sum_{n=1}^{\infty}4(1-\cos n\pi)\sin\frac{n\pi x}{b}e^{-\frac{n\pi y}{b}}$$

4-12　若正方形区域内部没有电荷，边界条件为：① $x=0$，$\varphi=0$；② $x=a$，$\varphi=10y/a$；③ $y=0$，$\varphi=0$；④ $y=a$，$\varphi=10x/a$。求区域内部的电位和电场。

解　将要求解电位分解为两个边值问题的叠加，即

$$\varphi=u+v$$

而 u 的边界条件为

$$x=0,\ u=0;\ x=a,\ u=0;\ y=0,\ u=0;\ y=a,\ u=10\frac{x}{a}$$

且 v 的边界条件为

$$x=0,\ v=0;\ x=a,\ v=10\frac{y}{a};\ y=0,\ v=0;\ y=a,\ v=0$$

我们先求解 u，不难得出基本解为

$$X_n=\sin\frac{n\pi x}{a},\ Y_n=\sinh\frac{n\pi y}{a}$$

$$u=\sum_{n=1}^{\infty}C_n\sin\frac{n\pi x}{a}\sinh\frac{n\pi y}{a}$$

把 $y=a$，$u=10x/a$ 代入上述通解，采用正弦函数的正交归一性可得

$$C_n=\frac{20}{n\pi\sinh n\pi}(-1)^{n+1}$$

电位 u 的表达式为

$$u=\sum_{n=1}^{\infty}\frac{20(-1)^{n+1}}{n\pi\sinh n\pi}\sin\frac{n\pi x}{a}\sinh\frac{n\pi y}{a}$$

电位 v 的表达式为

$$v=\sum_{n=1}^{\infty}\frac{20(-1)^{n+1}}{n\pi\sinh n\pi}\sin\frac{n\pi y}{a}\sinh\frac{n\pi x}{a}$$

4-13　若等腰直角三角形区域的内部无电荷分布，其电位边值为：$x=0$，$\varphi=0$；$y=0$，

$\varphi=0$；$x+y=a$，$\varphi=V_0(ax-x^2)/a^2$。证明其电位为 $\varphi=V_0xy/a^2$。

证明 可以验证 $\varphi=V_0xy/a^2$ 满足拉普拉斯方程和边界条件，由唯一性定理可知，它就是电位的真解。

4-14 空间某区域的电荷密度以 $\rho=\rho_0\cos\pi x\cos2\pi y\sin4\pi z$ 的形式周期性地分布，求电位和电场强度(设介质的介电特性和空气一致，电位参考点自行选取)。

解 由于电荷是周期性的，可以判定电位和电场也是周期性的，设电位为

$$\rho=\varphi_0\cos\pi x\cos2\pi y\sin4\pi z$$

又由电位泊松方程 $\nabla^2\varphi=-\dfrac{\rho}{\varepsilon}$ 可以得出 $\varphi_0=-\dfrac{\rho_0}{21\pi^2\varepsilon}$，即

$$\rho=-\frac{\rho_0}{21\pi^2\varepsilon}\cos\pi x\cos2\pi y\sin4\pi z$$

求电位的负梯度即可得出电场强度。

4-15 将一个半径为 a 的无限长导体管平分成两半，两部分之间互相绝缘，上半部分($0<\phi<\pi$)电位为 V_0，下半部分($\pi<\phi<2\pi$)电位为零，求管内的电位。

解 圆柱坐标系中的通解为

$$\varphi(r,\phi)=(A_0\phi+B_0)(C_0\ln r+D_0)+$$
$$\sum_{n=1}^{\infty}r^n(A_n\cos n\phi+B_n\sin n\phi)+\sum_{n=1}^{\infty}r^{-n}(C_n\cos n\phi+D_n\sin n\phi)$$

由于在柱内 $r=0$ 点，电位为有限值，通解中不能有 $\ln r$ 和 r^{-n} 项，所以

$$C_n=0,\ D_n=0,\ C_0=0\qquad n=1,2,\cdots$$

柱内电位是角度的周期函数，所以 $A_0=0$，因此，该题的通解取为

$$\varphi(r,\phi)=B_0D_0+\sum_{n=1}^{\infty}r^n(A_n\cos n\phi+B_n\sin n\phi)$$

各个系数用 $r=a$ 处的边界条件来定。

$$\varphi(a,\phi)=B_0D_0+\sum_{n=1}^{\infty}b^n(A_n\cos n\phi+B_n\sin n\phi)=\begin{cases}V_0 & 0<\phi<\pi\\ 0 & \pi<\phi<2\pi\end{cases}$$

$$B_0D_0=\frac{1}{2\pi}\int_0^{2\pi}\varphi(a,\phi)\mathrm{d}\phi=\frac{V_0}{2}$$

$$a^nA_n=\frac{1}{\pi}\int_0^{2\pi}\varphi(a,\phi)\cos n\phi\,\mathrm{d}\phi=0$$

$$a^nB_n=\frac{1}{\pi}\int_0^{2\pi}\varphi(a,\phi)\sin n\phi\,\mathrm{d}\phi=\frac{V_0}{n\pi}(1-\cos n\pi)$$

柱内的电位为

$$\varphi=\frac{1}{2}V_0+\frac{2V_0}{\pi}\sum_{n=1,3,5}^{\infty}\frac{1}{n}\left(\frac{r}{a}\right)^n\sin n\phi$$

4-16 半径为 a 的接地导体球，在球外距离球心 b 处，有一个点电荷 q，用分离变量法求电位分布。

解 球外电位由点电荷 q 的电位 φ_q 和球面感应电荷的电位 φ_S 叠加而成，而后者满足拉普拉斯方程，并且由对称性可知两者都和方位角 ϕ 无关。

$$\varphi_q=\frac{q}{4\pi\varepsilon_0}\frac{1}{R}=\frac{q}{4\pi\varepsilon_0}\frac{1}{\sqrt{r^2-2br\cos\theta+b^2}}$$

设 φ_S 的形式为

$$\varphi_S = \sum_{n=0}^{\infty} A_n r^{-n-1} P_n(\cos\theta)$$

用导体球面电位为零的条件，并使用公式：

$$\frac{1}{\sqrt{r^2 - 2br\cos\theta + b^2}} = \frac{1}{b}\sum_{n=0}^{\infty} P_n(\cos\theta)\left(\frac{r}{b}\right)^n$$

可以很容易地求出系数 $A_n = -\dfrac{q}{4\pi\varepsilon_0}\dfrac{a^{2n+1}}{b^{n+1}}$，把系数代入前面形式解即可得出电位分布。可以验证分离变量法结果与镜像法一致。

4-17　半径为 a 的无限长圆柱面上，有密度为 $\rho_S = \rho_{S0}\cos\phi$ 的面电荷，求圆柱面内、外的电位。

解　由于面电荷是余弦分布，所以柱内、外的电位也是角度的偶函数。柱外的电位不应有 r^n 项，柱内电位不应有 r^{-n} 项。柱内、外的电位也不应有对数项，且是角度的周期函数。

柱内电位选为

$$\varphi_1 = A_0 + \sum_{n=1}^{\infty} r^n A_n \cos n\phi$$

柱外电位选为

$$\varphi_2 = C_0 + \sum_{n=1}^{\infty} r^{-n} C_n \cos n\phi$$

假定无限远处的电位为零，定出系数 $C_0 = 0$。

在界面 $r=a$ 上，$\varphi_1 = \varphi_2$，有

$$-\varepsilon_0\frac{\partial\varphi_2}{\partial r} + \varepsilon_0\frac{\partial\varphi_1}{\partial r} = \rho_{S0}\cos\phi$$

即

$$A_0 + \sum_{n=1}^{\infty} a^n A_n \cos n\phi = \sum_{n=1}^{\infty} a^{-n} C_n \cos n\phi$$

$$\varepsilon_0\sum_{n=1}^{\infty} na^{-n-1} C_n \cos n\phi + \varepsilon_0\sum_{n=1}^{\infty} na^{n-1} A_n \cos n\phi = \rho_{S0}\cos\phi$$

解之得

$$A_0 = 0,\ A_1 = \frac{\rho_{S0}}{2\varepsilon},\ C_1 = \frac{a^2\rho_{S0}}{2\varepsilon_0}$$

$$A_n = 0,\ C_n = 0 \qquad n>1$$

最后的电位为

$$\varphi = \begin{cases} \dfrac{\rho_{S0}}{2\varepsilon_0} r\cos\phi & r < a \\ \dfrac{a^2\rho_{S0}}{2\varepsilon_0 r}\cos\phi & r > a \end{cases}$$

4-18　将半径为 a、介电常数为 ε 的无限长介质圆柱放置于均匀电场 $\boldsymbol{E}_0$ 中，设 $\boldsymbol{E}_0$ 的方向为 x 轴方向，柱的轴为 z 轴方向，圆柱外为空气。求任意点的电位、电场。

解 选取原点为电位参考点，用 φ_1 表示柱内电位，φ_2 表示柱外电位。在 $r\to\infty$处，电位 $\varphi_2=-E_0 r\cos\phi$。

因几何结构和场分布关于 $y=0$ 平面对称，故电位表示式中不应有 ϕ 的正弦项。令

$$\varphi_1 = A_0 + \sum_{n=1}^{\infty}(A_n r^n + B_n r^{-n})\cos n\phi$$

$$\varphi_2 = C_0 + \sum_{n=1}^{\infty}(C_n r^n + D_n r^{-n})\cos n\phi$$

因在原点处电位为零，得出 $A_0=0$，$B_n=0$。

用无穷远处边界条件 $r\to\infty$，$\varphi_2=-E_0 r\cos\phi$ 定出 $C_1=-E_0$，其余 $C_n=0$。

这样，柱内、外电位简化为

$$\varphi_1 = \sum_{n=1}^{\infty} A_n r^n \cos n\phi$$

$$\varphi_2 = C_1 r\cos\phi + \sum_{n=1}^{\infty} D_n r^{-n}\cos n\phi$$

再用介质柱和空气界面($r=a$)的边界条件 $\varphi_1=\varphi_2$，$\varepsilon\dfrac{\partial\varphi_1}{\partial r}=\varepsilon_0\dfrac{\partial\varphi_2}{\partial r}$，得出

$$\begin{cases}\displaystyle\sum_{n=1}^{\infty} A_n a^n \cos n\phi = -E_0 a\cos\phi + \sum_{n=1}^{\infty} D_n a^{-n}\cos n\phi \\ \displaystyle\sum_{n=1}^{\infty} \varepsilon n A_n a^{n-1}\cos n\phi = -\varepsilon_0 E_0\cos\phi - \sum_{n=1}^{\infty}\varepsilon_0 n D_n a^{-n-1}\cos n\phi\end{cases}$$

比较左右 $n=1$ 的系数，得

$$A_1 - \frac{D_1}{a^2} = E_0$$

$$\varepsilon A_1 + \varepsilon_0\frac{D_1}{a^2} = -\varepsilon_0 E_0$$

解之得

$$A_1 = \frac{-2\varepsilon_0}{\varepsilon+\varepsilon_0}E_0,\ D_1 = \frac{\varepsilon-\varepsilon_0}{\varepsilon+\varepsilon_0}E_0 a^2$$

比较系数方程左右 $n>1$ 的各项，得

$$A_n - \frac{D_n}{a^{2n}} = 0$$

$$\varepsilon A_n + \varepsilon_0\frac{D_n}{a^{2n}} = 0$$

由此解出 $A_n=D_n=0$。

最终得到圆柱内、外的电位分别为

$$\varphi_1 = -E_0\frac{2\varepsilon_0}{\varepsilon+\varepsilon_0}r\cos\phi$$

$$\varphi_2 = -E_0 r\cos\phi + E_0\frac{\varepsilon-\varepsilon_0}{\varepsilon+\varepsilon_0}\frac{a^2}{r}\cos\phi$$

电场强度分别为

$$\boldsymbol{E}_1 = -\nabla\varphi_1 = \frac{2\varepsilon_0}{\varepsilon+\varepsilon_0}E_0\cos\phi\boldsymbol{e}_r - \frac{2\varepsilon_0}{\varepsilon+\varepsilon_0}E_0\sin\phi\boldsymbol{e}_\phi$$

$$\boldsymbol{E}_2 = -\nabla\varphi_2 = E_0\cos\phi\left(1+\frac{\varepsilon-\varepsilon_0}{\varepsilon+\varepsilon_0}\frac{a^2}{r^2}\right)\boldsymbol{e}_r - E_0\sin\phi\left(1-\frac{\varepsilon-\varepsilon_0}{\varepsilon+\varepsilon_0}\frac{a^2}{r^2}\right)\boldsymbol{e}_\phi$$

4-19　在均匀电场中，放置一个半径为 a 的介质球，若电场的方向为 z 轴方向，求介质球内、外的电位和电场(介质球的介电常数为 ε，球外为空气)。

解　设球内、外电位解的形式为

$$\varphi_1 = \sum_{n=0}^{\infty}(A_n r^n + B_n r^{-n-1})P_n(\cos\theta)$$

$$\varphi_2 = \sum_{n=0}^{\infty}(C_n r^n + D_n r^{-n-1})P_n(\cos\theta)$$

选取球心处为电位的参考点，则球内电位的系数中 $A_0=0$，$B_n=0$。在 $r\to\infty$处，电位 $\varphi_2=-E_0 r\cos\phi$，则球外电位系数 C_n 中，仅仅 C_1 不为零，为 $-E_0$，其余为零。因此球内、外解的形式简化为

$$\varphi_1 = \sum_{n=1}^{\infty}A_n r^n P_n(\cos\theta)$$

$$\varphi_2 = -E_0 r\cos\theta + \sum_{n=0}^{\infty}D_n r^{-n-1}P_n(\cos\theta)$$

再用介质球面($r=a$)的边界条件 $\varphi_1=\varphi_2$，$\varepsilon\dfrac{\partial\varphi_1}{\partial r}=\varepsilon_0\dfrac{\partial\varphi_2}{\partial r}$，得

$$\begin{cases}\displaystyle\sum_{n=1}^{\infty}A_n a^n P_n(\cos\theta) = -E_0 a\cos\theta + \sum_{n=1}^{\infty}D_n a^{-n-1}P_n(\cos\theta)\\ \displaystyle\sum_{n=1}^{\infty}\varepsilon n A_n a^{n-1}P_n(\cos\theta) = -\varepsilon_0 E_0\cos\theta - \sum_{n=1}^{\infty}\varepsilon_0(n+1)D_n a^{-n-2}P_n(\cos\theta)\end{cases}$$

比较上式的系数，可以知道除了 $n=1$ 以外，系数 A_n、D_n 均为零，且

$$A_1 a = -E_0 a + D_1 a^{-2}$$

$$\varepsilon A_1 = -\varepsilon_0 E_0 - 2\varepsilon_0 D_1 a^{-3}$$

由此，解出系数

$$A_1 = \frac{-3\varepsilon_0}{\varepsilon+2\varepsilon_0}E_0,\ D_1 = \frac{\varepsilon-\varepsilon_0}{\varepsilon+2\varepsilon_0}E_0 a^3$$

最后得到电位和电场分别为

$$\varphi_1 = -E_0\frac{3\varepsilon_0}{\varepsilon+2\varepsilon_0}r\cos\theta$$

$$\varphi_2 = -E_0 r\cos\theta + E_0\frac{\varepsilon-\varepsilon_0}{\varepsilon+2\varepsilon_0}\frac{a^3}{r^2}\cos\theta$$

$$\boldsymbol{E}_1 = -\nabla\varphi_1 = \frac{3\varepsilon_0}{\varepsilon+2\varepsilon_0}E_0\cos\theta\,\boldsymbol{e}_r - \frac{3\varepsilon_0}{\varepsilon+2\varepsilon_0}E_0\sin\theta\,\boldsymbol{e}_\theta$$

$$\boldsymbol{E}_2 = -\nabla\varphi_2 = E_0\cos\theta\left(1+2\frac{\varepsilon-\varepsilon_0}{\varepsilon+2\varepsilon_0}\frac{a^3}{r^3}\right)\boldsymbol{e}_r - E_0\sin\theta\left(1-\frac{\varepsilon-\varepsilon_0}{\varepsilon+2\varepsilon_0}\frac{a^3}{r^3}\right)\boldsymbol{e}_\theta$$

4-20　求无限长矩形区域 $0<x<a$，$0<y<b$ 第一类边值问题的格林函数(即矩形槽

的四周电位为零，槽内有一与槽平行的单位线源，如题 4 - 20 图所示，求槽内电位）。

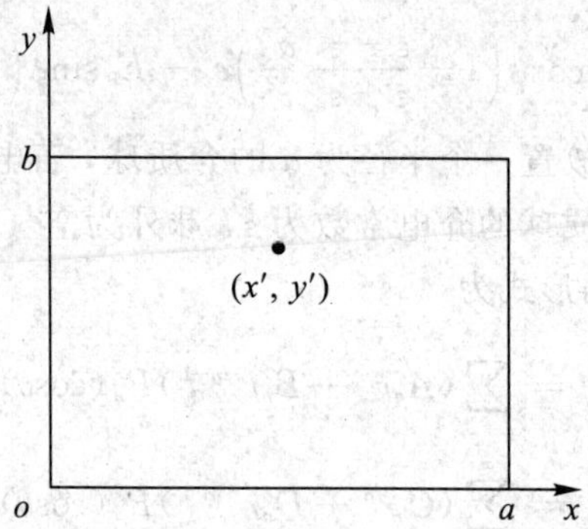

题 4 - 20 图

解 格林函数满足方程：

$$\frac{\partial^2 G}{\partial x^2}+\frac{\partial^2 G}{\partial y^2}=-\frac{1}{\varepsilon_0}\delta(x-x')\delta(y-y')$$

格林函数满足的边界条件是在矩形四周为零。考虑到 $x=0$ 和 $x=a$ 的边界条件，将格林函数视为

$$G=\sum_{n=1}^{\infty}\psi_n(y)\sin\frac{n\pi x}{a}$$

把其代入格林函数方程有

$$\sum_{n=1}^{\infty}\left[\frac{\partial^2}{\partial y^2}-\left(\frac{n\pi}{a}\right)^2\right]\psi_n(y)\sin\frac{n\pi x}{a}=-\frac{1}{\varepsilon_0}\delta(x-x')\delta(y-y')$$

上式左右乘以 $\sin\frac{n\pi x}{a}$，并在 $0<x<a$ 区域积分，利用正弦函数的正交归一性和 δ 函数的性质，得到 $\psi_n(y)$ 满足的微分方程为

$$\left[\frac{\mathrm{d}^2}{\mathrm{d}y^2}-\left(\frac{n\pi}{a}\right)^2\right]\psi_n(y)=-\frac{2}{a\varepsilon_0}\sin\frac{n\pi x'}{a}\delta(y-y')$$

在确定 $\psi_n(y)$ 时，把原来区域分为两个区域，并注意到边界条件，设

$$\psi_n(y)=\begin{cases}A_n\sinh\dfrac{n\pi(b-y)}{a} & y>y'\\ B_n\sinh\dfrac{n\pi y}{a} & x>x'\end{cases}$$

在 $y=y'$ 处格林函数连续，即

$$A_n\sinh\frac{n\pi(b-y')}{a}=B_n\sinh\frac{n\pi y'}{a}$$

对于 $\psi_n(y)$ 的微分方程，在点源附近积分，得

$$\int_{y'-0}^{y'+0}\frac{\mathrm{d}^2}{\mathrm{d}y^2}\psi_n(y)\mathrm{d}y-\left(\frac{n\pi}{a}\right)^2\int_{y'-0}^{y'+0}\psi_n(y)\mathrm{d}y=-\frac{2}{a\varepsilon_0}\sin\frac{n\pi x'}{a}$$

由格林函数的连续性可以得到上式左边第二项积分为零，从而有

$$\frac{\mathrm{d}}{\mathrm{d}y}\psi_n(y)\mid_{y=y'_+}-\frac{\mathrm{d}}{\mathrm{d}y}\psi_n(y)\mid_{y=y'_-}=-\frac{2}{a\varepsilon_0}\sin\frac{n\pi x'}{a}$$

代入 $\psi_n(y)$ 的形式有

$$-\frac{n\pi}{a}A_n\cosh\frac{n\pi(b-y')}{a}-\frac{n\pi}{a}B_n\cosh\frac{y'}{a}=-\frac{2}{a\varepsilon_0}\sin\frac{n\pi x'}{a}$$

将上式与 $A_n\sinh\dfrac{n\pi(b-y')}{a}=B_n\sinh\dfrac{n\pi y'}{a}$ 联立求解，得

$$A_n=\frac{2}{n\pi\varepsilon_0}\frac{1}{\sinh\dfrac{n\pi b}{a}}\sinh\frac{n\pi y'}{a},\ B_n=\frac{2}{n\pi\varepsilon_0}\frac{1}{\sinh\dfrac{n\pi b}{a}}\sinh\frac{n\pi(b-y')}{a}$$

最后得到矩形区域的格林函数为

$$G=\frac{2}{\varepsilon_0\pi}\sum_{n=1}^{\infty}\frac{\sin\dfrac{n\pi x}{a}\sin\dfrac{n\pi x'}{a}}{n\sinh\dfrac{n\pi b}{a}}\times\begin{cases}\sinh\dfrac{n\pi(b-y')}{a}\sinh\dfrac{n\pi y}{a} & y\leqslant y'\\ \sinh\dfrac{n\pi(b-y)}{a}\sinh\dfrac{n\pi y'}{a} & y\geqslant y'\end{cases}$$

4-21　推导无限长圆柱区域内(半径为 a)第一类边值问题的格林函数。

解　格林函数方程为 $\nabla^2G(\rho,\rho')=-\delta(\rho-\rho')$，且在圆柱面上格林函数为零。我们用镜像法来计算格林函数。在 ρ' 放置线密度为 ε_0 的线电荷，在半径为 a 的圆柱面保持常数的情形下需要在圆外镜像位置 $(\rho_1=a^2/\rho)$ 加上等量异号的线电荷。所以格林函数为

$$G(\rho,\rho')=\frac{1}{2\pi}\left[-\ln\frac{1}{|\rho-\rho'|}+\ln\frac{1}{|\rho-\rho_1|}\right]+C$$

令格林函数在 $r=a$ 处为零，可以得出常数 $C=\dfrac{1}{2\pi}\ln\dfrac{a}{\rho}$，最后得到

$$G(\rho,\rho')=\frac{1}{2\pi}\left[-\ln\frac{1}{|\rho-\rho'|}+\ln\frac{1}{|\rho-\rho_1|}+\ln\frac{a}{\rho'}\right]$$

得证。

4-22　格林函数方程为 $\mathrm{d}^2G(x,x')/\mathrm{d}x^2=-\delta(x-x')$，分别求满足下列几种情形的边界条件的格林函数：

(1) $x=0$，$G=0$；$x=a$，$\dfrac{\mathrm{d}G}{\mathrm{d}x}=0$。

(2) $x=0$，$\dfrac{\mathrm{d}G}{\mathrm{d}x}=0$；$x=a$，$G=0$。

(3) $x=0$，$\dfrac{\mathrm{d}G}{\mathrm{d}x}=0$；$x=a$，$2G+\dfrac{\mathrm{d}G}{\mathrm{d}x}=0$。

(提示：不一定非要直接求解格林函数的微分方程，可以采用格林函数的物理意义，用静电场的概念求解。)

解　(1) 设

$$G=\begin{cases}Ax+B & x<x'\\ Cx+D & x>x'\end{cases}$$

把左右两点的边界条件代入，有

$$G=\begin{cases}Ax & x<x'\\ D & x>x'\end{cases}$$

用 x' 处格林函数连续条件 $Ax'=D$，再用格林函数导数在 x' 的条件(即右导数减去左导数等于-1)得到 $A=1$，$D=x'$。最后得到格林函数为

$$G=\begin{cases}x & x<x'\\ x' & x>x'\end{cases}$$

（2）类似上述过程，可得待求格林函数为

$$G=\begin{cases}a-x' & x<x'\\ a-x & x>x'\end{cases}$$

（3）
$$G=\begin{cases}-x'+a+\dfrac{1}{2} & x<x'\\ -x+a+\dfrac{1}{2} & x>x'\end{cases}$$

4-23 设第二类边值问题的格林函数满足下列方程及其边界条件：

$$\frac{\mathrm{d}^2G(x,\ x')}{\mathrm{d}x^2}=-[\delta(x-x')-1]；x=0，\frac{\mathrm{d}G}{\mathrm{d}x}=0；x=1，\frac{\mathrm{d}G}{\mathrm{d}x}=0$$

证明格林函数为

$$G(x,\ x')=\begin{cases}-x'+\dfrac{x^2}{2}+C & 0\leqslant x\leqslant x'\\ -x+\dfrac{x^2}{2}+C & x'\leqslant x\leqslant 1\end{cases}$$

其中，C是任意常数。

证明 设待求格林函数为

$$G(x,\ x')=\begin{cases}\dfrac{x^2}{2}+Ax+B & 0\leqslant x\leqslant x'\\ \dfrac{x^2}{2}+Cx+D & x'\leqslant x\leqslant 1\end{cases}$$

使用 $x=0$，$\dfrac{\mathrm{d}G}{\mathrm{d}x}=0$；$x=1$，$\dfrac{\mathrm{d}G}{\mathrm{d}x}=0$ 可以得到 $A=0$，$C=-1$。即

$$G(x,\ x')=\begin{cases}\dfrac{x^2}{2}+B & 0\leqslant x\leqslant x'\\ \dfrac{x^2}{2}-x+D & x'\leqslant x\leqslant 1\end{cases}$$

用激励源处格林函数连续条件得 $B=D-x'$，这样就有

$$G(x,\ x')=\begin{cases}-x'+\dfrac{x^2}{2}+D & 0\leqslant x\leqslant x'\\ -x+\dfrac{x^2}{2}+D & x'\leqslant x\leqslant 1\end{cases}$$

把表达式中的常数 D 换为 C 就得出了证明的结果。得证。

第 5 章　时变电磁场

5.1　基本内容与公式

1. 电磁感应定律

法拉第电磁感应定律是时变磁场产生电场的规律，其积分形式为

$$\mathscr{E} = \oint_l \boldsymbol{E} \cdot \mathrm{d}\boldsymbol{l} = -\frac{\mathrm{d}\psi}{\mathrm{d}t}$$

微分形式为

$$\nabla\times \boldsymbol{E} = -\frac{\partial \boldsymbol{B}}{\partial t}$$

2. 位移电流

位移电流描述了时变电场产生磁场的现象，即时变电场产生位移电流，全电流(位移电流与传导电流之和)产生磁场。位移电流的表达式为

$$\boldsymbol{J}_{\mathrm{d}} = \frac{\partial \boldsymbol{D}}{\partial t}$$

3. 麦克斯韦方程组

麦克斯韦方程组描述了宏观电磁现象的普遍规律，是分析、计算电磁场问题的出发点。麦克斯韦方程组的积分形式为

$$\oint_l \boldsymbol{H} \cdot \mathrm{d}\boldsymbol{l} = \int_S \boldsymbol{J} \cdot \mathrm{d}\boldsymbol{S} + \int_S \frac{\partial \boldsymbol{D}}{\partial t} \cdot \mathrm{d}\boldsymbol{S}$$

$$\oint_l \boldsymbol{E} \cdot \mathrm{d}\boldsymbol{l} = -\int_S \frac{\partial \boldsymbol{B}}{\partial t} \cdot \mathrm{d}\boldsymbol{S}$$

$$\oint_S \boldsymbol{B} \cdot \mathrm{d}\boldsymbol{S} = 0$$

$$\oint_S \boldsymbol{D} \cdot \mathrm{d}\boldsymbol{S} = \rho$$

微分形式为

$$\nabla\times \boldsymbol{H} = \boldsymbol{J} + \frac{\partial \boldsymbol{D}}{\partial t}$$

$$\nabla\times \boldsymbol{E} = -\frac{\partial \boldsymbol{B}}{\partial t}$$

$$\nabla\cdot \boldsymbol{B} = 0$$

$$\nabla\cdot \boldsymbol{D} = \rho$$

4. 本构方程

本构方程描述了由媒质的性质决定的有关场量之间的关系，其一般表达式为

$$\boldsymbol{B} = \mu_0 \boldsymbol{H} + \mu_0 \boldsymbol{M}$$
$$\boldsymbol{D} = \varepsilon_0 \boldsymbol{E} + \boldsymbol{P}$$
$$\boldsymbol{J} = \sigma \boldsymbol{E}$$

各向同性介质的本构关系为

$$\boldsymbol{B} = \mu \boldsymbol{H}$$
$$\boldsymbol{D} = \varepsilon \boldsymbol{E}$$
$$\boldsymbol{J} = \sigma \boldsymbol{E}$$

5. 边界条件

边界条件描述了在不同的界面间场量的变化规律，其一般形式为

$$\boldsymbol{n} \times (\boldsymbol{H}_2 - \boldsymbol{H}_1) = \boldsymbol{J}_S$$
$$\boldsymbol{n} \times (\boldsymbol{E}_2 - \boldsymbol{E}_1) = \boldsymbol{0}$$
$$\boldsymbol{n} \cdot (\boldsymbol{B}_2 - \boldsymbol{B}_1) = 0$$
$$\boldsymbol{n} \cdot (\boldsymbol{D}_2 - \boldsymbol{D}_1) = \rho_S$$

理想导体的边界条件为

$$\boldsymbol{n} \times \boldsymbol{H} = \boldsymbol{J}_S, \ \boldsymbol{n} \cdot \boldsymbol{B} = 0$$
$$\boldsymbol{n} \cdot \boldsymbol{D} = \rho_S, \ \boldsymbol{n} \times \boldsymbol{E} = \boldsymbol{0}$$

6. 坡印廷矢量、坡印廷定理

坡印廷矢量表示了穿过垂直于能流方向单位面积的功率，其方向为能流的方向。坡印廷矢量的瞬时值为

$$\boldsymbol{S} = \boldsymbol{E} \times \boldsymbol{H}$$

坡印廷定理描述了电磁场的能量守恒关系，其积分形式为

$$-\oint_S (\boldsymbol{E} \times \boldsymbol{H}) \cdot \mathrm{d}\boldsymbol{S} = \int_V \frac{\partial}{\partial t}\left(\frac{1}{2}\boldsymbol{D} \cdot \boldsymbol{E} + \frac{1}{2}\boldsymbol{B} \cdot \boldsymbol{H}\right)\mathrm{d}V + \int_V \boldsymbol{J} \cdot \boldsymbol{E}\mathrm{d}V$$

其微分形式为

$$-\nabla \cdot (\boldsymbol{E} \times \boldsymbol{H}) = \frac{\partial (w_\mathrm{m} + w_\mathrm{e})}{\partial t} + \boldsymbol{J} \cdot \boldsymbol{E}$$

对于时谐场，坡印廷矢量的时间平均值为

$$\boldsymbol{S}_{\mathrm{av}} = \frac{1}{2}\mathrm{Re}(\boldsymbol{E} \times \boldsymbol{H}^*)$$

复数形式的坡印廷定理为

$$-\nabla \cdot \left(\frac{1}{2}\boldsymbol{E} \times \boldsymbol{H}^*\right) = \frac{1}{2}\boldsymbol{J}^* \cdot \boldsymbol{E} + \mathrm{j}2\omega\left(\frac{1}{4}\boldsymbol{H}^* \cdot \boldsymbol{B} - \frac{1}{4}\boldsymbol{D}^* \cdot \boldsymbol{E}\right)$$

7. 位函数

时变场的位函数 $\boldsymbol{A}$ 和 φ 通过下列方程引入：

$$\boldsymbol{E} = -\nabla\varphi - \frac{\partial \boldsymbol{A}}{\partial t}, \ \boldsymbol{B} = \nabla \times \boldsymbol{A}$$

下列电磁位函数的一组变换称为规范变换：

$$\boldsymbol{A} \rightarrow \boldsymbol{A}' = \boldsymbol{A} + \nabla\psi$$

$$\varphi \rightarrow \varphi' = \varphi - \frac{\partial\psi}{\partial t}$$

电磁场强度在规范变换下保持不变的特性称为规范不变性。

称 $\nabla\cdot\boldsymbol{A} = 0$ 为库仑规范。在库仑规范下，时变电磁场位函数的方程为

$$\nabla^2\boldsymbol{A} \quad \frac{1}{c^2}\frac{\partial^2\boldsymbol{A}}{\partial t^2} - \frac{1}{c^2}\frac{\partial}{\partial t}\nabla\varphi = -\mu_0\boldsymbol{J}$$

$$\nabla^2\varphi = -\frac{\rho}{\varepsilon_0}$$

称 $\nabla\cdot\boldsymbol{A} + \frac{1}{c^2}\frac{\partial\varphi}{\partial t} = 0$ 为洛仑兹规范。在洛仑兹规范下，时变电磁场位函数的方程为

$$\nabla^2\boldsymbol{A} - \frac{1}{c^2}\frac{\partial^2\boldsymbol{A}}{\partial t^2} = -\mu_0\boldsymbol{J}$$

$$\nabla^2\varphi - \frac{1}{c^2}\frac{\partial^2\varphi}{\partial t^2} = -\frac{\rho}{\varepsilon_0}$$

5.2 典型例题

例 5-1 证明穿过任意封闭面的传导电流与位移电流之和为零。

证明 由麦克斯韦方程，有

$$\nabla\times\boldsymbol{H} = \boldsymbol{J} + \frac{\partial\boldsymbol{D}}{\partial t} = \boldsymbol{J} + \boldsymbol{J}_{\mathrm{d}}$$

对两边取散度，得

$$\nabla\cdot(\boldsymbol{J} + \boldsymbol{J}_{\mathrm{d}}) = \nabla\cdot(\nabla\times\boldsymbol{H}) = 0$$

对上式在任意的体积上做积分，得

$$\int_V \nabla\cdot(\boldsymbol{J} + \boldsymbol{J}_{\mathrm{d}})\mathrm{d}V = \oint_S (\boldsymbol{J} + \boldsymbol{J}_{\mathrm{d}})\cdot\mathrm{d}\boldsymbol{S} = 0$$

即穿过任意封闭面的位移电流与传导电流之和为零。

例 5-2 一个长直导线载有电流 i，旁边有一个矩形导线框与其共面，分别求下列不同情况下导线框中的感应电动势。

(1) 导线框静止，电流 $i = I_{\mathrm{m}}\cos\omega t$；

(2) 导线框以速度 v 运动，电流 $i = I_0$；

(3) 导线框以速度 v 运动，电流 $i = I_{\mathrm{m}}\cos\omega t$。

解 选取直导线为坐标 z 轴，如例 5-2 图所示。

(1) 当直导线中有电流 $i = I_{\mathrm{m}}\cos\omega t$ 时，磁感应强度为

$$\boldsymbol{B} = \boldsymbol{e}_y\frac{\mu_0 i}{2\pi x} = \boldsymbol{e}_y\frac{\mu_0 I_{\mathrm{m}}\cos\omega t}{2\pi x}$$

矩形导线框中的感应电动势为

$$\mathscr{E} = -\frac{\partial\psi}{\partial t} = -\frac{\partial}{\partial t}\int\frac{\mu_0 I_0\cos\omega t}{2\pi x}\mathrm{d}x\mathrm{d}z = \frac{\mu_0 b}{2\pi}I_0\omega\sin\omega t\ln\frac{c+a}{c}$$

(2) 当导线框以速度 v 运动，$i = I_0$ 时，有

$$\mathscr{E}=-\frac{\partial\psi}{\partial t}=\frac{-\mu_0 I_0}{2\pi}\frac{\partial}{\partial t}\left(\int_{c+vt}^{c+a+vt}\frac{1}{x}\mathrm{d}x\int_0^b\mathrm{d}z\right)$$
$$=\frac{\mu_0 bvI_0}{2\pi}\left(\frac{1}{c+vt}-\frac{1}{c+a+vt}\right)$$

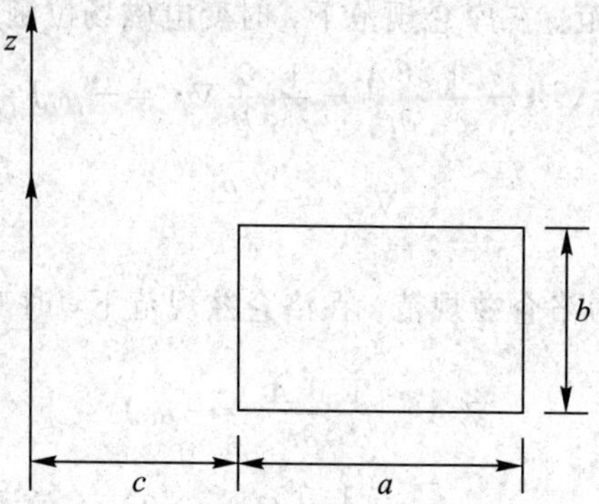

例 5-2 图

(3) 当导线框以速度 v 运动，电流 $i=I_m\cos\omega t$ 时，有

$$\mathscr{E}=-\frac{\partial\psi}{\partial t}=-\frac{\mu_0 I_0}{2\pi}\frac{\partial}{\partial t}\left(\cos\omega t\int_{c+vt}^{c+a+vt}\frac{1}{x}\mathrm{d}x\int_0^b\mathrm{d}z\right)$$
$$=\frac{\mu_0 bI_0}{2\pi}\left[\left(\frac{v}{c+vt}-\frac{v}{c+a+vt}\right)\cos\omega t+\left(\ln\frac{c+a+vt}{c+vt}\right)\omega\sin\omega t\right]$$

例 5-3 一个平板电容器的极板半径为 a，两极板的间距为 $d(d\ll a)$，当极板间加低频电压 $u=U_m\sin\omega t$ 时，求位移电流 I_d，并证明位移电流等于引线中的传导电流。

解 当频率较低时，可以不考虑时变磁场对电场的影响，且在条件 $d\ll a$ 下，不考虑边缘效应。假定电容器的轴线沿坐标 z 轴，则极板间的电场强度为

$$\boldsymbol{E}=\boldsymbol{e}_z\frac{u}{d}=\boldsymbol{e}_z\frac{U_m\sin\omega t}{d}$$

位移电流密度为

$$\boldsymbol{J}_d=\frac{\partial\boldsymbol{D}}{\partial t}=\boldsymbol{e}_z\frac{\varepsilon U_m\omega\cos\omega t}{d}$$

总的位移电流为

$$I_d=\int_S\boldsymbol{J}\cdot\mathrm{d}\boldsymbol{S}=J_dS=\frac{\varepsilon SU_m\omega\cos\omega t}{d}$$

由于平板电容器的电容为 $C=\dfrac{S\varepsilon}{d}$，因而位移电流为

$$I_d=CU_m\omega\cos\omega t$$

电容器引线中的传导电流为

$$I_c=\frac{\mathrm{d}q}{\mathrm{d}t}=\frac{\mathrm{d}(Cu)}{\mathrm{d}t}=C\omega U_m\cos\omega t$$

所以 $I_c=I_d$。

例 5-4 一个电荷 q 以速度 v 做直线运动(速度远小于光速)，试求空间任意点的位移电流密度。

解　设电荷沿 z 轴运动，且当 $t=0$ 时，电荷位于坐标原点，则

$$\boldsymbol{D}=\frac{q}{4\pi}\frac{\boldsymbol{R}}{R^3}=\frac{q}{4\pi}\frac{x\boldsymbol{e}_x+y\boldsymbol{e}_y+(z-vt)\boldsymbol{e}_z}{[x^2+y^2+(z-vt)^2]^{\frac{3}{2}}}$$

由位移电流密度的计算公式，有

$$\boldsymbol{J}_\mathrm{d}=\frac{\partial\boldsymbol{D}}{\partial t}$$

$$=\frac{qv}{4\pi[x^2+y^2+(z-vt)^2]^{\frac{5}{2}}}\{3(z-vt)(x\boldsymbol{e}_x+y\boldsymbol{e}_y)+\boldsymbol{e}_z[2(z-vt)^2-x^2-y^2]\}$$

例 5-5　已知自由空间某点的电场强度为 $\boldsymbol{E}=\boldsymbol{e}_xE_0\sin(\omega t-kz)$，求：

(1) 磁场强度；

(2) 坡印廷矢量的瞬时值及平均值。

解　由麦克斯韦方程 $\nabla\times\boldsymbol{E}=-\dfrac{\partial\boldsymbol{B}}{\partial t}$，得

$$\frac{\partial\boldsymbol{B}}{\partial t}=-\nabla\times\boldsymbol{E}=-\begin{vmatrix}\boldsymbol{e}_x & \boldsymbol{e}_y & \boldsymbol{e}_z\\ \dfrac{\partial}{\partial x} & \dfrac{\partial}{\partial y} & \dfrac{\partial}{\partial z}\\ E_0\sin(\omega t-kz) & 0 & 0\end{vmatrix}$$

$$=\boldsymbol{e}_yE_0k\cos(\omega t-kz)$$

$$\boldsymbol{B}=\boldsymbol{e}_yE_0k\frac{1}{\omega}\cos(\omega t-kz)$$

$$\boldsymbol{H}=\boldsymbol{e}_yE_0k\frac{1}{\omega\mu}\cos(\omega t-kz)$$

(2) 坡印廷矢量的瞬时值为

$$\boldsymbol{S}=\boldsymbol{E}\times\boldsymbol{H}=\boldsymbol{e}_zE_0^2\frac{k}{\omega\mu}\cos^2(\omega t-kz)$$

其平均值为

$$\boldsymbol{S}_\mathrm{av}=\frac{1}{T}\int_0^T\boldsymbol{S}\mathrm{d}t=\frac{\boldsymbol{e}_z}{2}E_0^2\frac{k}{\omega\mu}$$

例 5-6　试计算空气中边长为 1 m 的立方体内具有电场 $E=10^4$ V/m 的电场储能与相同体积中具有均匀磁场 $B=1$ T 的磁场储能。

解　电能密度为

$$w_\mathrm{e}=\frac{1}{2}\varepsilon_0E^2=\frac{1}{2}\frac{10^{-9}}{36\pi}(10^4)^2=4.42\times10^{-4}(\mathrm{J/m^3})$$

磁能密度为

$$w_\mathrm{m}=\frac{1}{2}\mu_0H^2=\frac{1}{2}\frac{1}{\mu_0}B^2=\frac{1}{2\times4\pi\times10^{-7}}=3.98\times10^5(\mathrm{J/m})3$$

例 5-7　若海水的电导率为 4 S/m，相对介电常数为 81，求当频率 $f=1$ MHz 时，位移电流与传导电流的幅值之比。

解　假设当场随时间做正弦变化，则传导电流密度为

$$\boldsymbol{J}_\mathrm{c}=\sigma\boldsymbol{E}=\sigma\boldsymbol{E}_0\sin\omega t$$

位移电流密度为

$$\boldsymbol{J}_d = \varepsilon \frac{\partial \boldsymbol{E}}{\partial t} = \varepsilon\omega \boldsymbol{E}_0 \cos\omega t$$

位移电流和传导电流幅值的比为

$$\frac{J_d}{J_c} = \frac{\omega\varepsilon}{\sigma} = \frac{2\pi f\varepsilon_0\varepsilon_r}{\sigma} = 1.125\times 10^{-3}$$

例 5－8 若已知铜的电导率为 $\sigma = 5.8\times 10^7$ S/m，求将铜看做低耗媒质的频率范围。

解 低耗媒质中的位移电流远大于传导电流，$\omega\varepsilon \gg \sigma$，作为数值计算，通常 $\omega\varepsilon > 100\sigma$，即 $\omega > \frac{100\sigma}{\varepsilon}$，铜的介电常数与空气一致，代入数值，有

$$\omega > \frac{100\sigma}{\varepsilon} = \frac{100\times 5.8\times 10^7}{\frac{1}{36\pi}\times 10^{-9}} = 6.56\times 10^{20}\,(\text{rad/s})$$

$$f > 1.04\times 10^{20}\,(\text{Hz})$$

这个频段大体上在 γ 射线范围内。

例 5－9 在理想介质中，已知时变电磁场为

$$\boldsymbol{E} = \boldsymbol{e}_z 300\pi\cos\left(\omega t - \frac{4}{3}y\right)\ (\text{V/m})$$

$$\boldsymbol{H} = \boldsymbol{e}_x 10\cos\left(\omega t - \frac{4}{3}y\right)\ (\text{A/m})$$

且媒质的 $\mu_r = 1$，由麦克斯韦方程求 ω 和 ε_r。

解 电磁场的复数值为

$$\boldsymbol{E} = \boldsymbol{e}_z 300\pi e^{-j\frac{4}{3}y}(\text{V/m}),\quad \boldsymbol{H} = \boldsymbol{e}_x 10 e^{-j\frac{4}{3}y}(\text{A/m})$$

由复数形式的麦克斯韦方程得

$$\boldsymbol{E} = \frac{1}{j\omega\varepsilon}\nabla\times\boldsymbol{H} = -\boldsymbol{e}_z\frac{1}{j\omega\varepsilon}\frac{\partial H_x}{\partial y} = \boldsymbol{e}_z\frac{40}{3\omega\varepsilon}e^{-j\frac{4}{3}y}$$

$$\boldsymbol{H} = -\frac{1}{j\omega\mu_0}\nabla\times\boldsymbol{E} = -\boldsymbol{e}_x\frac{1}{j\omega\mu_0}\frac{\partial E_z}{\partial y} = \boldsymbol{e}_x\frac{400\pi}{\omega\mu_0}e^{-j\frac{4}{3}y}$$

比较电磁场的系数，得

$$\frac{40}{3\omega\varepsilon_0\varepsilon_r} = 300\pi$$

$$\frac{400\pi}{\omega\mu_0} = 10$$

将以上两式联立求解，得

$$\omega = 10^8\,\text{rad/s},\ \varepsilon_r = 16$$

例 5－10 假设空气中的磁感应强度为 $\boldsymbol{B} = \boldsymbol{e}_y 10^{-2}\cos(6\pi\times 10^8 t)\cos(2\pi z)$ T，求位移电流密度。

解 位移电流密度为

$$\boldsymbol{J}_d = \nabla\times\boldsymbol{H} = \frac{1}{\mu_0}\nabla\times\boldsymbol{B} = \frac{1}{\mu_0}\left(\boldsymbol{e}_z\frac{\partial B_y}{\partial x} - \boldsymbol{e}_x\frac{\partial B_y}{\partial z}\right)$$

$$= \boldsymbol{e}_x 10^{-2}\frac{2\pi}{\mu_0}\cos(6\pi\times 10^8 t)\sin(2\pi z)$$

例 5-11　在两个导体平板($z=0$)和($z=d$)之间填充空气，已知电场强度为

$$\boldsymbol{E}=\boldsymbol{e}_y E_0 \sin\frac{\pi z}{d}\cos(\omega t-\beta x)$$

其中，E_0、β 和 ω 为常数，求：

(1) 磁场强度 $\boldsymbol{H}$；

(2) 导体面上的电流密度 $\boldsymbol{J}_S$。

解　电场强度的复数形式为

$$\boldsymbol{E}=\boldsymbol{e}_y E_0 \sin\frac{\pi z}{d}\mathrm{e}^{-\mathrm{j}\beta x}$$

由麦克斯韦方程，复数形式磁场强度为

$$\begin{aligned}\boldsymbol{H}&=-\frac{1}{\mathrm{j}\omega\mu_0}\nabla\times\boldsymbol{E}\\&=\frac{\mathrm{j}}{\omega\mu_0}\left(\boldsymbol{e}_z\frac{\partial E_y}{\partial x}-\boldsymbol{e}_x\frac{\partial E_y}{\partial z}\right)\\&=\frac{E_0}{\omega\mu_0}\left(-\mathrm{j}\boldsymbol{e}_x\frac{\pi}{d}\cos\frac{\pi z}{d}+\boldsymbol{e}_z\beta\sin\frac{\pi z}{d}\right)\mathrm{e}^{-\mathrm{j}\beta x}\end{aligned}$$

磁场的瞬时值为

$$\boldsymbol{H}(\boldsymbol{r},t)=\boldsymbol{e}_x\frac{E_0\pi}{\omega\mu_0 d}\cos\frac{\pi z}{d}\sin(\omega t-\beta x)+\boldsymbol{e}_z\frac{E_0\beta}{\omega\mu_0}\sin\frac{\pi z}{d}\cos(\omega t-\beta x)$$

(2) 导体底面($z=0$)的电流密度为

$$\boldsymbol{J}_S=\boldsymbol{n}\times\boldsymbol{H}=\boldsymbol{e}_z\times\boldsymbol{H}=\boldsymbol{e}_y\frac{E_0\pi}{\omega d\mu_0}\sin(\omega t-\beta x)$$

导体顶面($z=d$)的电流密度为

$$\boldsymbol{J}_S=\boldsymbol{n}\times\boldsymbol{H}=-\boldsymbol{e}_z\times\boldsymbol{H}=\boldsymbol{e}_y\frac{E_0\pi}{\omega d\mu_0}\sin(\omega t-\beta x)$$

例 5-12　已知空气中时谐电磁场的矢量位函数为 $\boldsymbol{A}=\boldsymbol{e}_x A_\mathrm{m}\mathrm{e}^{-\mathrm{j}kz}$，求电场强度和磁场强度的瞬时值。

解　由洛仑兹规范的复数形式 $\nabla\cdot\boldsymbol{A}=-\mathrm{j}\omega\mu\varepsilon\varphi$，可得

$$\varphi=\frac{1}{-\mathrm{j}\omega\mu\varepsilon}\nabla\cdot\boldsymbol{A}=0$$

$$\boldsymbol{H}=\frac{\boldsymbol{B}}{\mu_0}=\frac{1}{\mu_0}\nabla\times\boldsymbol{A}=-\boldsymbol{e}_y\frac{\mathrm{j}A_\mathrm{m}k}{\mu_0}\mathrm{e}^{-\mathrm{j}kz}$$

$$E=-\mathrm{j}\omega\boldsymbol{A}-\nabla\varphi=-\boldsymbol{e}_x\mathrm{j}\omega A_\mathrm{m}\mathrm{e}^{-\mathrm{j}kz}$$

电磁场的瞬时值为

$$\boldsymbol{E}(\boldsymbol{r},t)=\boldsymbol{e}_x\omega A_\mathrm{m}\sin(\omega t-kz)$$

$$\boldsymbol{H}(\boldsymbol{r},t)=\boldsymbol{e}_y\frac{A_\mathrm{m}k}{\mu_0}\sin(\omega t-kz)$$

例 5-13　一段由理想导体构成的同轴线，内导体的半径为 a，外导体的半径为 b，长度为 L，在两端用导体板短路，已知在 $a\leqslant r\leqslant b$，$0\leqslant z\leqslant L$ 区域的电磁场为

$$\boldsymbol{E}=\boldsymbol{e}_r\frac{A}{r}\sin kz,\quad \boldsymbol{H}=\boldsymbol{e}_\phi\frac{B}{r}\cos kz$$

(1) 确定 A、B 间的关系；

(2) 确定 k；

(3) 求各个导体面上的电荷和电流。

解 (1) 由麦克斯韦方程 $\boldsymbol{H}=-\dfrac{1}{\mathrm{j}\omega\mu_0}\nabla\times\boldsymbol{E}$，将旋度运算在圆柱坐标系下展开，有

$$\nabla\times\boldsymbol{E}=\begin{vmatrix}\dfrac{\boldsymbol{e}_r}{r} & \boldsymbol{e}_\phi & \dfrac{\boldsymbol{e}_z}{r}\\ \dfrac{\partial}{\partial r} & \dfrac{\partial}{\partial\varphi} & \dfrac{\partial}{\partial z}\\ E_r & rE_\phi & E_z\end{vmatrix}=\boldsymbol{e}_\phi\frac{Ak}{r}\cos kz$$

对照电场、磁场前面的系数，可得

$$A=-\mathrm{j}\omega\mu_0\frac{B}{k}$$

(2) 由 $z=L$ 面上电场的边界条件，也就是说在这个面上，电场的切向分量为零，即

$$\sin kL=0$$

$$L=\frac{n\pi}{k}\quad n=1,2,3,\cdots$$

(3) 在 $r=a$ 面上，电荷面密度为

$$\rho_S=\frac{\varepsilon_0 A}{a}\cos\omega t\sin\frac{n\pi z}{L}$$

在 $r=b$ 面上，电荷面密度为

$$\rho_S=-\frac{\varepsilon_0 A}{b}\cos\omega t\sin\frac{n\pi z}{L}$$

在 $z=0$ 和 $z=L$ 面上，电荷面密度为零。

在 $z=0$ 面上，电流面密度为

$$\boldsymbol{J}_S=\boldsymbol{n}\times\boldsymbol{H}=\boldsymbol{e}_z\times\boldsymbol{H}=-\boldsymbol{e}_r\frac{B}{r}\cos\omega t$$

在 $z=L$ 面上，电流面密度为

$$\boldsymbol{J}_S=\boldsymbol{n}\times\boldsymbol{H}=-\boldsymbol{e}_z\times\boldsymbol{H}=\boldsymbol{e}_r\frac{B}{r}\cos\omega t$$

在 $r=a$ 面上，电流面密度为

$$\boldsymbol{J}_S=\boldsymbol{n}\times\boldsymbol{H}=\boldsymbol{e}_r\times\boldsymbol{H}=\boldsymbol{e}_z\frac{B}{a}\cos\omega t\cos\frac{n\pi z}{L}$$

在 $r=b$ 面上，电流面密度为

$$\boldsymbol{J}_S=\boldsymbol{n}\times\boldsymbol{H}=-\boldsymbol{e}_r\times\boldsymbol{H}=-\boldsymbol{e}_z\frac{B}{b}\cos\omega t\cos\frac{n\pi z}{L}$$

例 5-14 在空气中有两个不同频率的时谐电磁场，其电磁场分别为

$$\boldsymbol{E}_1=\boldsymbol{e}_x E_1\mathrm{e}^{-\mathrm{j}\frac{\omega_1 z}{c}},\ \boldsymbol{H}_1=\boldsymbol{e}_y\frac{1}{\eta_0}E_1\mathrm{e}^{-\mathrm{j}\frac{\omega_1 z}{c}}$$

$$\boldsymbol{E}_2=\boldsymbol{e}_x E_2\mathrm{e}^{-\mathrm{j}\frac{\omega_2 z}{c}},\ \boldsymbol{H}_2=\boldsymbol{e}_y\frac{1}{\eta_0}E_2\mathrm{e}^{-\mathrm{j}\frac{\omega_2 z}{c}}$$

证明总的平均能流密度等于两个波的平均能流密度之和。

证明 由时谐场的平均能流密度公式，有

$$\boldsymbol{S}_{\text{av1}} = \frac{1}{2}\text{Re}(\boldsymbol{E}_1 \times \boldsymbol{H}_1^*) = \boldsymbol{e}_z \frac{1}{2\eta_0} E_1^2$$

$$\boldsymbol{S}_{\text{av2}} = \frac{1}{2}\text{Re}(\boldsymbol{E}_2 \times \boldsymbol{H}_2^*) = \boldsymbol{e}_z \frac{1}{2\eta_0} E_2^2$$

而总的能流密度瞬时值为

$$\boldsymbol{S} = (\boldsymbol{E}_1 + \boldsymbol{E}_2) \times (\boldsymbol{H}_1 + \boldsymbol{H}_2) = \boldsymbol{e}_z \frac{E_1^2}{\eta_0} \cos^2(\omega_1 t - k_1 z) + \boldsymbol{e}_z \frac{E_2^2}{\eta_0} \cos^2(\omega_2 t - k_2 z)$$
$$+ \boldsymbol{e}_z 2 \frac{E_1 E_2}{\eta_0} \cos(\omega_1 t - k_1 z)\cos(\omega_2 t - k_2 z)$$

对于上面的瞬时值，在两个场的共同周期内求平均值，可以得到

$$\boldsymbol{S}_{\text{av}} = \boldsymbol{e}_z \frac{1}{2\eta_0}(E_1^2 + E_2^2)$$

所以，总的平均能流密度等于两个波的平均能流密度之和。

例 5-15　对真空中的麦克斯韦方程进行下列变换：

$$\boldsymbol{E}' = \boldsymbol{E}\cos\theta + c\boldsymbol{B}\sin\theta$$

$$\boldsymbol{B}' = -\boldsymbol{E}\frac{\sin\theta}{c} + \boldsymbol{B}\cos\theta$$

试证明：

(1) 麦克斯韦方程的形式不变。

(2) 电磁能量密度 $w = \frac{1}{2}\varepsilon_0 E^2 + \frac{1}{2}\mu_0 H^2$ 也保持不变。

证明　(1)　$\nabla \times \boldsymbol{E}' = \nabla \times \boldsymbol{E}\cos\theta + c\,\nabla \times \boldsymbol{B}\sin\theta$

又因为在变换以前，有

$$\nabla \times \boldsymbol{E} = -\frac{\partial \boldsymbol{B}}{\partial t},\ \nabla \times \boldsymbol{B} = \mu_0 \varepsilon_0 \frac{\partial \boldsymbol{E}}{\partial t}$$

因而

$$\begin{aligned}\nabla \times \boldsymbol{E}' &= -\frac{\partial \boldsymbol{B}}{\partial t}\cos\theta + c\mu_0\varepsilon_0 \frac{\partial \boldsymbol{E}}{\partial t}\sin\theta \\ &= -\left(-\frac{1}{c}\sin\theta \frac{\partial \boldsymbol{E}}{\partial t} + \frac{\partial \boldsymbol{B}}{\partial t}\cos\theta\right) \\ &= -\frac{\partial \boldsymbol{B}'}{\partial t}\end{aligned}$$

$$\nabla \times \boldsymbol{E}' = -\frac{\partial \boldsymbol{B}}{\partial t}\cos\theta + c\mu_0\varepsilon_0 \frac{\partial \boldsymbol{E}}{\partial t}\sin\theta$$

$$\begin{aligned}\nabla \times \boldsymbol{B}' &= -\nabla \times \boldsymbol{E}\frac{\sin\theta}{c} + \nabla \times \boldsymbol{B}\cos\theta \\ &= \frac{\partial \boldsymbol{B}}{\partial t}\frac{\sin\theta}{c} + \mu_0\varepsilon_0 \frac{\partial \boldsymbol{E}}{\partial t}\cos\theta \\ &= \mu_0\varepsilon_0 \frac{\partial}{\partial t}(\boldsymbol{E}\cos\theta + c\boldsymbol{B}\sin\theta) \\ &= \mu_0\varepsilon_0 \frac{\partial \boldsymbol{E}'}{\partial t}\end{aligned}$$

同理可以证明麦克斯韦方程的两个散度方程的形式也是不变的。得证。

(2) 变换前，总能量密度为

$$w = \frac{1}{2}\varepsilon_0 E^2 + \frac{1}{2}\mu_0 H^2$$

变换后，有

$$\begin{aligned} w' &= \frac{1}{2}\varepsilon_0 \ |E'|^2 + \frac{1}{2}\mu_0 \ |H'|^2 \\ &= \frac{1}{2}\varepsilon_0 \ |\boldsymbol{E}\cos\theta + c\boldsymbol{B}\sin\theta|^2 + \frac{1}{2}\mu_0 \frac{1}{\mu_0^2}\left|-\frac{\boldsymbol{E}}{c}\sin\theta + \boldsymbol{B}\cos\theta\right|^2 \\ &= \frac{1}{2}\varepsilon_0 (E^2 \cos^2\theta + c^2 B^2 \sin^2\theta + 2c\sin\theta\cos\theta\boldsymbol{B}\cdot\boldsymbol{E}) \\ &\quad + \frac{1}{2\mu_0}\left(E^2 \frac{1}{c^2}\sin^2\theta + B^2\cos^2\theta - \frac{2}{c}\sin\theta\cos\theta\boldsymbol{E}\cdot\boldsymbol{B}\right) \\ &= \frac{1}{2}\varepsilon_0 E^2 + \frac{1}{2}\mu_0 H^2 \end{aligned}$$

所以，电磁场的总能量密度在变换前后的形式不变。得证。

例 5-16 证明坡印廷矢量在上题的变换下是不变的。

证明 变换前坡印廷矢量为

$$\boldsymbol{S} = \boldsymbol{E}\times\boldsymbol{H}$$

变换后为

$$\begin{aligned} \boldsymbol{S}' &= \boldsymbol{E}'\times\boldsymbol{H}' \\ &= \frac{1}{\mu_0}(\boldsymbol{E}\cos\theta + c\boldsymbol{B}\sin\theta)\times\left(-\boldsymbol{E}\frac{\sin\theta}{c} + \boldsymbol{B}\cos\theta\right) \\ &= \frac{1}{\mu_0}(\boldsymbol{E}\times\boldsymbol{B}\cos^2\theta + \boldsymbol{E}\times\boldsymbol{B}\sin^2\theta) \\ &= \boldsymbol{E}\times\boldsymbol{H} \end{aligned}$$

即坡印廷矢量在变换前后不变。得证。

例 5-17 一根半径为 a 的长直圆柱导体上通过直流电流 I，导体的电导率 σ 为有限值，求导体表面附近的坡印廷矢量，并计算长度为 L 的一段导体所损耗的功率。

解 选取导体的轴线为圆柱坐标系的 z 轴，电流在导体截面上均匀分布，即 $\boldsymbol{J} = \boldsymbol{e}_z\dfrac{I}{\pi a^2}$，导体内部的电场强度为

$$\boldsymbol{E}_1 = \frac{\boldsymbol{J}}{\sigma} = \boldsymbol{e}_z\frac{I}{\pi a^2\sigma}$$

对导体外部靠近表面附近的点，由电场的边界条件可知，电场强度的切向分量是连续的，也就是说，有

$$\boldsymbol{E}_2 = \boldsymbol{E}_1 = \boldsymbol{e}_z\frac{I}{\pi\sigma a^2}$$

磁场强度可以通过安培环路定理来计算。在导线的内部，有

$$\boldsymbol{H}_1 = \boldsymbol{e}_\phi\frac{Ir}{2\pi a^2}$$

在导线外部，有

$$\boldsymbol{H}_2=\boldsymbol{e}_\phi\frac{I}{2\pi r}$$

在导线内部，坡印廷矢量为

$$\boldsymbol{S}_1=\boldsymbol{E}\times\boldsymbol{H}=-\boldsymbol{e}_r\frac{I^2r}{2\pi^2a^4\sigma}$$

在导线外部，坡印廷矢量为

$$\boldsymbol{S}_2=\boldsymbol{E}\times\boldsymbol{H}=-\boldsymbol{e}_r\frac{I^2}{2\pi^2a^2r\sigma}$$

长度为 L 的导线损耗的功率，就等于流进这段导线的功率，即

$$P=\boldsymbol{S}\cdot(-\boldsymbol{e}_r2\pi aL)=\frac{I^2L}{\pi a^2\sigma}$$

实际上，这段导线的电阻为 $R=\dfrac{L}{\pi a^2\sigma}$，损耗功率为 I^2R。

例 5-18　证明在无源的真空中，时变电磁场可由一个矢量位 $\boldsymbol{A}$ 导出，其中矢量位 $\boldsymbol{A}$ 满足如下方程：

$$\boldsymbol{E}=-\frac{\partial\boldsymbol{A}}{\partial t},\ \boldsymbol{B}=\nabla\times\boldsymbol{A},\ \nabla\cdot\boldsymbol{A}=0$$

$$\nabla^2\boldsymbol{A}-\mu_0\varepsilon_0\frac{\partial^2\boldsymbol{A}}{\partial t^2}=0$$

证明　由 $\boldsymbol{B}=\nabla\times\boldsymbol{A}$，可得 $\nabla\cdot\boldsymbol{B}=0$；再由 $\boldsymbol{E}=-\dfrac{\partial\boldsymbol{A}}{\partial t}$，得

$$\nabla\times\boldsymbol{E}=-\nabla\times\frac{\partial\boldsymbol{A}}{\partial t}=-\frac{\partial}{\partial t}\nabla\times\boldsymbol{A}=-\frac{\partial\boldsymbol{B}}{\partial t}$$

$$\nabla\cdot\boldsymbol{D}=\varepsilon_0\nabla\cdot\boldsymbol{E}=\varepsilon_0\nabla\cdot\left(-\frac{\partial\boldsymbol{A}}{\partial t}\right)=-\varepsilon_0\frac{\partial}{\partial t}(\nabla\cdot\boldsymbol{A})=0$$

$$\nabla\times\boldsymbol{H}=\frac{1}{\mu_0}\nabla\times\boldsymbol{B}=\frac{1}{\mu_0}\nabla\times\nabla\times\boldsymbol{A}=-\frac{1}{\mu_0}\nabla^2\boldsymbol{A}+\frac{1}{\mu_0}\nabla\nabla\cdot\boldsymbol{A}$$

考虑 $\nabla\cdot\boldsymbol{A}=0$，$\nabla^2\boldsymbol{A}-\mu_0\varepsilon_0\dfrac{\partial^2\boldsymbol{A}}{\partial t^2}=0$，有

$$\nabla\times\boldsymbol{H}=-\varepsilon_0\frac{\partial^2\boldsymbol{A}}{\partial t^2}=\varepsilon_0\frac{\partial\boldsymbol{E}}{\partial t}$$

所以，真空无源区的场可以由一个矢量函数确定。得证。

例 5-19　证明在均匀各向同性导电媒质中，正弦电磁场满足的波动方程为

$$\nabla^2\boldsymbol{E}-\mathrm{j}\omega\mu\sigma\boldsymbol{E}+\omega^2\mu\varepsilon\boldsymbol{E}=0$$

$$\nabla^2\boldsymbol{H}-\mathrm{j}\omega\mu\sigma\boldsymbol{H}+\omega^2\mu\varepsilon\boldsymbol{H}=0$$

证明　由均匀各向同性导电媒质中正弦电磁场的麦克斯韦方程，有

$$\nabla\times\boldsymbol{E}=-\mathrm{j}\omega\mu\boldsymbol{H}$$

$$\nabla\times\boldsymbol{H}=\mathrm{j}\omega\varepsilon\boldsymbol{E}+\sigma\boldsymbol{E}$$

因而

$$\nabla\times\nabla\times\boldsymbol{E}=-\mathrm{j}\omega\mu\nabla\times\boldsymbol{H}=-\mathrm{j}\omega\mu(\mathrm{j}\omega\varepsilon\boldsymbol{E}+\sigma\boldsymbol{E})$$

又因为 $\nabla\times\nabla\times\boldsymbol{E}=-\nabla^2\boldsymbol{E}+\nabla\nabla\cdot\boldsymbol{E}$，并且 $\nabla\cdot\boldsymbol{E}=0$，整理得

$$\nabla^2 \boldsymbol{E} - \mathrm{j}\omega\mu\sigma\boldsymbol{E} + \omega^2\mu\varepsilon\boldsymbol{E} = 0$$

同理对磁场强度作双旋度运算，化简以后可得

$$\nabla^2 \boldsymbol{H} - \mathrm{j}\omega\mu\sigma\boldsymbol{H} + \omega^2\mu\varepsilon\boldsymbol{H} = 0$$

5.3 习题及答案

5-1 单极发电机为一个在均匀磁场 $\boldsymbol{B}$ 中绕轴旋转的金属圆盘，圆盘的半径为 a，角速度为 ω，圆盘与磁场垂直，求感应电动势。

解 由法拉第电磁感应定律，有

$$E = -\frac{\mathrm{d}\Phi}{\mathrm{d}t} = -\frac{\mathrm{d}}{\mathrm{d}t}\int_S \boldsymbol{B}\cdot\mathrm{d}\boldsymbol{S} = \oint_l (\boldsymbol{v}\times\boldsymbol{B})\cdot\mathrm{d}\boldsymbol{l}$$

所以

$$\boldsymbol{E} = \oint_l (\boldsymbol{v}\times\boldsymbol{B})\cdot\mathrm{d}\boldsymbol{l} = \int_0^a (\omega r\boldsymbol{e}_\phi \times \boldsymbol{e}_z\boldsymbol{B})\cdot\mathrm{d}\boldsymbol{l} = B\omega\int_0^a r\mathrm{d}r = \frac{B\omega a^2}{2}$$

5-2 一点电荷 Q，以恒定速度 $\boldsymbol{v}(\boldsymbol{v}\ll c)$ 沿半径为 a 的圆形平面 S 的轴线向此平面移动，当两者相距为 d 时，求通过 S 的位移电流。

解 位移电流密度 $\boldsymbol{J}_\mathrm{d} = \varepsilon_0\dfrac{\partial\boldsymbol{E}}{\partial t}$，因此求出作为时间函数的电场。设 Q 沿 z 轴运动，$t=0$ 时位于原点，与 S 相距 D。在 t 时刻，Q 与平面相距 $d=D-vt$。通过 S 的位移电流为

$$I_\mathrm{d} = \int_S \varepsilon_0\frac{\partial\boldsymbol{E}}{\partial t}\cdot\mathrm{d}\boldsymbol{S} = \int_S \varepsilon_0\frac{\partial\boldsymbol{E}}{\partial t}\cdot\boldsymbol{e}_z\mathrm{d}S$$

可见，只有 E_z 对 I_d 有贡献。由点电荷的电场表示式可知，在 S 上距圆心为 r 处有

$$E_z = \frac{Q}{4\pi\varepsilon_0[(D-vt)^2+r^2]}\frac{D-vt}{[(D-vt)^2+r^2]^{1/2}}$$

于是 S 上位移电流密度的 z 分量为

$$J_{\mathrm{d}z} = \varepsilon_0\frac{\partial E_z}{\partial t} = \frac{Qv}{4\pi}\frac{3(D-vt)^2-[(D-vt)^2+r^2]}{[(D-vt)^2+r^2]^{5/2}}$$

$$= \frac{Qv}{4\pi}\left[\frac{3d^2}{(d^2+r^2)^{5/2}} - \frac{1}{(d^2+r^2)^{3/2}}\right]$$

所以

$$I_\mathrm{d} = \int_0^a J_{\mathrm{d}z}2\pi r\mathrm{d}r = \frac{Qva^2}{2(d^2+r^2)^{3/2}}$$

5-3 假设电场是正弦变化的，海水的电导率为 4 S/m，$\varepsilon_\mathrm{r}=81$，求当 $f=1$ MHz 时，位移电流与传导电流模的比值。

解 因为假设电场是正弦变化的，所以海水中传导电流可以写为

$$\boldsymbol{J}_\mathrm{c} = \sigma\boldsymbol{E} = \sigma\boldsymbol{E}_0\sin\omega t$$

海水中位移电流可以写为

$$\boldsymbol{J}_\mathrm{d} = \varepsilon\frac{\partial\boldsymbol{E}}{\partial t} = \varepsilon\boldsymbol{E}_0\omega\cos\omega t$$

因此，位移电流与传导电流模(振幅)的比值为

$$\frac{J_d}{J_c}=\frac{\omega\varepsilon}{\sigma}=\frac{2\pi f\varepsilon_0\varepsilon_r}{\sigma}=1.125\times10^{-3}$$

5-4　一圆柱形电容器，内导体半径为 a，外导体内半径为 b，长度为 l，电极间介质的介电常数为 ε。当外加低频电压 $u=U_m\sin\omega t$ 时，求介质中的位移电流密度及穿过半径为 r ($a<r<b$)的圆柱面的位移电流。证明此位移电流等于电容器引线中的传导电流。

证明　对于低频电压，可认为电容器中电场的空间分布与加直流电压时相同，由高斯定理 $\oint \boldsymbol{E}\cdot d\boldsymbol{S}=Q/\varepsilon$，可得电极间的电场为

$$\boldsymbol{E}=\boldsymbol{e}_r\frac{Q}{2\pi rl\varepsilon}$$

$$\int \boldsymbol{E}\cdot d\boldsymbol{r}=\int_a^b\frac{Q}{2\pi rl\varepsilon}\cdot dr=\frac{Q}{2\pi l\varepsilon}\ln\frac{b}{a}=\frac{Q}{2\pi rl\varepsilon}\cdot r\ln\frac{b}{a}=E_r r\ln\frac{b}{a}=U_m\sin\omega t$$

所以可得

$$\boldsymbol{E}=\boldsymbol{e}_r\frac{U_m\sin\omega t}{r\ln\dfrac{b}{a}},\ C=\frac{Q}{U}=\frac{2\pi l\varepsilon}{\ln\dfrac{b}{a}}$$

而位移电流密度为

$$\boldsymbol{J}_d=\frac{\partial\boldsymbol{D}}{\partial t}=\varepsilon\frac{\partial\boldsymbol{E}}{\partial t}=\boldsymbol{e}_r\frac{\varepsilon U_m\omega}{r\ln\dfrac{b}{a}}\cos\omega t$$

穿过半径为 r 的柱面的位移电流为

$$i_d=\int_S\boldsymbol{J}_d\cdot d\boldsymbol{S}=\frac{2\pi\varepsilon l}{\ln\dfrac{b}{a}}\omega U_m\cos\omega t=C\frac{du}{dt}$$

式中，$C\dfrac{du}{dt}$ 正是引线中的传导电流 i_c，即 $i_d=i_c$。得证。

5-5　已知空气媒质的无源区域中，电场强度 $\boldsymbol{E}=\boldsymbol{e}_x100e^{-\alpha z}\cos(\omega t-\beta z)$，其中 α，β 为常数，求磁场强度。

解　由题意可知

$$\varepsilon=\varepsilon_0,\ \mu=\mu_0,\ J_S=0,\ \rho_S=0$$

$$\nabla\times\boldsymbol{E}=\begin{vmatrix}\boldsymbol{e}_x & \boldsymbol{e}_y & \boldsymbol{e}_z\\ \dfrac{\partial}{\partial x} & \dfrac{\partial}{\partial y} & \dfrac{\partial}{\partial z}\\ E_x & 0 & 0\end{vmatrix}=\boldsymbol{e}_y\frac{\partial E_x}{\partial z}=-\boldsymbol{e}_y100e^{-\alpha z}[\alpha\cos(\omega t-\beta z)-\beta\sin(\omega t-\beta z)]$$

因为 $-\dfrac{\partial\boldsymbol{B}}{\partial t}=\nabla\times\boldsymbol{E}$，所以

$$\boldsymbol{B}=\boldsymbol{e}_y100e^{-\alpha z}\left[\frac{\beta}{\omega}\cos(\omega t-\beta z)+\frac{\alpha}{\omega}\sin(\omega t-\beta z)\right]$$

可得磁场强度为

$$\boldsymbol{H}=\frac{\boldsymbol{B}}{\mu_0}=\boldsymbol{e}_y100e^{-\alpha z}\left[\frac{\beta}{\omega\mu_0}\cos(\omega t-\beta z)+\frac{\alpha}{\omega\mu_0}\sin(\omega t-\beta z)\right]$$

5－6 证明麦克斯韦方程组包含了电荷守恒定律。

证明 电荷守恒定律的表示式为

$$\nabla\cdot \boldsymbol{J}=-\frac{\partial\rho}{\partial t}$$

麦克斯韦方程组如下：

$$\nabla\times \boldsymbol{H}=\boldsymbol{J}+\frac{\partial \boldsymbol{D}}{\partial t} \tag{1}$$

$$\nabla\times \boldsymbol{E}=-\frac{\partial \boldsymbol{B}}{\partial t} \tag{2}$$

$$\nabla\cdot \boldsymbol{B}=0 \tag{3}$$

$$\nabla\cdot \boldsymbol{D}=\rho \tag{4}$$

对式(1)两边取散度，得

$$\nabla\cdot(\nabla\times \boldsymbol{H})=\nabla\cdot \boldsymbol{J}+\nabla\cdot\frac{\partial \boldsymbol{D}}{\partial t}$$

因为旋度的散度为零，所以

$$\nabla\cdot \boldsymbol{J}+\nabla\cdot\frac{\partial \boldsymbol{D}}{\partial t}=0$$

计及麦克斯韦方程组的式(4)，可得

$$\nabla\cdot \boldsymbol{J}=-\frac{\partial\rho}{\partial t}$$

5－7 在两导体平板($z=0$ 和 $z=d$)之间的空气中传输的电磁波，其电场强度矢量

$$\boldsymbol{E}=\boldsymbol{e}_y E_0\sin\left(\frac{\pi}{d}z\right)\cos(\omega t-k_x x)$$

其中，k_x 为常数。试求：

(1) 磁场强度矢量 $\boldsymbol{H}$；

(2) 两导体表面上的面电流密度 $\boldsymbol{J}_S$。

解 (1) 由麦克斯韦方程可得

$$\nabla\times \boldsymbol{E}=-\boldsymbol{e}_x\frac{\partial E_y}{\partial z}+\boldsymbol{e}_z\frac{\partial E_y}{\partial x}=-\frac{\partial \boldsymbol{B}}{\partial t}$$

对上式积分后得

$$\boldsymbol{B}=\boldsymbol{e}_x\frac{E_0\pi}{d\omega}\cos\left(\frac{\pi}{d}z\right)\sin(\omega t-k_x x)+\boldsymbol{e}_z\frac{E_0 k_x}{\omega}\sin\left(\frac{\pi}{d}z\right)\cos(\omega t-k_x x)$$

即

$$\boldsymbol{H}=\boldsymbol{e}_x\frac{E_0\pi}{d\omega\mu_0}\cos\left(\frac{\pi}{d}z\right)\sin(\omega t-k_x x)+\boldsymbol{e}_z\frac{E_0 k_x}{\omega\mu_0}\sin\left(\frac{\pi}{d}z\right)\cos(\omega t-k_x x)$$

(2) 导体表面上的电流存在于两导体板相向的一面，故在 $z=0$ 表面上，法线 $\boldsymbol{n}=\boldsymbol{e}_z$，面电流密度为

$$\boldsymbol{J}_S=\boldsymbol{e}_z\times \boldsymbol{H}\big|_{z=0}=\boldsymbol{e}_y\frac{E_0\pi}{d\omega\mu_0}\sin(\omega t-k_x x)$$

在 $z=d$ 表面上，法线 $\boldsymbol{n}=-\boldsymbol{e}_z$，面电流密度为

$$\boldsymbol{J}_S=-\boldsymbol{e}_z\times \boldsymbol{H}\big|_{z=d}=\boldsymbol{e}_y\frac{E_0\pi}{d\omega\mu_0}\sin(\omega t-k_x x)$$

5-8　假设真空中的磁感应强度为

$$\boldsymbol{B}=\boldsymbol{e}_y 10^{-2}\cos(6\pi\times 10^8 t)\cos(2\pi z)\ (\mathrm{T})$$

试求位移电流密度。

解　(1) 已知真空媒质的特性为

$$\sigma=0,\ \boldsymbol{J}_c=\sigma\boldsymbol{E}=0,\ \mu_0=4\pi\times 10^{-7}$$

由麦克斯韦方程组可知

$$\nabla\times\boldsymbol{H}=\boldsymbol{J}_c+\boldsymbol{J}_d=\boldsymbol{J}_d$$

所以位移电流为

$$\boldsymbol{J}_d=\nabla\times\boldsymbol{H}$$

而

$$\boldsymbol{H}=\frac{\boldsymbol{B}}{\mu_0}=\boldsymbol{e}_y\frac{10^5}{4\pi}\cos(6\pi\times 10^8 t)\cos(2\pi z)$$

$$\boldsymbol{J}_d=\nabla\times\boldsymbol{H}=\begin{vmatrix}\boldsymbol{e}_x & \boldsymbol{e}_y & \boldsymbol{e}_z\\ \dfrac{\partial}{\partial x} & \dfrac{\partial}{\partial y} & \dfrac{\partial}{\partial z}\\ 0 & H_y & 0\end{vmatrix}=-\boldsymbol{e}_x\frac{\partial H_y}{\partial z}=\boldsymbol{e}_x 0.5\times 10^4\cos(6\pi\times 10^8 t)\sin(2\pi z)$$

(2) 由麦克斯韦方程组可知

$$\nabla\times\boldsymbol{E}=\boldsymbol{e}_x\left(\frac{\partial E_z}{\partial y}-\frac{\partial E_y}{\partial z}\right)-\boldsymbol{e}_y\left(\frac{\partial E_z}{\partial x}-\frac{\partial E_x}{\partial z}\right)+\boldsymbol{e}_z\left(\frac{\partial E_y}{\partial x}-\frac{\partial E_x}{\partial y}\right)=-\frac{\partial\boldsymbol{B}}{\partial t}$$

$$=\boldsymbol{e}_y 6\pi\times 10^6\sin(6\pi\times 10^8 t)\cos(2\pi z)$$

比较可见

$$\frac{\partial E_x}{\partial z}=6\pi\times 10^6\sin(6\pi\times 10^8 t)\cos(2\pi z)$$

对上式积分得

$$E_x=3\times 10^6\sin(6\pi\times 10^8 t)\sin(2\pi z)$$

即

$$\boldsymbol{E}=\boldsymbol{e}_x 3\times 10^6\sin(6\pi\times 10^8 t)\sin(2\pi z)$$

所以，位移电流为

$$\boldsymbol{J}_d=\frac{\partial\boldsymbol{D}}{\partial t}=\varepsilon_0\frac{\partial\boldsymbol{E}}{\partial t}=\boldsymbol{e}_x 0.5\times 10^4\cos(6\pi\times 10^8 t)\sin(2\pi z)$$

5-9　在理想导电壁 ($\sigma=\infty$) 限定的区域 ($0\leqslant x\leqslant a$) 内存在一个如下的电磁场：

$$E_y=H_0\mu\omega\frac{a}{\pi}\sin\left(\frac{\pi x}{a}\right)\sin(kz-\omega t)$$

$$H_x=H_0 k\frac{a}{\pi}\sin\left(\frac{\pi x}{a}\right)\sin(kz-\omega t)$$

$$H_z=H_0\cos\left(\frac{\pi x}{a}\right)\cos(kz-\omega t)$$

这个电磁场满足的边界条件如何？导电壁上的电流密度的值如何？

解　在边界 $x=0$ 处 ($\boldsymbol{n}=\boldsymbol{e}_x$)，有

$$E_y=0,\ H_x=0,\ H_z=H_0\cos(kz-\omega t)$$

所以，导电壁上的电流密度和电荷密度的值为

$$\boldsymbol{J}_{S0}=\boldsymbol{n}\times\boldsymbol{H}\big|_{x=0}=\boldsymbol{e}_x\times\boldsymbol{e}_zH_z\big|_{x=0}=-\boldsymbol{e}_yH_0\cos(kz-\omega t)$$

$$\rho_{S0}=\boldsymbol{n}\cdot\boldsymbol{D}\big|_{x=0}=0$$

在 $x=0$ 处，电磁场满足的边界条件为

$$\boldsymbol{n}\times\boldsymbol{H}=-\boldsymbol{e}_yH_0\cos(kz-\omega t),\ \boldsymbol{n}\times\boldsymbol{E}=\boldsymbol{0},\ \boldsymbol{n}\cdot\boldsymbol{B}=0,\ \boldsymbol{n}\cdot\boldsymbol{D}=0$$

同理，在 $x=a$ 处（$\boldsymbol{n}=-\boldsymbol{e}_x$），有

$$\boldsymbol{J}_{Sa}=\boldsymbol{n}\times\boldsymbol{H}\big|_{x=a}=-\boldsymbol{e}_x\times\boldsymbol{e}_zH_z\big|_{x=a}=-\boldsymbol{e}_yH_0\cos(kz-\omega t),\ \rho_{Sa}=\boldsymbol{n}\cdot\boldsymbol{D}\big|_{x=a}=0$$

$$\boldsymbol{n}\times\boldsymbol{H}=-\boldsymbol{e}_yH_0\cos(kz-\omega t),\ \boldsymbol{n}\times\boldsymbol{E}=\boldsymbol{0},\ \boldsymbol{n}\cdot\boldsymbol{B}=0,\ \boldsymbol{n}\cdot\boldsymbol{D}=0$$

5-10 一段由理想导体构成的同轴线，内导体半径为 a，外导体半径为 b，长度为 L，同轴线两端用理想导体板短路。已知在 $a\leqslant r\leqslant b$，$0\leqslant z\leqslant L$ 区域内的电磁场为

$$\boldsymbol{E}=\boldsymbol{e}_r\frac{A}{r}\sin kz,\ \boldsymbol{H}=\boldsymbol{e}_\theta\frac{B}{r}\cos kz$$

(1) 确定 A、B 之间的关系；

(2) 确定 k；

(3) 求 $r=a$ 及 $r=b$ 面上的 ρ_S、$\boldsymbol{J}_S$。

解 由题意可知，电磁场在同轴线内形成驻波状态。

(1) A、B 之间的关系。因为

$$\nabla\times\boldsymbol{E}=\boldsymbol{e}_\theta\frac{\partial E_r}{\partial z}=\boldsymbol{e}_\theta\frac{Ak}{r}\cos kz=-\mathrm{j}\omega\mu\boldsymbol{H}$$

所以

$$\frac{A}{B}=\frac{-\mathrm{j}\omega\mu}{k}$$

(2) 因为

$$\nabla\times\boldsymbol{H}=\frac{1}{r}\left[-\boldsymbol{e}_r\frac{\partial(rH_\theta)}{\partial z}+\boldsymbol{e}_z\frac{\partial(rH_\theta)}{\partial z}\right]=\boldsymbol{e}_r\frac{Bk}{r}\sin kz=\mathrm{j}\omega\boldsymbol{E}$$

所以

$$\frac{A}{B}=\frac{k}{\mathrm{j}\omega\varepsilon}$$

$$\frac{k}{\mathrm{j}\omega\varepsilon}=\frac{-\mathrm{j}\omega\mu}{k},\ k=\omega\sqrt{\mu\varepsilon}$$

(3) 因为是理想导体构成的同轴线，所以边界条件为

$$\boldsymbol{n}\times\boldsymbol{H}=\boldsymbol{J}_S,\ \boldsymbol{n}\cdot\boldsymbol{D}=\rho_S$$

在 $r=a$ 的导体面上，法线 $\boldsymbol{n}=\boldsymbol{e}_r$，所以

$$\boldsymbol{J}_{Sa}=\boldsymbol{n}\times\boldsymbol{H}\big|_{r=a}=\boldsymbol{e}_z\frac{B}{r}\cos kz\bigg|_{r=a}=\boldsymbol{e}_z\frac{B}{a}\cos kz$$

$$\rho_{Sa}=\boldsymbol{n}\cdot\boldsymbol{D}\big|_{r=a}=\frac{\varepsilon A}{r}\sin kz\bigg|_{r=a}=\frac{\varepsilon A}{a}\sin kz$$

在 $r=b$ 的导体面上，法线 $\boldsymbol{n}=-\boldsymbol{e}_r$，所以

$$\boldsymbol{J}_{Sa}=\boldsymbol{n}\times\boldsymbol{H}\big|_{r=b}=-\boldsymbol{e}_z\frac{B}{r}\cos kz\bigg|_{r=b}=-\boldsymbol{e}_z\frac{B}{a}\cos kz$$

$$\rho_{Sa}=\boldsymbol{n}\cdot\boldsymbol{D}\big|_{r=b}=-\frac{\varepsilon A}{r}\sin kz\bigg|_{r=b}=-\frac{\varepsilon A}{a}\sin kz$$

5-11　一根半径为 a 的长直圆柱导体上通过直流电流 I。假设导体的电导率 σ 为有限值，求导体表面附近的坡印廷矢量，并计算长度为 L 的导体所损耗的功率。

解　直流电流均匀分布在导体横截面上，因为

$$\boldsymbol{J} = \boldsymbol{e}_z \frac{I}{\pi a^2}, \ \boldsymbol{E} = \frac{\boldsymbol{J}}{\sigma}$$

所以

$$\boldsymbol{E} = \boldsymbol{e}_z \frac{I}{\sigma \pi a^2}$$

在导体表面上，有

$$\oint_l \boldsymbol{H} \cdot d\boldsymbol{l} = I, \ \boldsymbol{H} = \boldsymbol{e}_\phi \frac{I}{2\pi a}$$

导体表面上的坡印廷矢量为

$$\boldsymbol{S} = \boldsymbol{E} \times \boldsymbol{H} = -\boldsymbol{e}_r \frac{I^2}{2\pi^2 a^3 \sigma}$$

所以，长度为 L 的导体所消耗的功率为沿表面流进的功率 $P = \int_S (\boldsymbol{E} \times \boldsymbol{H}) \cdot d\boldsymbol{S}$，选取 $d\boldsymbol{S} = -\boldsymbol{e}_r 2\pi r dl$，可以得到

$$P = \frac{I^2 L}{\sigma \pi a^2}$$

5-12　将下列场矢量的瞬时值与复数值相互表示：

(1) $\boldsymbol{E}(t) = \boldsymbol{e}_x E_{ym} \cos(\omega t - kx + a) + \boldsymbol{e}_z E_{zm} \sin(\omega t - kx + a)$；

(2) $\boldsymbol{H}(t) = \boldsymbol{e}_x H_0 k\left(\frac{a}{\pi}\right) \sin\left(\frac{\pi x}{a}\right) \sin(kz - \omega t) + \boldsymbol{e}_z H_0 \cos\left(\frac{\pi x}{a}\right) \cos(kz - \omega t)$；

(3) $\boldsymbol{E}_{zm} = E_0 \sin(k_x x) \sin(k_y y) e^{-jkz}$；

(4) $\boldsymbol{E}_{xm} = 2jE_0 \sin(\theta) \cos(k_x \cos\theta) e^{-jkz\sin\theta}$。

解　根据场量的瞬时值与复数值的相互关系可解得答案如下。

(1) 因为

$$\boldsymbol{E}(x, y, z, t) = \mathrm{Re}\left[\boldsymbol{e}_x E_{ym} e^{j(\omega t - kx + a)} + \boldsymbol{e}_z E_{zm} e^{j\left(\omega t - kx + a - \frac{\pi}{2}\right)}\right]$$

所以

$$\boldsymbol{E}(x, y, z) = (\boldsymbol{e}_x E_{ym} e^{-jkx} - j\boldsymbol{e}_z E_{zm} e^{-jkx}) e^{ja}$$

(2) 因为

$$\boldsymbol{H}(x, y, z, t) = \mathrm{Re}\left[\boldsymbol{e}_x H_0 k\left(\frac{a}{\pi}\right) \sin\left(\frac{\pi x}{a}\right) e^{j\left(\omega t - kz + \frac{\pi}{2}\right)} + \boldsymbol{e}_z H_0 \cos\left(\frac{\pi x}{a}\right) e^{j(\omega t - kz)}\right]$$

所以

$$\boldsymbol{H}(x, y, z) = \boldsymbol{e}_x H_0 k\left(\frac{a}{\pi}\right) \sin\left(\frac{\pi x}{a}\right) e^{j\left(-kz + \frac{\pi}{2}\right)} + \boldsymbol{e}_z H_0 \cos\left(\frac{\pi x}{a}\right) e^{-jkz}$$

(3)

$$\begin{aligned}\boldsymbol{E}(x, y, z, t) &= \mathrm{Re}\left[\boldsymbol{e}_z E_0 \sin(k_x x) \sin(k_y y) e^{-jkz} e^{j\omega t}\right] \\ &= \boldsymbol{e}_z E_0 \sin(k_x x) \sin(k_y y) \cos(\omega t - kz)\end{aligned}$$

(4)

$$\begin{aligned}\boldsymbol{E}(x, y, z, t) &= \mathrm{Re}\left[\boldsymbol{e}_x 2E_0 \sin\theta \cos(k_x x \cos\theta) e^{j\left(-kz\sin\theta + \frac{\pi}{2}\right)} e^{j\omega t}\right] \\ &= \boldsymbol{e}_x 2E_0 \sin\theta \cos(k_x x \cos\theta) \cos\left(\omega t + \frac{\pi}{2} - kz\sin\theta\right)\end{aligned}$$

5-13 一振幅为 50 V/m、频率为 1 GHz 的电场存在于相对介电常数为 2.5、损耗角正切为 0.001 的有耗电介质中，求每立方米电介质中消耗的平均功率。

解 由题意，有

$$\tan\delta_\varepsilon = \frac{\varepsilon''}{\varepsilon'}$$

所以

$$\varepsilon'' = \varepsilon' \cdot \tan\delta_\varepsilon = 0.001 \times 2.5 \times \frac{10^{-9}}{36\pi}$$

单位体积中媒质消耗的平均功率为

$$P = \frac{1}{2}\omega\varepsilon'' E_m^2 = 0.174\ (\mathrm{W/m^2})$$

5-14 已知无源自由空间中的电场强度矢量 $\boldsymbol{E} = \boldsymbol{e}_y E_m \sin(\omega t - kz)$：

(1) 由麦克斯韦方程求磁场强度 $\boldsymbol{H}$；

(2) 证明 ω/k 等于光速；

(3) 求坡印廷矢量的时间平均值。

解 (1) 无源即 $J_S = 0$，$\rho_S = 0$。由麦克斯韦方程可知

$$\nabla \times \boldsymbol{E} = -\boldsymbol{e}_x \frac{\partial E_y}{\partial z} = \boldsymbol{e}_x k E_m \cos(\omega t - kz) = -\mu \frac{\partial \boldsymbol{H}}{\partial t}$$

积分之，并忽略与时间无关(表示静场)的常数，得

$$\boldsymbol{H} = -\boldsymbol{e}_x \frac{kE_m}{\mu_0\omega}\sin(\omega t - kz)$$

(2) 将上式和 $\boldsymbol{D} = \varepsilon_0 \boldsymbol{E}$ 带入麦克斯韦方程 $\nabla \times \boldsymbol{H} = \boldsymbol{J} + \partial \boldsymbol{D}/\partial t$，有

$$\nabla \times \boldsymbol{H} = \boldsymbol{e}_y \frac{\partial H_x}{\partial z} = \boldsymbol{e}_y \frac{k^2 E_m}{\mu_0\omega}\cos(\omega t - kz) = \varepsilon_0 \frac{\partial \boldsymbol{E}}{\partial t} = \boldsymbol{e}_y \varepsilon_0 \omega E_m \cos(\omega t - kz)$$

由此得

$$\frac{k^2}{\mu_0\omega} = \varepsilon_0\omega,\ \frac{\omega^2}{k^2} = \frac{1}{\mu_0\omega_0}$$

即

$$\frac{\omega}{k} = \sqrt{\frac{1}{\mu_0\omega_0}} = c$$

(3) 坡印廷矢量的时间平均值为

$$\boldsymbol{S}_{av} = \frac{1}{T}\int_0^T \boldsymbol{E} \times \boldsymbol{H} \mathrm{d}t = \boldsymbol{e}_z \frac{1}{2}\frac{kE_m^2}{\mu_0\omega}$$

5-15 已知真空中电场强度为

$$\boldsymbol{E}(t) = \boldsymbol{e}_x E_0 \cos k_0(z - ct) + \boldsymbol{e}_y E_0 \sin k_0(z - ct)$$

其中，$k_0 = 2\pi/\lambda_0 = \omega/c$。试求：

(1) 磁场强度和坡印廷矢量的瞬时值；

(2) 对于给定的 z 值(如 $z=0$)，$\boldsymbol{E}$ 随时间变化的轨迹；

(3) 磁场能量密度、电场能量密度和坡印廷矢量的时间平均值。

解 (1) 由麦克斯韦方程可得

$$\nabla\times \boldsymbol{E} = -\boldsymbol{e}_x\frac{\partial E_y}{\partial z}+\boldsymbol{e}_y\frac{\partial E_x}{\partial z}$$
$$= -\boldsymbol{e}_xE_0k_0\cos k_0(z-ct)-\boldsymbol{e}_yE_0k_0\sin k_0(z-ct)$$
$$= -\mu_0\frac{\partial \boldsymbol{H}}{\partial t}$$

对上式积分，得磁场强度的瞬时值为

$$\boldsymbol{H} = -\boldsymbol{e}_x\frac{E_0}{\mu_0 c}\sin k_0(z-ct)+\boldsymbol{e}_y\frac{E_0}{\mu_0 c}\cos k_0(z-ct)$$

故坡印廷矢量的瞬时值为

$$\boldsymbol{S} = \boldsymbol{E}\times\boldsymbol{H} = \boldsymbol{e}_z\frac{E_0^2}{\mu_0 c}$$

(2) 因为 $\boldsymbol{E}$ 的模和幅角分别为

$$|\boldsymbol{E}| = \sqrt{E_x^2+E_y^2} = E_0$$
$$\theta = \tan\frac{E_0\sin k_0(z-ct)}{E_0\cos k_0(z-ct)} = k_0(z-ct)$$

所以，$\boldsymbol{E}$ 随时间变化的轨迹为圆。

(3) 磁场能量密度、电场能量密度和坡印廷矢量的时间平均值分别为

$$w_e = \frac{1}{4}\mathrm{Re}[E\cdot D^*]$$
$$= \frac{1}{4}(\boldsymbol{e}_xE_0\mathrm{e}^{-\mathrm{j}k_0z}+\boldsymbol{e}_yE_0\mathrm{e}^{\mathrm{j}\left(\frac{\pi}{2}-k_0z\right)})\cdot(\boldsymbol{e}_x\varepsilon_0E_0\mathrm{e}^{\mathrm{j}k_0z}+\boldsymbol{e}_y\varepsilon_0E_0\mathrm{e}^{-\mathrm{j}\left(\frac{\pi}{2}-k_0z\right)})$$
$$= \frac{1}{2}\varepsilon_0E_0^2$$

$$w_m = \frac{1}{2}\varepsilon_0E_0^2$$

$$\boldsymbol{S}_{av} = \mathrm{Re}\left[\frac{1}{2}\boldsymbol{E}\times\boldsymbol{H}^*\right] = \boldsymbol{e}_z\frac{E_0^2}{2\mu_0 c}$$

5-16　设真空中同时存在两个正弦电磁场，其电场强度分别为

$$\boldsymbol{E}_1 = \boldsymbol{e}_xE_{10}\mathrm{e}^{-\mathrm{j}k_1z},\ \boldsymbol{E}_2 = \boldsymbol{e}_yE_{20}\mathrm{e}^{-\mathrm{j}k_2z}$$

试证明总的平均功率流密度等于两个正弦电磁场的平均功率流密度之和。

证明　由麦克斯韦方程，有

$$\nabla\times\boldsymbol{E}_1 = \boldsymbol{e}_y\frac{\partial E_x}{\partial z} = \boldsymbol{e}_y(-\mathrm{j}k_1)E_{10}\mathrm{e}^{-\mathrm{j}k_1z} = -\mathrm{j}\omega\mu_0\boldsymbol{H}_1$$

对该式积分，得

$$\boldsymbol{H}_1 = \boldsymbol{e}_y\frac{k_1}{\omega\mu_0}E_{10}\mathrm{e}^{-\mathrm{j}k_1z}$$

故

$$\boldsymbol{S}_1 = \mathrm{Re}\left[\frac{1}{2}\boldsymbol{E}_1\times\boldsymbol{H}_1^*\right] = \boldsymbol{e}_z\frac{k_1E_{10}^2}{2\omega\mu_0}$$

同理可得

$$\nabla\times\boldsymbol{E}_2 = -\boldsymbol{e}_x\frac{\partial E_y}{\partial z} = -\boldsymbol{e}_x(-\mathrm{j}k_2)E_{20}\mathrm{e}^{-\mathrm{j}k_2z} = -\mathrm{j}\omega\mu_0\boldsymbol{H}_1$$

$$\boldsymbol{H}_2 = -\boldsymbol{e}_x \frac{k_2}{\omega\mu_0} E_{20} \mathrm{e}^{-\mathrm{j}k_2 z}$$

$$\boldsymbol{S}_2 = \mathrm{Re}\left[\frac{1}{2}\boldsymbol{E}_2 \times \boldsymbol{H}_2^*\right] = \boldsymbol{e}_z \frac{k_2 E_{20}^2}{2\omega\mu_0}$$

另一方面，因为

$$\boldsymbol{E} = \boldsymbol{E}_1 + \boldsymbol{E}_2$$

$$\nabla \times \boldsymbol{E} = -\boldsymbol{e}_x \frac{\partial E_y}{\partial z} + \boldsymbol{e}_y \frac{\partial E_x}{\partial z} = -\mathrm{j}\omega\mu_0 \boldsymbol{H}$$

所以

$$\boldsymbol{H} = -\boldsymbol{e}_x \frac{k_2}{\omega\mu_0} E_{20} \mathrm{e}^{-\mathrm{j}k_2 z} + \boldsymbol{e}_y \frac{k_1}{\omega\mu_0} E_{10} \mathrm{e}^{-\mathrm{j}k_1 z}$$

$$\boldsymbol{S} = \mathrm{Re}\left[\frac{1}{2}\boldsymbol{E} \times \boldsymbol{H}^*\right] = \boldsymbol{e}_z \frac{1}{2}\left(\frac{k_2 E_{10}^2}{\omega\mu_0} + \frac{k_2 E_{20}^2}{\omega\mu_0}\right) = \boldsymbol{S}_1 + \boldsymbol{S}_2$$

得证。

5-17 证明均匀、线性、各向同性的导电媒质中，无源区域的正弦电磁场满足波动方程：

$$\nabla^2 \boldsymbol{E} - \mathrm{j}\omega\mu\sigma\boldsymbol{E} + \omega^2\mu\varepsilon\boldsymbol{E} = 0$$

$$\nabla^2 \boldsymbol{H} - \mathrm{j}\omega\mu\sigma\boldsymbol{H} + \omega^2\mu\varepsilon\boldsymbol{H} = 0$$

证明 在无源的导电媒质中，正弦电磁场满足的麦克斯韦方程组为

$$\nabla \times \boldsymbol{H} = \sigma\boldsymbol{E} + \mathrm{j}\omega\boldsymbol{D} \tag{1}$$

$$\nabla \times \boldsymbol{E} = -\mathrm{j}\omega\boldsymbol{B} \tag{2}$$

$$\nabla \cdot \boldsymbol{B} = 0 \tag{3}$$

$$\nabla \cdot \boldsymbol{D} = 0 \tag{4}$$

对式(1)两边取旋度，可得

$$\nabla \times \nabla \times \boldsymbol{H} = \sigma\, \nabla \times \boldsymbol{E} + \mathrm{j}\omega\, \nabla \times \boldsymbol{D}$$

由矢量恒等式 $\nabla \times \nabla \times \boldsymbol{A} = \nabla(\nabla \cdot \boldsymbol{A}) - \nabla^2 \boldsymbol{A}$，有

$$\nabla(\nabla \cdot \boldsymbol{H}) - \nabla^2 \boldsymbol{H} = \sigma\, \nabla \times \boldsymbol{E} + \mathrm{j}\omega\, \nabla \times \boldsymbol{D}$$

由式(2)、(3)可得

$$\nabla^2 \boldsymbol{H} = -\sigma\, \nabla \times \boldsymbol{E} - \mathrm{j}\omega\varepsilon\, \nabla \times \boldsymbol{E} = \mathrm{j}\omega\sigma\boldsymbol{B} - \omega^2\varepsilon\boldsymbol{B}$$

所以

$$\nabla^2 \boldsymbol{H} - \mathrm{j}\omega\mu\sigma\boldsymbol{H} + \omega^2\mu\varepsilon\boldsymbol{H} = 0$$

同理可证

$$\nabla^2 \boldsymbol{E} - \mathrm{j}\omega\mu\sigma\boldsymbol{E} + \omega^2\mu\varepsilon\boldsymbol{E} = 0$$

5-18 证明有源区域的电场强度矢量 $\boldsymbol{E}$ 和磁场强度矢量 $\boldsymbol{H}$ 满足有源波动方程：

$$\nabla^2 \boldsymbol{E} - \mu\varepsilon \frac{\partial^2 \boldsymbol{E}}{\partial t^2} = \frac{1}{\varepsilon}\nabla\rho + \mu \frac{\partial \boldsymbol{J}}{\partial t}$$

$$\nabla^2 \boldsymbol{H} - \mu\varepsilon \frac{\partial^2 \boldsymbol{H}}{\partial t^2} = -\nabla \times \boldsymbol{J}$$

证明 麦克斯韦方程组为

$$\nabla \times \boldsymbol{H} = \boldsymbol{J} + \frac{\partial \boldsymbol{D}}{\partial t} \tag{1}$$

$$\nabla\times \boldsymbol{E} = -\frac{\partial \boldsymbol{B}}{\partial t} \tag{2}$$

$$\nabla\cdot \boldsymbol{B} = 0 \tag{3}$$

$$\nabla\cdot \boldsymbol{D} = \rho \tag{4}$$

对式(1)两边取散度，得

$$\begin{aligned}\nabla\cdot \nabla\times \boldsymbol{H} &= \nabla(\nabla\cdot \boldsymbol{H}) - \nabla^2 \boldsymbol{H}\\ &= \nabla\times \boldsymbol{J} + \nabla\times \frac{\partial \boldsymbol{D}}{\partial t}\\ &= \nabla\times \boldsymbol{J} + \varepsilon \frac{\partial(\nabla\times \boldsymbol{E})}{\partial t}\\ &= \nabla\times \boldsymbol{J} - \mu\varepsilon \frac{\partial^2 \boldsymbol{H}}{\partial t^2}\end{aligned}$$

计及式(3)可得

$$\nabla^2 \boldsymbol{H} - \mu\varepsilon \frac{\partial^2 \boldsymbol{H}}{\partial t^2} = -\nabla\times \boldsymbol{J}$$

同理可证

$$\nabla\times \nabla\times \boldsymbol{E} = \nabla(\nabla\cdot \boldsymbol{E}) - \nabla^2 \boldsymbol{E} = \frac{1}{\varepsilon}\nabla\rho - \nabla^2 \boldsymbol{E} = -\frac{\partial(\nabla\times \boldsymbol{B})}{\partial t}$$

$$= -\mu\frac{\partial \boldsymbol{J}}{\partial t} - \mu\varepsilon\frac{\partial^2 \boldsymbol{E}}{\partial t^2}$$

由此可得

$$\nabla^2 \boldsymbol{E} - \mu\varepsilon \frac{\partial^2 \boldsymbol{E}}{\partial t^2} = \frac{1}{\varepsilon}\nabla\rho + \mu\frac{\partial \boldsymbol{J}}{\partial t}$$

5－19　在麦克斯韦方程中，若忽略 $\frac{\partial \boldsymbol{D}}{\partial t}$ 或 $\frac{\partial \boldsymbol{B}}{\partial t}$，证明矢量磁位和标量电位满足泊松方程：

$$\nabla^2 \boldsymbol{A} = -\mu\boldsymbol{J},\ \nabla^2\varphi = -\frac{\rho}{\varepsilon}$$

证明　在题给条件下的麦克斯韦方程组为

$$\nabla\times \boldsymbol{H} = \boldsymbol{J} \tag{1}$$

$$\nabla\times \boldsymbol{E} = \boldsymbol{0} \tag{2}$$

$$\nabla\cdot \boldsymbol{B} = 0 \tag{3}$$

$$\nabla\cdot \boldsymbol{D} = \rho \tag{4}$$

根据矢量位的定义和矢量恒等式有

$$\boldsymbol{B} = \nabla\times \boldsymbol{A} = \mu\boldsymbol{H}$$

$$\nabla\times \nabla\times \boldsymbol{A} = \nabla(\nabla\cdot \boldsymbol{A}) - \nabla^2 \boldsymbol{A} = \mu\,\nabla\times \boldsymbol{H} = \mu\boldsymbol{J}$$

取库伦规范 $\nabla\cdot \boldsymbol{A} = 0$，得

$$\nabla^2 \boldsymbol{A} = -\mu\boldsymbol{J}$$

同理可证

$$\boldsymbol{E} = -\nabla\varphi,\ \nabla\cdot \boldsymbol{E} = -\nabla\cdot \nabla\varphi = -\nabla^2\varphi,\ \nabla\cdot \boldsymbol{D} = -\varepsilon\,\nabla^2\varphi = \rho$$

所以

$$\nabla^2\varphi=-\frac{\rho}{\varepsilon}$$

得证。

5-20 证明洛仑兹条件和电流连续方程是等效的。

证明 洛仑兹条件为

$$\nabla\cdot\boldsymbol{A}+\mu\varepsilon\frac{\partial\varphi}{\partial t}=0$$

对上式两边进行 ∇^2 运算，考虑到 $\nabla^2(\nabla\cdot\boldsymbol{A})=\nabla\cdot(\nabla^2\boldsymbol{A})$，并将 $\boldsymbol{A}$、φ 的波动方程，即

$$\nabla^2\boldsymbol{A}-\mu\varepsilon\frac{\partial^2\boldsymbol{A}}{\partial t^2}=-\mu\boldsymbol{J}$$

$$\nabla^2\varphi-\mu\varepsilon\frac{\partial^2\varphi}{\partial t^2}=-\frac{\rho}{\varepsilon}$$

代入上式，得

$$\mu\varepsilon\frac{\partial^2}{\partial t^2}\left(\nabla\cdot\boldsymbol{A}+\mu\varepsilon\frac{\partial\varphi}{\partial t}\right)=\mu\left(\nabla\cdot\boldsymbol{J}+\frac{\partial\rho}{\partial t}\right)$$

再将洛仑兹条件代入上式左边，便得到电流连续性方程：

$$\nabla\cdot\boldsymbol{J}+\frac{\partial\rho}{\partial t}=0$$

得证。

第 6 章　均匀平面电磁波

6.1　基本内容与公式

1. 无耗媒质中的平面电磁波

在无耗媒质中，沿正 z 轴方向传输的均匀平面电磁波的电场(复数值)为

$$\boldsymbol{E} = \boldsymbol{e}_x E_0 \mathrm{e}^{-\mathrm{j}kz}$$

其瞬时值为

$$\boldsymbol{E} = \boldsymbol{e}_x E_{\mathrm{m}} \cos(\omega t - kz + \phi_0)$$

该平面波的磁场为

$$\boldsymbol{H} = \boldsymbol{e}_y \frac{1}{\eta} E_0 \mathrm{e}^{-\mathrm{j}kz}$$

其中，$\eta = \sqrt{\dfrac{\mu}{\varepsilon}}$，为媒质的本征阻抗。磁场的瞬时值为

$$\boldsymbol{H} = \boldsymbol{e}_y \frac{1}{\eta} E_{\mathrm{m}} \cos(\omega t - kz + \phi_0)$$

这一平面电磁波的参数如下：传播方向为 $+z$ 轴方向；电场振动方向为 $+x$ 轴方向；周期 $T = \dfrac{2\pi}{\omega}$；频率 $f = \dfrac{1}{T} = \dfrac{\omega}{2\pi}$；波长 $\lambda = \dfrac{2\pi}{k}$；相移常数 $k = \dfrac{2\pi}{\lambda} = \omega\sqrt{\mu\varepsilon}$；相速度 $v = \dfrac{\omega}{k} = \dfrac{1}{\sqrt{\mu\varepsilon}}$。

在无耗媒质中，均匀平面电磁波的电场能量密度和磁场能量密度相等。

2. 有耗媒质中的平面电磁波

有耗媒质的复介电常数为 $\varepsilon' = \varepsilon\left(1 - \dfrac{\sigma}{\omega\varepsilon}\right)$，沿 z 轴方向传播的平面波为

$$E_x = E_{\mathrm{m}} \mathrm{e}^{-\alpha z} \mathrm{e}^{-\mathrm{j}\beta z}$$

$$H_y = \frac{E_{\mathrm{m}}}{|\tilde{\eta}|} \mathrm{e}^{-\varepsilon z} \mathrm{e}^{-\mathrm{j}\beta z - \mathrm{j}\theta}$$

其中，α 为衰减常数，β 为相移常数，$\tilde{\eta}$ 为复波阻抗。这三个值的表示式分别为

$$\alpha = \omega\sqrt{\frac{\mu\varepsilon}{2}}\left[\sqrt{1 + \left(\frac{\sigma}{\omega\varepsilon}\right)^2} - 1\right]^{\frac{1}{2}}$$

$$\beta = \omega\sqrt{\frac{\mu\varepsilon}{2}}\left[\sqrt{1 + \left(\frac{\sigma}{\omega\varepsilon}\right)^2} + 1\right]^{\frac{1}{2}}$$

$$\tilde{\eta} = \sqrt{\frac{\mu}{\varepsilon - \mathrm{j}\dfrac{\sigma}{\omega}}} = |\tilde{\eta}| \mathrm{e}^{\mathrm{j}\theta}$$

当导电媒质满足条件 $\frac{\sigma}{\omega\varepsilon} \ll 1$ 时，称为低损耗介质。在这种情形下，波的各参数近似为

$$\alpha \approx \frac{\sigma}{2}\sqrt{\frac{\mu}{\varepsilon}}$$

$$\beta \approx \omega\sqrt{\mu\varepsilon}$$

$$\tilde{\eta} \approx \sqrt{\frac{\mu}{\varepsilon}}$$

当导电媒质满足条件 $\frac{\sigma}{\omega\varepsilon} \gg 1$ 时，称为良导体。此时，各参数为

$$\alpha = \beta \approx \sqrt{\frac{\omega\mu\sigma}{2}}$$

$$\tilde{\eta} = \sqrt{\frac{\omega\mu}{\sigma}}\,e^{j\frac{\pi}{4}}$$

3. 电磁波的极化

极化是指固定空间点上，平面电磁波的电场强度 $\boldsymbol{E}$ 的取向随时间变化的方式。通常电场强度分解两个正交分量，即

$$\boldsymbol{E} = \boldsymbol{e}_x E_{m1}\cos(\omega t - kz + \phi_1) + \boldsymbol{e}_y E_{m2}\cos(\omega t - kz + \phi_2)$$

一般情况下，电场 $\boldsymbol{E}$ 的端点随时间变化的轨迹是一个椭圆，称其为椭圆极化波。

当 $\phi_1 - \phi_2 = 0$ 或 π 时，为线极化波。

当 $\phi_1 - \phi_2 = \pm\frac{\pi}{2}$，且 $E_{m1} = E_{m2}$ 时，为一圆极化波。其中 $\phi_1 - \phi_2 = \frac{\pi}{2}$ 时，电场从 x 轴旋向 y 轴，是右旋圆极化；$\phi_1 - \phi_2 = -\frac{\pi}{2}$ 时，电场从 y 轴旋向 x 轴，是左旋圆极化。

对于椭圆极化波，$\pi > \phi_1 - \phi_2 > 0$ 时，是右旋；$-\pi < \phi_1 - \phi_2 < 0$ 时，是左旋。

4. 各向异性媒质中的平面电磁波

磁化等离子体的介电常数是一个张量，若电磁波沿 z 轴方向传播，外加的磁场也沿 z 轴方向，则低温等离子体的张量介电常数为

$$\|\varepsilon\| = \begin{bmatrix} \varepsilon_1 & j\varepsilon_2 & 0 \\ -j\varepsilon_2 & \varepsilon_1 & 0 \\ 0 & 0 & \varepsilon_3 \end{bmatrix}$$

其中，

$$\varepsilon_1 = \varepsilon_0\left(1 + \frac{\omega_p^2}{\omega_c^2 - \omega^2}\right)$$

$$\varepsilon_2 = \varepsilon_0\,\frac{\omega_p^2}{\omega_c^2 - \omega^2}\,\frac{\omega_c}{\omega}$$

$$\varepsilon_3 = \varepsilon_0\left(1 - \frac{\omega_p^2}{\omega^2}\right)$$

$$\omega_p^2 = \frac{Ne^2}{m\varepsilon_0},\ \omega_c = \frac{eB_0}{m}$$

沿 z 轴方向传播的平面电磁波的传播常数为 $k_\pm^2 = \omega^2\mu_0(\varepsilon_1 \pm \varepsilon_2)$，其中“+”号对应正旋圆极化波，“−”号对应反旋圆极化波。

磁化铁氧体的磁导率是一个张量，为

$$\|\mu\| = \begin{bmatrix} \mu_1 & \mathrm{j}\mu_2 & 0 \\ -\mathrm{j}\mu_2 & \mu_1 & 0 \\ 0 & 0 & \mu_3 \end{bmatrix}$$

其中，

$$\mu_1 = \mu_0\left(1+\frac{\omega_c\omega_m}{\omega_c^2-\omega^2}\right)$$

$$\mu_2 = \mu_0\frac{\omega\omega_m}{\omega_c^2-\omega^2}$$

$$\mu_3 = \mu_0$$

沿 z 轴方向传播的平面电磁波的相移常数为 $k_{\pm}^2=\omega^2\varepsilon_0(\mu_1\pm\mu_2)$，其中“+”号对应正旋圆极化波，“－”号对应反旋圆极化波。

5. 色散与群速

波的相移常数 β 与 ω 的关系称为色散关系。相速 $v_p=\dfrac{\omega}{\beta}$，群速 $v_g=\dfrac{d\omega}{d\beta}$。

6.2 典型例题

例 6-1 已知无耗媒质 $\varepsilon=9\varepsilon_0$，$\mu=\mu_0$，$\sigma=0$ 中正弦均匀平面电磁波的频率 $f=10^8$ Hz，电场强度为

$$\boldsymbol{E}=\boldsymbol{e}_x 4\mathrm{e}^{-\mathrm{j}kz}+\boldsymbol{e}_y 3\mathrm{e}^{-\mathrm{j}kz+\mathrm{j}\frac{\pi}{3}}$$

试求：

(1) 均匀平面电磁波的相速 v_p、波长 λ、相移常数 k 和波阻抗 η。

(2) 电场强度和磁场强度的瞬时表达式。

(3) 与电磁波传播方向垂直的单位面积上通过的平均功率。

解 (1) 该平面波的相速为

$$v_p=\frac{1}{\sqrt{\mu\varepsilon}}=\frac{1}{\sqrt{9\varepsilon_0\mu_0}}=\frac{c}{3}=1.0\times10^8\ (\mathrm{m/s})$$

波长为

$$\lambda=\frac{v_p}{f}=\frac{1.0\times10^8}{1.0\times10^8}=1\ (\mathrm{m})$$

相移常数为

$$k=\frac{2\pi}{\lambda}=\frac{2\pi}{1.0}=2\pi\ (\mathrm{rad/m})$$

波阻抗为

$$\eta=\sqrt{\frac{\mu}{\varepsilon}}=\sqrt{\frac{\mu_0}{9\varepsilon_0}}=\frac{120\pi}{3}=40\pi\ (\Omega)$$

(2) 电场强度和磁场强度的瞬时值分别为

$$\boldsymbol{E}(r,t)=4\boldsymbol{e}_x\cos(2\pi\times10^8t-2\pi z)+3\boldsymbol{e}_y\cos\left(2\pi\times10^8t-2\pi z+\frac{\pi}{3}\right)\ (\mathrm{V/m})$$

$$\boldsymbol{H}(r,\ t)=\frac{1}{10\pi}\boldsymbol{e}_y\cos(2\pi\times10^8t-2\pi z)-\frac{3}{40\pi}\boldsymbol{e}_x\cos\left(2\pi\times10^8t-2\pi z+\frac{\pi}{3}\right)(\text{V/m})$$

(3) 坡印廷矢量平均值为

$$\boldsymbol{S}_{\text{av}}=\frac{\boldsymbol{e}_z}{2\eta}\,|E|^2=\boldsymbol{e}_z\,\frac{25}{80\pi}=\boldsymbol{e}_z\,\frac{5}{16\pi}\ (\text{W/m}^2)$$

单位面积上的平均功率为

$$P=\frac{5}{16\pi}\ (\text{W/m}^2)$$

例 6-2 假设真空中一平面的磁场强度矢量为

$$\boldsymbol{H}=10^{-6}\left(\frac{3}{2}\boldsymbol{e}_x+\boldsymbol{e}_y+\boldsymbol{e}_z\right)\cos\left[\omega t+\pi\left(x-y-\frac{1}{2}z\right)\right](\text{A/m})$$

试求：

(1) 波的传播方向。

(2) 波长和频率。

(3) 电场强度矢量。

(4) 坡印廷矢量的平均值。

解 (1) 由磁场强度的表达式可得

$$\boldsymbol{k}\cdot\boldsymbol{r}=-\pi\left(x-y-\frac{1}{2}z\right)$$

$$\boldsymbol{k}=\pi\left(-\boldsymbol{e}_x+\boldsymbol{e}_y+\frac{1}{2}\boldsymbol{e}_z\right)$$

$$k=\frac{3}{2}\pi\quad(\text{rad/m})$$

传播方向的单位矢量为

$$\boldsymbol{n}=\frac{\boldsymbol{k}}{k}=\frac{2}{3}\left(-\boldsymbol{e}_x+\boldsymbol{e}_y+\frac{1}{2}\,\boldsymbol{e}_z\right)$$

(2) 波长和频率为

$$\lambda=\frac{2\pi}{k}=\frac{4}{3}\ (\text{m})$$

$$f=\frac{c}{\lambda}=\frac{3\times10^8}{\frac{4}{3}}=2.25\times10^8(\text{Hz})$$

(3) $\boldsymbol{E}=-\eta\boldsymbol{n}\times\boldsymbol{H}$

$$=4\pi\times10^{-5}\left(-\boldsymbol{e}_x-\frac{7}{2}\boldsymbol{e}_y+5\boldsymbol{e}_z\right)\cos\left[4.5\pi\times10^8t+\pi\left(x-y-\frac{1}{2}z\right)\right](\text{A/m})$$

(4) 坡印廷矢量平均值为

$$\boldsymbol{S}=\frac{1}{2}\boldsymbol{n}\eta H_{\text{m}}^2\approx\frac{8}{3}\times10^{-10}(-2\boldsymbol{e}_x+2\boldsymbol{e}_y+\boldsymbol{e}_z)\ (\text{W/m}^2)$$

例 6-3 海水的电磁参数是 $\varepsilon_{\text{r}}=81$，$\mu_{\text{r}}=1$，$\sigma=4\ \text{S/m}$，频率为 3 kHz 和 30 MHz 的电磁波在紧靠海平面下侧处的电场强度为 1 V/m。试求：

(1) 电场强度衰减为 1 μV/m 处的深度。

(2) 频率为 3 kHz 的电磁波从海平面下侧向海水中传播的平均功率流密度。

解　(1) 当频率为 3 kHz 时，有

$$\frac{\sigma}{\omega\varepsilon}=\frac{4}{2\pi\times3\times10^{3}\times\dfrac{1}{36\pi}\times10^{-9}}=0.296\times10^{6}\gg1$$

所以在这一频率下，海水是良导体，故

$$\alpha=\sqrt{\frac{\omega\mu\sigma}{2}}=\left(6\pi\times10^{3}\times4\pi\times10^{-7}\times4\times\frac{1}{2}\right)^{\frac{1}{2}}=0.218$$

$$l=\frac{1}{\alpha}\ln\frac{|\boldsymbol{E}_0|}{|\boldsymbol{E}|}=\frac{1}{0.218}\ln10^{6}=63.3\ (\text{m})$$

当频率为 30 MHz 时，有

$$\frac{\sigma}{\omega\varepsilon}=\frac{4}{2\pi\times3\times10^{7}\times\dfrac{1}{36\pi}\times10^{-9}}=29.6$$

此时既不能用良导体近似，也不能使用低损耗媒质近似。所以有

$$\alpha=\omega\left\{\frac{\mu\varepsilon}{2}\left[\sqrt{1+\left(\frac{\sigma}{\omega\varepsilon}\right)^{2}}-1\right]\right\}^{\frac{1}{2}}=21.9$$

$$l=\frac{1}{\alpha}\ln\frac{|\boldsymbol{E}_0|}{|\boldsymbol{E}|}=\frac{1}{21.8}\ln10^{6}=0.634\ (\text{m})$$

(2) 当频率为 3 kHz 时的平均功率流密度为

$$S_{\text{av}}=\frac{1}{2}E_0^2\sqrt{\frac{\sigma}{2\omega\mu}}=\frac{\sigma}{4\alpha}E_0^2=\frac{1}{0.218}=4.6\ (\text{W/m}^2)$$

例 6-4　已知真空中均匀平面电磁波的磁感应强度为

$$\boldsymbol{B}=(\boldsymbol{e}_x+\boldsymbol{e}_y)\,10^{-6}\sin(6\pi\times10^{8}t-2\pi z)\ (\text{T})$$

试求：

(1) 电场强度的瞬时值；

(2) 坡印廷矢量的瞬时值。

解　(1)

$$\boldsymbol{E}=-\eta\boldsymbol{n}\times\boldsymbol{H}=-\frac{\eta}{\mu_0}\boldsymbol{n}\times\boldsymbol{B}=-c\boldsymbol{n}\times\boldsymbol{B}$$

$$=(\boldsymbol{e}_x-\boldsymbol{e}_y)300\sin(6\pi\times10^{8}t-2\pi z)\ (\text{V/m})$$

(2)

$$\boldsymbol{S}=\boldsymbol{E}\times\boldsymbol{H}=\boldsymbol{n}E_{\text{m}}^2\frac{1}{\eta_0}\sin^2(6\pi\times10^{8}t-2\pi z)$$

$$=\boldsymbol{e}_z\frac{1500}{\pi}\sin^2(6\pi\times10^{8}t-2\pi z)\ (\text{W/m}^2)$$

例 6-5　已知理想介质中传播的均匀平面波的电磁场为

$$\boldsymbol{E}=\boldsymbol{e}_x10\cos(6\pi\times10^{7}t-0.8\pi z)\ (\text{V/m})$$

$$\boldsymbol{H}=\boldsymbol{e}_y\frac{1}{6\pi}\cos(6\pi\times10^{7}t-0.8\pi z)\ (\text{A/m})$$

求介质的介电常数和磁导率。

解

$$\eta=\frac{E_{\text{m}}}{H_{\text{m}}}=\frac{10}{\dfrac{1}{6\pi}}=60\pi=\sqrt{\frac{\mu}{\varepsilon}}=120\pi\sqrt{\frac{\mu_{\text{r}}}{\varepsilon_{\text{r}}}}$$

即

$$\sqrt{\frac{\mu_r}{\varepsilon_r}}=\frac{1}{2}$$

$$v_p=\frac{\omega}{k}=\frac{6\pi\times10^7}{0.8\pi}=\frac{3}{4}\times10^8=\sqrt{\frac{1}{\mu\varepsilon}}=\frac{3\times10^8}{\sqrt{\varepsilon_r\mu_r}}$$

也即 $\sqrt{\varepsilon_r\mu_r}=4$，解之得 $\varepsilon=8\varepsilon_0$，$\mu=2\mu_0$。

例 6－6 对于一个在理想介质中传输的时谐谐均匀平面波，其电场强度为 $\boldsymbol{E}=\boldsymbol{E}_0\mathrm{e}^{-\mathrm{j}\boldsymbol{k}\cdot\boldsymbol{r}}$，试证明：

(1) $\nabla(\mathrm{e}^{-\mathrm{j}\boldsymbol{k}\cdot\boldsymbol{r}})=-j\boldsymbol{k}\mathrm{e}^{-\mathrm{j}\boldsymbol{k}\cdot\boldsymbol{r}}$；

(2) $\nabla\cdot\boldsymbol{E}=-\mathrm{j}\boldsymbol{k}\cdot\boldsymbol{E}$；

(3) $\nabla\times\boldsymbol{E}=-\mathrm{j}\boldsymbol{k}\times\boldsymbol{E}$；

(4) $\nabla^2\boldsymbol{E}=-k^2\boldsymbol{E}$。

证明 (1)

$$\nabla(\mathrm{e}^{-\mathrm{j}\boldsymbol{k}\cdot\boldsymbol{r}})=-\mathrm{j}\mathrm{e}^{-\mathrm{j}\boldsymbol{k}\cdot\boldsymbol{r}}\nabla(\boldsymbol{k}\cdot\boldsymbol{r})$$

又因为

$$\begin{aligned}\nabla(\boldsymbol{k}\cdot\boldsymbol{r})&=\nabla(k_xx+k_yy+k_zz)\\&=k_x\boldsymbol{e}_x+k_y\boldsymbol{e}_y+k_z\boldsymbol{e}_z\\&=\boldsymbol{k}\end{aligned}$$

所以

$$\nabla(\mathrm{e}^{-\mathrm{j}\boldsymbol{k}\cdot\boldsymbol{r}})=-\mathrm{j}\boldsymbol{k}\mathrm{e}^{-\mathrm{j}\boldsymbol{k}\cdot\boldsymbol{r}}$$

(2)

$$\begin{aligned}\nabla\cdot\boldsymbol{E}&=\nabla\cdot(\boldsymbol{E}_0\mathrm{e}^{-\mathrm{j}\boldsymbol{k}\cdot\boldsymbol{r}})\\&=[\nabla(\mathrm{e}^{-\mathrm{j}\boldsymbol{k}\cdot\boldsymbol{r}})]\cdot\boldsymbol{E}_0\\&=(-\mathrm{j}\boldsymbol{k}\mathrm{e}^{-\mathrm{j}\boldsymbol{k}\cdot\boldsymbol{r}})\cdot\boldsymbol{E}_0\\&=-\mathrm{j}\boldsymbol{k}\cdot\boldsymbol{E}\end{aligned}$$

(3)

$$\begin{aligned}\nabla\times\boldsymbol{E}&=\nabla\times(\boldsymbol{E}_0\mathrm{e}^{-\mathrm{j}\boldsymbol{k}\cdot\boldsymbol{r}})\\&=[\nabla(\mathrm{e}^{-\mathrm{j}\boldsymbol{k}\cdot\boldsymbol{r}})]\times\boldsymbol{E}_0\\&=(-j\boldsymbol{k}\mathrm{e}^{-\mathrm{j}\boldsymbol{k}\cdot\boldsymbol{r}})\times\boldsymbol{E}_0\\&=-\mathrm{j}\boldsymbol{k}\times\boldsymbol{E}\end{aligned}$$

(4)

$$\nabla^2\boldsymbol{E}=\nabla^2(\boldsymbol{E}_0\mathrm{e}^{-\mathrm{j}\boldsymbol{k}\cdot\boldsymbol{r}})$$

因为 $\boldsymbol{E}_0$ 是常矢量，所以

$$\begin{aligned}\nabla^2(\boldsymbol{E}_0\mathrm{e}^{-\mathrm{j}\boldsymbol{k}\cdot\boldsymbol{r}})&=\boldsymbol{E}_0\nabla^2(\mathrm{e}^{-\mathrm{j}\boldsymbol{k}\cdot\boldsymbol{r}})\\&=\boldsymbol{E}_0\nabla\cdot\nabla(\mathrm{e}^{-\mathrm{j}\boldsymbol{k}\cdot\boldsymbol{r}})\\&=\boldsymbol{E}_0\nabla\cdot(-\mathrm{j}\boldsymbol{k}\mathrm{e}^{-\mathrm{j}\boldsymbol{k}\cdot\boldsymbol{r}})\\&=\boldsymbol{E}_0(-\mathrm{j}\boldsymbol{k}\cdot\nabla\mathrm{e}^{-\mathrm{j}\boldsymbol{k}\cdot\boldsymbol{r}})\\&=\boldsymbol{E}_0[-\mathrm{j}\boldsymbol{k}\cdot(-\mathrm{j}k\mathrm{e}^{-\mathrm{j}\boldsymbol{k}\cdot\boldsymbol{r}})]\\&=\boldsymbol{E}_0[-\mathrm{j}\boldsymbol{k}\cdot(-\mathrm{j}\boldsymbol{k})\mathrm{e}^{-\mathrm{j}\boldsymbol{k}\cdot\boldsymbol{r}}]\\&=-k^2\boldsymbol{E}\end{aligned}$$

例 6－7 证明均匀平面电磁波在良导体中传播时，每波长内场强的衰减约为 55 dB。

证明 在良导体内，有

$$\alpha=\beta\approx\sqrt{\frac{\omega\mu\sigma}{2}}$$

设良导体内电场为

$$E_x = E_m e^{-\alpha z} e^{-j\beta z}$$

则在 $z=\lambda$ 处的电场强度与 $z=0$ 处的电场强度振幅之比为

$$\frac{|E|}{E_m} = e^{-\alpha\lambda} = e^{-\beta\lambda} = e^{-2\pi}$$

将这个比值改写为分贝，即

$$20\lg(e^{-2\pi}) = -40\pi\lg e \approx -54.6\ \text{dB}$$

所以，每波长内场强的衰减约为 55 dB。

例 6-8 如果大地的电导率 $\sigma = 5\times10^{-3}$ S/m，介电常数 $\varepsilon = 10\varepsilon_0$，求将大地看做良导体时的最高频率。

解 工程上一般以 $\frac{\sigma}{\omega\varepsilon} > 100$ 作为 $\frac{\sigma}{\omega\varepsilon} \gg 1$，代入数值得

$$\omega < \frac{\sigma}{100\varepsilon} = \frac{5\times10^{-3}}{100\times10\times\frac{10^{-9}}{36\pi}} = 1.8\pi\times10^5$$

$$f < 9\times10^4\ \text{Hz}$$

所以，可以将大地看做是良导体的最高频率为 90 kHz。

例 6-9 海水的电磁参数是 $\varepsilon_r = 80$，$\mu_r = 1$，$\sigma = 1$ S/m，当频率分别为 100 MHz 和 10 kHz 时，求电磁波的衰减常数、相移常数、相速度和波长。

解 (1) 先求 $f=100$ MHz 时传导电流与位移电流的幅值比，即

$$\frac{\sigma}{\omega\varepsilon} = \frac{1}{80\times\frac{10^{-9}}{36\pi}\times2\pi f} = 2.25$$

衰减常数为

$$\alpha = \omega\sqrt{\frac{\mu\varepsilon}{2}}\left[\sqrt{1+\left(\frac{\sigma}{\omega\varepsilon}\right)^2}-1\right]^{\frac{1}{2}} = 16.01\ (\text{m}^{-1})$$

相移常数为

$$\beta = \omega\sqrt{\frac{\mu\varepsilon}{2}}\left[\sqrt{1+\left(\frac{\sigma}{\omega\varepsilon}\right)^2}+1\right]^{\frac{1}{2}} = 24.68\ (\text{rad/m})$$

相速度为

$$v_p = \frac{\omega}{\beta} = \frac{2\pi\times10^8}{24.68} = 0.255\times10^8\ (\text{m/s})$$

波长为

$$\lambda = \frac{v_p}{f} = 0.255\ (\text{m})$$

(2) 当 $f=10$ kHz 时，传导电流与位移电流的幅值比为

$$\frac{\sigma}{\omega\varepsilon} = \frac{1}{80\times\frac{10^{-9}}{36\pi}\times2\pi f} = 2.25\times10^4 \gg 1$$

此时，可以用良导体近似：

$$\alpha = \beta \approx \sqrt{\frac{\omega\mu\sigma}{2}} = \left(2\pi\times10^4\times4\pi\times10^{-7}\times\frac{1}{2}\right)^{\frac{1}{2}} = 0.1986$$

相速度为

$$v_p = \frac{\omega}{\beta} = \frac{2\pi \times 10^4}{0.1986} = 3.16 \times 10^5 (\text{m/s})$$

波长为

$$\lambda = \frac{3.16 \times 10^5}{10^4} = 31.6\ (\text{m})$$

例 6-10 空气中有一个频率为 1000 MHz，电场强度的振幅为 1 V/m 的均匀平面电磁波垂直入射到铜的表面，已知铜的电导率为 5.8×10^7 S/m，铜的相对磁导率为 1，求每平方米铜表面所吸收的功率。

解 因为

$$\frac{\sigma}{\omega\varepsilon} = \frac{5.8 \times 10^7}{2\pi \times 10^9 \times \frac{10^{-9}}{36\pi}} = 1.044 \times 10^9 \gg 1$$

因而铜可以看做是良导体。

入射波的磁场振幅为

$$H_{01} = \frac{E_m}{\eta_0} = \frac{1}{120\pi}$$

铜表面的面电流为

$$J_S \approx 2H_{01} = \frac{2}{120\pi} = \frac{1}{60\pi}$$

每平方米铜所吸收的功率近似为

$$P \approx \frac{1}{2} J_S^2 R_S = \frac{1}{2}\left(\frac{1}{60\pi}\right)^2 \sqrt{\frac{\pi f \mu}{\sigma}}$$

代入数值得

$$P \approx 1.16 \times 10^{-7} (\text{W})$$

例 6-11 证明在理想介质中，平面电磁波的坡印廷矢量平均值等于平均能量密度乘以相速。

证明 设电磁波的电场沿 x 轴方向极化，向 z 轴方向传输，即

$$\boldsymbol{E} = E_m \boldsymbol{e}_x \cos(\omega t - kz)$$

$$\boldsymbol{H} = \frac{E_m}{\eta} \boldsymbol{e}_y \cos(\omega t - kz)$$

坡印廷矢量的时间平均值为

$$\boldsymbol{S}_{av} = \boldsymbol{e}_z \frac{E_m^2}{2\eta}$$

该波的平均电磁能密度为

$$w_{av} = w_e + w_m = \frac{1}{4}\varepsilon E_m^2 + \frac{1}{4}\mu H_m^2 = \frac{1}{2}\varepsilon E_m^2$$

$$v_p w_{av} = \frac{1}{\sqrt{\mu\varepsilon}} \frac{1}{2}\varepsilon E_m^2 = \frac{1}{2} \frac{1}{\sqrt{\frac{\mu}{\varepsilon}}} E_m^2 = \frac{1}{2\eta} E_m^2$$

所以，坡印廷矢量平均值等于平均能量密度乘以相速。得证。

例 6－12　已知各向异性媒质的介电常数张量为

$$\|\varepsilon\| = \varepsilon_0 \begin{bmatrix} 4 & 2 & 2 \\ 2 & 4 & 2 \\ 2 & 2 & 4 \end{bmatrix}$$

试求：

（1）当 $\boldsymbol{E} = \boldsymbol{e}_x E_0$ 时的 $\boldsymbol{D}$；

（2）当 $\boldsymbol{E} = (\boldsymbol{e}_x + \boldsymbol{e}_y + \boldsymbol{e}_z)E_0$ 时的 $\boldsymbol{D}$；

（3）当 $\boldsymbol{E} = (\boldsymbol{e}_x - \boldsymbol{e}_y)E_0 \cos\omega t$ 时的 $\boldsymbol{D}$。

解　（1）依公式 $\boldsymbol{D} = \|\varepsilon\| \boldsymbol{E}$ 得

$$\boldsymbol{D} = \varepsilon_0 \begin{bmatrix} 4 & 2 & 2 \\ 2 & 4 & 2 \\ 2 & 2 & 4 \end{bmatrix} \begin{bmatrix} E_0 \\ 0 \\ 0 \end{bmatrix} = \varepsilon_0 \begin{bmatrix} 4E_0 \\ 2E_0 \\ 2E_0 \end{bmatrix}$$

即

$$\boldsymbol{D} = \varepsilon_0 E_0 (4\boldsymbol{e}_x + 2\boldsymbol{e}_y + 2\boldsymbol{e}_z)$$

（2）

$$\boldsymbol{D} = \varepsilon_0 \begin{bmatrix} 4 & 2 & 2 \\ 2 & 4 & 2 \\ 2 & 2 & 2 \end{bmatrix} \begin{bmatrix} E_0 \\ E_0 \\ E_0 \end{bmatrix} = \varepsilon_0 \begin{bmatrix} 8E_0 \\ 8E_0 \\ 8E_0 \end{bmatrix}$$

即

$$\boldsymbol{D} = 8\varepsilon_0 E_0 (\boldsymbol{e}_x + \boldsymbol{e}_y + \boldsymbol{e}_z)$$

（3）

$$\boldsymbol{D} = \varepsilon_0 \begin{bmatrix} 4 & 2 & 2 \\ 2 & 4 & 2 \\ 2 & 2 & 2 \end{bmatrix} \begin{bmatrix} 1 \\ -1 \\ 0 \end{bmatrix} E_0 \cos\omega t = \varepsilon_0 \begin{bmatrix} 2 \\ -2 \\ 0 \end{bmatrix} E_0 \cos\omega t$$

即

$$\boldsymbol{D} = 2\varepsilon_0 E_0 \cos\omega t (\boldsymbol{e}_x - \boldsymbol{e}_y)$$

例 6－13　已知各向异性介质的张量介电常数为

$$\boldsymbol{D} = \begin{bmatrix} \varepsilon_{xx} & \varepsilon_{xy} & 0 \\ \varepsilon_{yx} & \varepsilon_{yy} & 0 \\ 0 & 0 & \varepsilon_{zz} \end{bmatrix}$$

及

$$\boldsymbol{E} = \cos\omega t (E_x \boldsymbol{e}_x + E_y \boldsymbol{e}_y)$$

求当 $\boldsymbol{D} /\!/ \boldsymbol{E}$ 时的 E_x/E_y。

解　依公式 $\boldsymbol{D} = \|\varepsilon\| \boldsymbol{E}$，省略场分量随时间的变化规律，并将其展开为分量形式，有

$$D_x = \varepsilon_{xx} E_x + \varepsilon_{xy} E_y$$

$$D_y = \varepsilon_{yx} E_x + \varepsilon_{yy} E_y$$

因为 $\boldsymbol{D} /\!/ \boldsymbol{E}$，所以它们互相垂直的分量的点积应该为零，即

$$E_x D_y = \varepsilon_{yx} E_x^2 + \varepsilon_{yy} E_y E_x = 0 \tag{1}$$

$$E_y D_x = \varepsilon_{xx} E_x E_y + \varepsilon_{xy} E_y^2 = 0 \tag{2}$$

式(1)减去式(2)得

$$\varepsilon_{yx} E_x^2 + \varepsilon_{yy} E_y E_x - \varepsilon_{xx} E_x E_y - \varepsilon_{xy} E_y^2 = 0$$

上式除以 E_y^2，得

$$\varepsilon_{yx}\left(\frac{E_x}{E_y}\right)^2+(\varepsilon_{yy}-\varepsilon_{xx})\frac{E_x}{E_y}-\varepsilon_{xy}=0$$

解上式得

$$\frac{E_x}{E_y}=\frac{1}{2\varepsilon_{yx}}\left[\varepsilon_{xx}-\varepsilon_{yy}\pm\sqrt{(\varepsilon_{xx}-\varepsilon_{yy})^2+4\varepsilon_{yx}\varepsilon_{xy}}\right]$$

例 6-14 设一种各向异性媒质的张量介电常数为 $\boldsymbol{D}=\begin{bmatrix}\varepsilon_{xx} & 0 & 0\\ 0 & \varepsilon_{yy} & 0\\ 0 & 0 & \varepsilon_{zz}\end{bmatrix}$，且 $\varepsilon_{xx}=4\varepsilon_0$，$\varepsilon_{yy}=9\varepsilon_0$，$\varepsilon_{zz}=2\varepsilon_0$，若有一频率为 10^9 Hz 的均匀平面电磁波沿 z 轴方向传播，求 E_x、E_y 沿 z 轴方向的相速。当该波从原点出发，行多远距离可以使 E_x 和 E_y 的相位差为 π？

解 由于 $\varepsilon_{xy}=0$，所以 E_x 沿 z 轴的相速为

$$v_x=\frac{1}{\sqrt{\mu_0\varepsilon_{xx}}}=\frac{1}{\sqrt{4\mu_0\varepsilon_0}}=1.5\times10^8\,(\text{m/s})$$

同理，由于 $\varepsilon_{yx}=0$，所以 E_y 沿 z 轴的相速为

$$v_y=\frac{1}{\sqrt{\mu_0\varepsilon_{yy}}}=\frac{1}{\sqrt{9\mu_0\varepsilon_0}}=1.0\times10^8\,(\text{m/s})$$

可以写出 E_x 和 E_y 的运动方程为

$$E_x=E_1\cos(\omega t-k_1z)=E_1\cos\left(\omega t-\omega\frac{z}{v_x}\right)$$

$$E_x=E_2\cos\left(\omega t-\omega\frac{z}{v_y}\right)$$

当 E_x 和 E_y 的相位相差为 π 时，有

$$\frac{\omega z}{v_y}-\frac{\omega z}{v_x}=2\pi fz\left(\frac{1}{v_y}-\frac{1}{v_x}\right)=\pi$$

$$z=\frac{c\pi}{2\pi f}=0.15\text{ m}=15\text{ (cm)}$$

例 6-15 一个频率为 10^9 Hz 的均匀平面电磁波在等离子体中传播，已知等离子体的张量介电常数为

$$\|\varepsilon\|=\begin{bmatrix}\varepsilon_1 & \mathrm{j}\varepsilon_2 & 0\\ -\mathrm{j}\varepsilon_2 & \varepsilon_1 & 0\\ 0 & 0 & \varepsilon_3\end{bmatrix}$$

其中，$\varepsilon_1=4\varepsilon_0$，$\varepsilon_2=3.46\varepsilon_0$，$\varepsilon_3=0$，求等离子体的密度 N 及外加磁场 $\boldsymbol{B}_0$。

解 由公式 $\varepsilon_3=\varepsilon_0\left(1-\frac{\omega_p^2}{\omega^2}\right)$，$\omega_p^2=\frac{Ne^2}{m\varepsilon_0}$ 及 $\varepsilon_3=0$ 可得

$$N=\frac{m\varepsilon_0\omega^2}{e^2}=\frac{9.1\times10^{-31}\times8.854\times10^{-12}\times(2\pi\times10^9)^2}{(1.6\times10^{-19})^2}=1.243\times10^{16}\,(1/\text{m}^3)$$

由公式 $\varepsilon_1=\varepsilon_0\left(1+\frac{\omega_p^2}{\omega_c^2-\omega^2}\right)$，$\varepsilon_1=4\varepsilon_0$，$\varepsilon_3=0$ 可得

$$\frac{\omega_p^2}{\omega_c^2-\omega^2}=3,\ \omega^2=\omega_p^2$$

即

$$\omega_c = \frac{2}{\sqrt{3}}\omega = \frac{2}{\sqrt{3}} \times 2\pi \times 10^9 = 7.2552 \times 10^9 \text{(rad/s)}$$

再由 $\omega_c = \frac{eB_0}{m}$ 得

$$B_0 = \frac{m\omega_c}{e} = \frac{9.1 \times 10^{-31} \times 7.2552 \times 10^9}{1.6 \times 10^{-19}} = 4.126 \times 10^{-2} \text{(T)}$$

6.3 习题及答案

6-1　无耗媒质中一均匀平面电磁波的电场强度瞬时值为

$$\boldsymbol{E}(t) = \boldsymbol{e}_x 5\cos 2\pi(10^8 t - z) \text{ (V/m)}$$

(1) 求媒质及自由空间中的波长；

(2) 已知媒质 $\mu = \mu_0$，求媒质的 ε_r；

(3) 写出磁场强度矢量的瞬时值表达式。

解　(1) 由题目条件知道 $k = 2\pi$ (rad/m)，媒质中波长为

$$\lambda = \frac{2\pi}{k} = 1 \text{ (m)}$$

$$\omega = 2\pi \times 10^8 \text{(rad/s)},\ f = 10^8 \text{(Hz)}$$

由 $f\lambda_0 = c = 3 \times 10^8$(m/s) 可以得出自由空间波长为

$$\lambda_0 = \frac{c}{f} = 3 \text{ (m)}$$

(2) 由 $v_p = \frac{\omega}{k} = \frac{1}{\sqrt{\varepsilon\mu}} = \frac{c}{\sqrt{\varepsilon_r}}$，可以得出 $\varepsilon_r = 9$。

(3)
$$\eta = \frac{\eta_0}{\sqrt{\varepsilon_r}} = 40\pi \text{ (}\Omega\text{)}$$

磁场强度矢量的瞬时值表达式为

$$\boldsymbol{H}(t) = \boldsymbol{e}_y \frac{1}{8\pi}\cos 2\pi(10^8 t - z) \text{ (A/m)}$$

6-2　电磁波在真空中传播，其电场强度矢量的复振幅表示式为

$$\boldsymbol{E} = (\boldsymbol{e}_x - \mathrm{j}\boldsymbol{e}_y)\, 10^{-4} \mathrm{e}^{-\mathrm{j}20\pi z} \text{(V/m)}$$

试求：

(1) 工作频率 f；

(2) 磁场强度矢量的复振幅表达式；

(3) 坡印廷矢量的瞬时值和时间平均值。

解　(1) 由题意有 $k = 20\pi$ (rad/m)，从而

$$\omega = kc = 20\pi \times 3 \times 10^8 = 6\pi \times 10^9 \text{(rad/s)}$$

$$f = \frac{\omega}{2\pi} = \frac{6\pi \times 10^9}{2\pi} = 3 \times 10^9 \text{(Hz)}$$

(2) 磁场强度矢量的复振幅表达式为

$$H = \frac{1}{120\pi}(\boldsymbol{e}_y + \mathrm{j}\boldsymbol{e}_x)\,10^{-4}\,\mathrm{e}^{-\mathrm{j}20\pi z}\,(\mathrm{A/m})$$

(3) 电场强度瞬时值为

$$\boldsymbol{E}(t) = \boldsymbol{e}_x\,10^{-4}\cos(\omega t - kz) + \boldsymbol{e}_y\,10^{-4}\sin(\omega t - kz)$$

磁场强度瞬时值为

$$\boldsymbol{H}(t) = \boldsymbol{e}_y\,\frac{10^{-4}}{120\pi}\cos(\omega t - kz) - \boldsymbol{e}_x\,\frac{10^{-4}}{120\pi}\sin(\omega t - kz)$$

坡印廷矢量的瞬时值和时间平均值都是 $\frac{10^{-8}}{120\pi}\boldsymbol{e}_z\,(\mathrm{W/m^2})$。

6-3 真空中有一均匀平面电磁波，已知它的电场强度复矢量为

$$\boldsymbol{E} = \boldsymbol{e}_x 4\cos(6\pi\times10^8 t - 2\pi z) + \boldsymbol{e}_y 3\cos\left(6\pi\times10^8 t - 2\pi z - \frac{\pi}{3}\right)\,(\mathrm{V/m})$$

求平面波的磁场强度和平均坡印廷矢量。

解 $\boldsymbol{H} = \boldsymbol{e}_y\,\frac{4}{120\pi}\cos(6\pi\times10^8 t - 2\pi z) - \boldsymbol{e}_x\,\frac{3}{120\pi}\cos\left(6\pi\times10^8 t - 2\pi z - \frac{\pi}{3}\right)\,(\mathrm{A/m})$

$$\boldsymbol{S}(\boldsymbol{r},\,t) = \boldsymbol{e}_z\,\frac{16}{120\pi}\cos^2(6\pi\times10^8 t - 2\pi z) + \boldsymbol{e}_z\,\frac{9}{120\pi}\cos^2\left(6\pi\times10^8 t - 2\pi z - \frac{\pi}{3}\right)\,(\mathrm{W/m^2})$$

$$\boldsymbol{S}_{\mathrm{av}} = \boldsymbol{e}_z\,\frac{16+9}{240\pi} = \boldsymbol{e}_z\,\frac{5}{48\pi}\,(\mathrm{W/m^2})$$

6-4 理想介质中，有一均匀平面电磁波沿 z 轴方向传播，其角频率为 $\omega = 2\pi\times10^9$ rad/m，当 $t=0$ 时，在 $z=0$ 处，电场强度的振幅 $E_0 = 2$ mV/m，介质的 $\varepsilon_r = 4$，$\mu_r = 1$。求当 $t = 1\ \mu$s 时，在 $z = 62$ m 处的电场强度矢量、磁场强度矢量和平均坡印廷矢量。

解 容易得出

$$k = \frac{40\pi}{3}\,(\mathrm{rad/m})$$

待求点的电磁场为

$$\boldsymbol{E} = \boldsymbol{e}_x 2\times10^{-3}\cos(2\pi\times10^9\times10^{-3} - 62\times40\pi/3) = -\boldsymbol{e}_x 1.0\times10^{-3}\,(\mathrm{V/m})$$

$$\boldsymbol{H} = -\boldsymbol{e}_y\,\frac{1.0\times10^{-3}}{60\pi} \approx -\boldsymbol{e}_y 0.53\times10^{-5}\,(\mathrm{A/m})$$

平均坡印廷矢量为

$$\boldsymbol{S}_{\mathrm{av}} \approx \boldsymbol{e}_z 0.53\times10^{-8}\,(\mathrm{W/m^2})$$

6-5 已知空气中一均匀平面电磁波的磁场强度复矢量为

$$\boldsymbol{H} = (-\boldsymbol{e}_x A + \boldsymbol{e}_y 2\sqrt{6} + \boldsymbol{e}_z 4)\,\mathrm{e}^{-\mathrm{j}\pi(4x+3z)}\,(\mu\mathrm{A/m})$$

试求：

(1) 波长、传播方向单位矢量、传播方向与 z 轴的夹角；

(2) 常数 A；

(3) 电场强度复矢量。

解 (1) 由

$$\boldsymbol{k}\cdot\boldsymbol{r} = k_x x + k_y y + k_z z = 4\pi x + 3\pi z$$

得到

$$k_x = 4\pi,\ k_y = 0,\ k_z = 3\pi,\ k = 5\pi\ (\mathrm{rad/m}),\ \lambda = 0.4\ (\mathrm{m})$$

传播方向单位矢量 $\boldsymbol{n} = 0.8\boldsymbol{e}_x + 0.6\boldsymbol{e}_z$，传播方向与 z 轴的夹角为 $\arccos\left(\frac{3}{5}\right)$。

(2) 令

$$\boldsymbol{H} \cdot \boldsymbol{n} = (-\boldsymbol{e}_x A + \boldsymbol{e}_y 2\sqrt{6} + \boldsymbol{e}_z 4) \cdot (0.8\boldsymbol{e}_x + 0.6\boldsymbol{e}_z) = 0$$

得到 $A=3$。

(3) $$\boldsymbol{E} = 120\pi \boldsymbol{H} \times \boldsymbol{n} = 24\pi(\boldsymbol{e}_x 6\sqrt{6} + \boldsymbol{e}_y 25 - \boldsymbol{e}_z 8\sqrt{6})\mathrm{e}^{-\mathrm{j}\pi(4x+3z)}\ (\mu\mathrm{V/m})$$

6-6 设无界理想媒质中，电场强度复矢量为

$$\boldsymbol{E}_1 = \boldsymbol{e}_z E_{01}\mathrm{e}^{-\mathrm{j}kz},\ \boldsymbol{E}_2 = \boldsymbol{e}_x E_{02}\mathrm{e}^{-\mathrm{j}kz}$$

(1) 判断 $\boldsymbol{E}_1$、$\boldsymbol{E}_2$ 是否满足 $\nabla^2 \boldsymbol{E} + k^2 \boldsymbol{E} = 0$。

(2) 由 $\boldsymbol{E}_1$、$\boldsymbol{E}_2$ 求磁场强度复矢量，并说明 $\boldsymbol{E}_1$、$\boldsymbol{E}_2$ 是否表示电磁波。

解 (1) 将 $\boldsymbol{E}_1$、$\boldsymbol{E}_2$ 代入波动方程，可以得出它们都满足波动方程。

(2) $\nabla\times \boldsymbol{E}_1 = \boldsymbol{0}$，由 $\nabla\times \boldsymbol{E}_1 = -\mathrm{j}\omega\mu \boldsymbol{H}_1$ 得到 $H_1 = 0$。又由 $\nabla\times \boldsymbol{E}_1 = -\mathrm{j}\omega\mu \boldsymbol{H}_1$ 得到 $E_1 = 0$。也就是说，如果有满足麦克斯韦方程的 $\boldsymbol{E}_1 = \boldsymbol{e}_z E_{01}\mathrm{e}^{-\mathrm{j}kz}$，则它的电磁场为零，故 $\boldsymbol{E}_1$ 不表示电磁波。

对于 $\boldsymbol{E}_2 = \boldsymbol{e}_x E_{02}\mathrm{e}^{-\mathrm{j}kz}$，可以求出 $\boldsymbol{H}_2 = \boldsymbol{e}_y E_{02}\dfrac{1}{\eta}\mathrm{e}^{-\mathrm{j}kz}$，故 $\boldsymbol{E}_2$ 表示电磁波。

6-7 理想媒质中平面电磁波的电场强度矢量为

$$\boldsymbol{E} = \boldsymbol{e}_x 100\cos(2\pi\times 10^{10}t - 2\pi\times 10^2 z)\ (\mu\mathrm{V/m})$$

试求：

(1) 磁感应强度；

(2) 媒质的 $\mu_\mathrm{r} = 1$ 时的 ε_r。

解 (1) $$\boldsymbol{H} = \boldsymbol{e}_y \frac{100}{40\pi}\cos(2\pi\times 10^{10}t - 2\pi\times 10^2 z)$$

$$= \boldsymbol{e}_y \frac{5}{2\pi}\cos(2\pi\times 10^{10}t - 2\pi\times 10^2 z)\ (\mu\mathrm{A/m})$$

$$\boldsymbol{B} = \mu_0 \boldsymbol{H} = 4\pi\times 10^{-7}\boldsymbol{H} = \boldsymbol{e}_y 10^{-6}\cos(2\pi\times 10^{10}t - 2\pi\times 10^2 z)\ (\mathrm{T})$$

(2) $$\varepsilon_\mathrm{r} = 9$$

6-8 假设真空中一均匀平面电磁波的电场强度复矢量为

$$\boldsymbol{E} = 3(\boldsymbol{e}_x - \sqrt{2}\boldsymbol{e}_y)\mathrm{e}^{-\mathrm{j}\frac{\pi}{6}(2x+\sqrt{2}y-\sqrt{3}z)}\ (\mathrm{V/m})$$

试求：

(1) 电场强度的振幅、波矢量和波长；

(2) 电场强度矢量和磁场强度矢量的瞬时表达式。

解 (1) $$E_\mathrm{m} = 3\sqrt{3}\ (\mathrm{V/m})$$

$$k_x = \frac{2\pi}{6},\ k_y = \frac{\sqrt{2}\pi}{6},\ k_z = -\frac{\sqrt{3}\pi}{6}$$

$$k = \frac{\pi}{2}\ (\mathrm{rad/m}),\ \lambda = 4\ (\mathrm{m})$$

(2) $$\boldsymbol{E} = 3(\boldsymbol{e}_x - \sqrt{2}\boldsymbol{e}_y)\cos\left[1.5\pi\times 10t - \frac{\pi}{6}(2x + \sqrt{2}y - \sqrt{3}z)\right]\ (\mathrm{V/m})$$

$$\boldsymbol{H}=\frac{-1}{40\pi}(\sqrt{6}\boldsymbol{e}_x+3\sqrt{3}\boldsymbol{e}_y+5\sqrt{2}\boldsymbol{e}_z)\cos\left[1.5\pi\times 10t-\frac{\pi}{6}(2x+\sqrt{2}y-\sqrt{3}z)\right]\ (\text{A/m})$$

6-9　在自由空间中，某均匀平面电磁波的波长为 12 cm，当该波进入到某无耗媒质时，其波长变为 8 cm，且已知此时的 $|\boldsymbol{E}|=50\ \text{V/m}$，$|\boldsymbol{H}|=0.1\ \text{A/m}$。求平面电磁波的频率及无耗媒质的 μ_r、ε_r。

解　由 $\lambda=8$，$\lambda_0=12$ 可得

$$\sqrt{\mu_r\varepsilon_r}=\frac{12}{8}=1.5$$

由 $|\boldsymbol{E}|=50\ \text{V/m}$，$|\boldsymbol{H}|=0.1\ \text{A/m}$ 可得

$$\sqrt{\frac{\mu_r}{\varepsilon_r}}=\frac{50}{0.1}\times\frac{1}{120\pi}=1.326$$

联立求解可得

$$\varepsilon_r=1.99,\ \mu_r=1.13$$

6-10　频率为 540 kHz 的广播信号通过一导电媒质，$\varepsilon_r=2.1$，$\mu_r=1$，$\dfrac{\sigma}{\omega\varepsilon}=0.2$。求：

(1) 衰减常数和相移常数；

(2) 相速度和波长；

(3) 波阻抗。

解　$$\alpha=1.64\times 10^{-3}\ (\text{Np/m}),\ \beta=1.64\times 10^{-2}\ (\text{rad/m})$$

$$v_p=2.07\times 10^{8}\ (\text{m/s}),\ \lambda=38.3\ (\text{km}),\ \tilde{\eta}=255\times(0.995+\text{j}0.099)\ (\Omega)$$

6-11　均匀平面电磁波的磁场强度 $\boldsymbol{H}$ 的振幅为 $\dfrac{1}{3\pi}$A/m，以相移常数 $\beta=30$ rad/m 在空气中沿 $-\boldsymbol{e}_z$ 方向传播，当 $t=0$ 和 $z=0$ 时，若 $\boldsymbol{H}$ 取向为 $-\boldsymbol{e}_y$，试写出 $\boldsymbol{H}$、$\boldsymbol{E}$ 的表达式，并求频率和波长。

解　$$\boldsymbol{E}(t)=\boldsymbol{e}_x 40\cos(9\times 10^{9}t+30z)\ (\text{V/m})$$

$$\boldsymbol{H}(t)=-\boldsymbol{e}_y\frac{1}{3\pi}\cos(9\times 10^{9}t+30z)\ (\text{A/m})$$

$$f=\frac{9}{2\pi}\times 10^{9}\ (\text{Hz}),\ \lambda=\frac{\pi}{15}\ (\text{m})$$

6-12　已知空气中均匀平面电磁波的电场强度的复振幅为

$$\boldsymbol{E}=5(\boldsymbol{e}_x+\sqrt{3}\boldsymbol{e}_z)\ \text{e}^{\text{j}(Ax-6z)}\ (\text{V/m})$$

试求：

(1) 常数 A；

(2) 相移常数 k，磁场强度 $\boldsymbol{H}$ 的瞬时值。

解　(1)　$$\boldsymbol{E}_0=5(\boldsymbol{e}_x+\sqrt{3}\boldsymbol{e}_z),\ \boldsymbol{k}=(A\boldsymbol{e}_x-6\boldsymbol{e}_z)$$

由 $\boldsymbol{k}\cdot\boldsymbol{E}_0=0$ 可以得到 $A=6\sqrt{3}$。

(2) 由 $\boldsymbol{k}=(6\sqrt{3}\boldsymbol{e}_x-6\boldsymbol{e}_z)$ 得到 $k=12$ rad/m，从而 $\lambda=\dfrac{\pi}{6}$ m。

$$\boldsymbol{n}=\frac{1}{2}(\sqrt{3}\boldsymbol{e}_x-\boldsymbol{e}_z)$$

$$\boldsymbol{H}=\frac{\boldsymbol{n}}{\eta_0}\times\boldsymbol{E}=\frac{1}{12\pi}\boldsymbol{e}_y\mathrm{e}^{-\mathrm{j}(6\sqrt{3}x-6z)}$$

$$\boldsymbol{H}(t)=\frac{1}{12\pi}\boldsymbol{e}_y\cos(3.6\times10^9-6\sqrt{3}x+6z)$$

6-13　在导电媒质中，如存在自由电荷，其密度将随时间按指数规律衰减 $\rho=\rho_0\mathrm{e}^{-\frac{\sigma}{\varepsilon}t}$。试求：

(1) 良导体中 t 等于周期 T 时，电荷密度与初始值之比；

(2) 铜不能再看做良导体的频率。

解　(1) 由 $\rho=\rho_0\mathrm{e}^{-\frac{\sigma}{\varepsilon}t}$，可以得出当 t 等于周期 T 时，有

$$\frac{\sigma}{\varepsilon}t=\frac{\sigma}{\varepsilon}T=\frac{\sigma}{\omega\varepsilon}2\pi$$

由于良导体 $\frac{\sigma}{\omega\varepsilon}$ 很大，所以电荷密度与初始值之比为零。

(2) 不能作为良导体的条件是

$$\frac{\sigma}{\omega\varepsilon}<100,\quad \omega>\frac{1}{100}\frac{\sigma}{\varepsilon},\quad f>\frac{1}{2\pi}\frac{1}{100}\frac{\sigma}{\varepsilon}$$

将 $\sigma=5.8\times10^2$ S/m 和 $\varepsilon=\varepsilon_0=\frac{1}{36\pi}\times10^{-9}$ F/m 代入，可以得到铜不能再看做良导体的频率为 $f>1.044\times10^{16}$ Hz。

6-14　证明椭圆极化波 $\boldsymbol{E}=(\boldsymbol{e}_xE_1+\mathrm{j}\boldsymbol{e}_yE_2)\mathrm{e}^{-\mathrm{j}kz}$ 可以分解成两个不等幅的、旋向相反的圆极化波。

证明　设

$$\boldsymbol{E}_0=(\boldsymbol{e}_xE_1+\mathrm{j}\boldsymbol{e}_yE_2)=(A\boldsymbol{e}_x+\mathrm{j}A\boldsymbol{e}_y)+(B\boldsymbol{e}_x-\mathrm{j}B\boldsymbol{e}_y)$$

从而有

$$E_1=A+B,\quad E_2=A-B$$

联立求解可得

$$A=\frac{E_1+E_2}{2},\quad B=\frac{E_1-E_2}{2}$$

这样就有

$$\boldsymbol{E}_0=\frac{1}{2}(E_1+E_2)(\boldsymbol{e}_x+\mathrm{j}\boldsymbol{e}_y)+\frac{1}{2}(E_1-E_2)(\boldsymbol{e}_x-\mathrm{j}\boldsymbol{e}_y)$$

上式表示左旋圆极化和右旋圆极化的叠加，并且不等幅。得证。

6-15　已知平面电磁波的电场强度为

$$\boldsymbol{E}=[\boldsymbol{e}_x(2+\mathrm{j}3)+\boldsymbol{e}_y4+\boldsymbol{e}_z3]\mathrm{e}^{\mathrm{j}(1.8y-2.4z)}\ (\mathrm{V/m})$$

试确定其传播方向和极化状态；该电磁波是否是横电磁波？

解　右旋椭圆极化，传播方向为 $\boldsymbol{n}=-0.6\boldsymbol{e}_y+0.8\boldsymbol{e}_z$；是横电磁波。

6-16　假设真空中一平面电磁波的波矢量为

$$\boldsymbol{k}=\frac{\pi}{2\sqrt{2}}(\boldsymbol{e}_x+\boldsymbol{e}_y)\ (\mathrm{rad/m})$$

其电场强度的振幅 $E_{\mathrm{m}}=3\sqrt{3}$ V/m，极化于 z 轴方向。求电场强度和磁场强度的瞬时值表达式。

解 容易求出角频率为

$$\omega = \frac{3\pi}{2} \times 10^8 \text{ rad/s}$$

$$\boldsymbol{n} = \frac{\boldsymbol{k}}{k} = \frac{1}{\sqrt{2}}(\boldsymbol{e}_x + \boldsymbol{e}_y)$$

因而有

$$\boldsymbol{E}(\boldsymbol{r}, t) = \boldsymbol{e}_z 3\sqrt{3}\cos\left[\frac{3\pi}{2} \times 10^8 t - \frac{\pi}{2\sqrt{2}}(x+y)\right]$$

$$\boldsymbol{H}(\boldsymbol{r}, t) = \frac{1}{\eta_0}\boldsymbol{n} \times \boldsymbol{E}$$

$$= (\boldsymbol{e}_x - \boldsymbol{e}_y)\frac{1}{40\pi}\sqrt{\frac{3}{2}}\cos\left[\frac{3\pi}{2} \times 10^8 t - \frac{\pi}{2\sqrt{2}}(x+y)\right]$$

6-17 真空中沿 z 轴方向传播的均匀平面电磁波的电场强度复矢量 $\boldsymbol{E} = \boldsymbol{E}_0 e^{-jkz}$，式中 $\boldsymbol{E}_0 = \boldsymbol{E}_r + j\boldsymbol{E}_i$，且 $E_r = 2E_i = b$，b 为实常数。又 $\boldsymbol{E}_r$ 沿 x 轴方向，$\boldsymbol{E}_i$ 与 x 轴正方向的夹角为 60°。试求电场强度和磁场强度的瞬时值，并说明波的极化。

解 依题意可以知道这一平面电磁波的电场复数振幅为

$$\boldsymbol{E}_0 = b\boldsymbol{e}_x + j\frac{1}{2}b(\boldsymbol{e}_x\cos60° + \boldsymbol{e}_y\sin60°)$$

$$= b\boldsymbol{e}_x + j\frac{1}{4}b\boldsymbol{e}_x + j\frac{\sqrt{3}}{4}b\boldsymbol{e}_y$$

电场的瞬时值为

$$\boldsymbol{E} = b\boldsymbol{e}_x\cos(\omega t - kz) - \frac{1}{4}b\boldsymbol{e}_x\sin(\omega t - kz) - \frac{\sqrt{3}}{4}b\boldsymbol{e}_y\sin(\omega t - kz)$$

磁场的瞬时值为

$$\boldsymbol{E} = \frac{b}{\eta_0}\boldsymbol{e}_y\cos(\omega t - kz) - \frac{1}{4\eta_0}b\boldsymbol{e}_y\sin(\omega t - kz) + \frac{\sqrt{3}}{4\eta_0}b\boldsymbol{e}_x\sin(\omega t - kz)$$

该平面波为左旋椭圆极化。

6-18 证明任意一圆极化波的坡印廷矢量瞬时值是个常数。

证明 我们以右旋圆极化为例，设电场瞬时值为

$$\boldsymbol{E} = E_m\boldsymbol{e}_x\cos(\omega t - kz) + E_m\boldsymbol{e}_y\sin(\omega t - kz)$$

容易求出磁场瞬时值为

$$\boldsymbol{H} = \frac{1}{\eta}E_m\boldsymbol{e}_y\cos(\omega t - kz) - \frac{1}{\eta}E_m\boldsymbol{e}_x\sin(\omega t - kz)$$

这样坡印廷矢量瞬时值为

$$\boldsymbol{S}(\boldsymbol{r}, t) = \boldsymbol{E} \times \boldsymbol{H} = \frac{1}{\eta}E_m^2\boldsymbol{e}_z[\cos^2(\omega t - kz) + \sin^2(\omega t - kz)]$$

$$= \frac{1}{\eta}E_m^2\boldsymbol{e}_z$$

显然上述瞬时值为一常数。

6-19 真空中一平面电磁波的电场强度矢量为

$$\boldsymbol{E} = \sqrt{2}(\boldsymbol{e}_x + j\boldsymbol{e}_y)e^{-j\frac{\pi}{2}z} \text{ (V/m)}$$

(1) 写成对应的磁场强度矢量；

(2) 此电磁波是何种极化？旋向如何？

解　(1)

$$\boldsymbol{H}=\frac{\sqrt{2}}{120\pi}(\boldsymbol{e}_y-\mathrm{j}\boldsymbol{e}_x)\mathrm{e}^{-\mathrm{j}\frac{\pi}{2}z}(\mathrm{A/m})$$

(2) 左旋圆极化。

6-20　判断下列平面电磁波的极化方式，并指出其旋向。

(1) $\boldsymbol{E}=\boldsymbol{e}_xE_0\sin(\omega t-kz)+\boldsymbol{e}_yE_0\cos(\omega t-kz)$；

(2) $\boldsymbol{E}=\boldsymbol{e}_xE_0\sin(\omega t-kz)+\boldsymbol{e}_y2E_0\sin(\omega t-kz)$；

(3) $\boldsymbol{E}=\boldsymbol{e}_xE_0\sin\left(\omega t-kz+\frac{\pi}{4}\right)+\boldsymbol{e}_yE_0\cos\left(\omega t-kz-\frac{\pi}{4}\right)$；

(4) $\boldsymbol{E}=\boldsymbol{e}_xE_0\sin\left(\omega t-kz-\frac{\pi}{4}\right)+\boldsymbol{e}_yE_0\cos(\omega t-kz)$。

解　(1) 左旋圆极化；

(2) 线极化；

(3) 线极化；

(4) 左旋椭圆极化。

6-21　证明两个传播方向及频率相同的圆极化波叠加时，若它们的旋向相同，则合成波是同一旋向的圆极化波；若它们的旋向相反，则合成波是椭圆极化波，其旋向与振幅大的圆极化波相同。

证明　先证明第一个结论。当旋向相同时，设波向正 z 轴方向传播，以两个波都是右旋圆极化为例。设它们的复数振幅分别为

$$\boldsymbol{E}_{10}=(A\boldsymbol{e}_x-\mathrm{j}A\boldsymbol{e}_y)$$

和

$$\boldsymbol{E}_{20}=(B\boldsymbol{e}_x-\mathrm{j}B\boldsymbol{e}_y)$$

则合成波的复数振幅为

$$\boldsymbol{E}_0=E_{10}+E_{20}=(A+B)(\boldsymbol{e}_x-\mathrm{j}\boldsymbol{e}_y)$$

很明显合成波仍然是右旋圆极化波。

再证明第二个结论。设

$$\boldsymbol{E}_{10}=(A\boldsymbol{e}_x-\mathrm{j}A\boldsymbol{e}_y)$$

和

$$\boldsymbol{E}_{20}=(B\boldsymbol{e}_x+\mathrm{j}B\boldsymbol{e}_y)$$

则合成波的复数振幅为

$$\boldsymbol{E}_0=E_{10}+E_{20}=(A+B)\boldsymbol{e}_x-\mathrm{j}(A-B)\boldsymbol{e}_y)$$

很明显合成波是椭圆极化波。为了判别这个椭圆极化波的旋向，不妨假定 A 和 B 都是正数，当 $A>B$ 时，是右旋椭圆极化波；当 $A<B$ 时，是左旋椭圆极化波；当 $A=B$ 时，是线极化波。

6-22　相速、群速和能速之间有什么关系？群速存在的条件是什么？

答　相速是调幅波的载波等相面移动的速度；群速是调幅波的包络波移动的速度；能

速是电磁波能量的传递速度。

相速 v_p 与群速 v_g 的关系为

$$v_g = \frac{v_p}{1 - \dfrac{\omega}{v_p}\dfrac{dv_p}{d\omega}}$$

群速存在的条件是信号波形不发生大的畸变，即只有窄带信号时群速才有意义。

6-23 在某种无界导电媒质中传播的均匀平面电磁波的电场表示式为

$$\boldsymbol{E}(z) = \boldsymbol{e}_x 4e^{-0.2z}e^{j0.2z} + \boldsymbol{e}_y 4e^{-0.2z}e^{j0.2z}e^{j\pi/2}$$

试判别波的极化状态。

答 右旋圆极化波。

6-24 已知某种媒质的色散关系如下：

(1) $\beta = \omega\sqrt{\mu\varepsilon}$（理想媒质中的波）；

(2) $\beta = \sqrt{\dfrac{\omega\mu\sigma}{2}}$（良导体中的波）；

(3) $\beta^2 = \mu\varepsilon\omega^2 - A^2$（$A$ 为常数，波导中的波）。

试求相速 v_p 和群速 v_g。

解 (1)

$$v_p = \frac{\omega}{\beta} = \frac{1}{\sqrt{\mu\varepsilon}},\ v_g = \frac{d\omega}{d\beta} = \frac{1}{d\beta/d\omega} = \frac{1}{\sqrt{\mu\varepsilon}}$$

(2)

$$v_p = \frac{\omega}{\beta} = \frac{\sqrt{2\omega}}{\sqrt{\mu\sigma}},\ v_g = \frac{d\omega}{d\beta} = \frac{1}{d\beta/d\omega} = 2\frac{\sqrt{2\omega}}{\sqrt{\mu\sigma}}$$

(3)

$$\beta^2 = \mu\varepsilon\omega^2 - A^2 \Rightarrow \beta = \sqrt{\mu\varepsilon\omega^2 - A^2}$$

$$v_p = \frac{\omega}{\beta} = \frac{1}{\sqrt{\mu\varepsilon - A^2/\omega^2}}\ 2\beta d\beta = 2\mu\varepsilon\omega\, d\omega$$

$$v_g = \frac{d\omega}{d\beta} = \frac{1}{\mu\varepsilon}\frac{\beta}{\omega} = \frac{1}{\sqrt{\mu\varepsilon}}\sqrt{\mu\varepsilon - A^2/\omega^2}$$

第 7 章　电磁波的反射和折射

7.1　基本内容与公式

1. 垂直入射

当平面电磁波垂直入射两种媒质分界面时，反射系数和透射系数分别为

$$\Gamma = \frac{\eta_2 - \eta_1}{\eta_2 + \eta_1},\ T = \frac{2\eta_2}{\eta_2 + \eta_1}$$

当平面波从理想介质垂直入射理想导体面时，$\Gamma = -1$，$T = 0$，反射区是纯驻波。

当平面波从理想介质垂直入射良导体时，用表面阻抗计算良导体的损耗功率较为方便。表面阻抗为

$$Z_s = R_s + jX_s(1 + j)\sqrt{\frac{\omega\mu}{2\sigma}}$$

当平面波垂直入射多层媒质时，原则上可以通过各个界面上的边界条件求出每个区域左行波和右行波的振幅值。当存在两个分界面时，1 区无反射的条件为：

（1）如果 $\eta_1 = \eta_3 \neq \eta_2$，则 $d = n\dfrac{\lambda_2}{2}$ $(n = 1, 2, \cdots)$；

（2）如果 $\sqrt{\eta_1\eta_3} = \eta_2$，则 $d = (2n + 1)\dfrac{\lambda_2}{4}$ $(n = 0, 1, 2, \cdots)$。

2. 斜入射

1）反射、折射定律

反射定律和折射定律描述了反射线和折射线的方向：

$$\theta_r = \theta_i$$

$$\sqrt{\mu_1\varepsilon_1}\sin\theta_i = \sqrt{\mu_2\varepsilon_2}\sin\theta_t$$

当分界面为 $z=0$ 时，反射、折射定律的矢量形式为

$$k_{ix} = k_{rx} = k_{tx},\ k_{iy} = k_{ry} = k_{ty}$$

2）反射系数和透射系数

对于垂直极化，有

$$\Gamma_\perp = \frac{\eta_2\cos\theta_i - \eta_1\cos\theta_t}{\eta_2\cos\theta_i + \eta_1\cos\theta_t},\quad T_\perp = \frac{2\eta_2\cos\theta_i}{\eta_2\cos\theta_i + \eta_1\cos\theta_t}$$

对于平行极化，有

$$\Gamma_{/\!/} = \frac{\eta_1\cos\theta_i - \eta_2\cos\theta_t}{\eta_1\cos\theta_i + \eta_2\cos\theta_t},\quad T_{/\!/} = \frac{2\eta_2\cos\theta_i}{\eta_1\cos\theta_i + \eta_2\cos\theta_t}$$

3）全反射和全透射

当电磁波从光密媒质入射到光疏媒质时，如果入射角大于临界角，则会发生全反射。

非磁性媒质的临界角为

$$\theta_c = \arcsin\sqrt{\frac{\varepsilon_2}{\varepsilon_1}}$$

对于平行极化波，当入射角等于布儒斯特角时，会发生全透射。非磁性媒质的布儒斯特角为

$$\theta_B = \arctan\sqrt{\frac{\varepsilon_2}{\varepsilon_1}}$$

7.2 典型例题

例 7-1 设频率为 $f = 10^9$ Hz 的均匀平面电磁波从空气垂直投射到很大的铜片表面。若入射电场为 1 V/m，求每平方米铜片吸收的功率。

解

$$R_s = \sqrt{\frac{\omega\mu}{2\sigma}} = \sqrt{\frac{2\pi\times10^9\times4\pi\times10^{-7}}{2\times5.8\times10^7}} = 8.25\times10^{-3}\,(\Omega)$$

$$H_{to} \approx 2H_{io}，而$$

$$H_{io} = \frac{E_{io}}{\eta_0} = \frac{1}{377}\ (\text{A/m})$$

由 $P_L = \frac{1}{2}H_{to}^2 R_s$ 得

$$P_L = \frac{1}{2}\times\left(\frac{2}{377}\right)^2\times8.25\times10^{-3} = 1.16\times10^{-7}\,(\text{W/m}^2)$$

例 7-2 设分别以 $|S_i|$、$|S_r|$ 和 $|S_t|$ 表示入射、反射和透射波在界面处的平均坡印廷矢量的模，定义功率反射系数和功率透射系数为

$$\Gamma_p = \frac{|S_r|}{|S_i|},\ T_p = \frac{|S_t|}{|S_i|}$$

证明 $\Gamma_p + T_p = 1$。

证明 我们以入射区为无耗媒质、透射区为任意媒质为例证明，即 η_1 为实数，η_2 为复数。

$$\Gamma_p = \frac{\text{Re}(E_{ro}H_{ro}^*)}{\text{Re}(E_{io}H_{io}^*)} = \frac{\Gamma E_{io}\Gamma^* E_{io}^*}{E_{io}E_{io}^*} = |\Gamma|^2$$

$$T_p = \frac{\text{Re}(E_{to}H_{to}^*)}{\text{Re}(E_{io}H_{io}^*)} = \frac{\text{Re}[E_{io}T(E_{io}T/\eta_2)^*]}{|E_{io}|^2/\eta_1} = \text{Re}\,\frac{\eta_1|T|^2}{\eta_2^*}$$

将 $T = \frac{2\eta_2}{\eta_2+\eta_1}$ 代入上式，可以得到

$$T_p = \text{Re}\left[\frac{\eta_1}{\eta_2^*}\,\frac{4\eta_2\eta_2^*}{|\eta_1+\eta_2|^2}\right] = \text{Re}\,\frac{4\eta_1\eta_2}{|\eta_1+\eta_2|^2}$$

又有

$$1-\Gamma_p = 1-\frac{|\eta_2-\eta_1|^2}{|\eta_2+\eta_1|^2} = \frac{|\eta_2+\eta_1|^2-|\eta_2-\eta_1|^2}{|\eta_2+\eta_1|^2}$$

化简以后有

$$1-\Gamma_p = \text{Re}\,\frac{4\eta_1\eta_2}{|\eta_1+\eta_2|^2} = T_p$$

例 7-3　圆极化均匀平面电磁波从空气垂直入射到 $z=0$ 的理想导体表面，已知入射波的电场为

$$E_i = E_m(\boldsymbol{e}_x + j\boldsymbol{e}_y)e^{-jkz}$$

求导体表面的电流密度瞬时值。

解　把 $z=0$ 处的磁场记为 $\boldsymbol{H}_o$，则其值为入射波磁场的两倍。

$$\boldsymbol{H}_o = 2\boldsymbol{H}_{io} = 2\frac{1}{\eta_0}\boldsymbol{e}_z \times \boldsymbol{E}_{io} = 2\frac{1}{\eta_0}E_m(\boldsymbol{e}_y - j\boldsymbol{e}_x)$$

$$\boldsymbol{J}_S = \boldsymbol{n} \times \boldsymbol{H}_o = -\boldsymbol{e}_z \times \boldsymbol{H}_o = 2\frac{1}{\eta_0}E_m(\boldsymbol{e}_x + j\boldsymbol{e}_y)$$

其瞬时值为

$$\boldsymbol{J}_S = 2\frac{1}{\eta_0}E_m(\boldsymbol{e}_x\cos\omega t - \boldsymbol{e}_y\sin\omega t)$$

例 7-4　均匀平面电磁波从非磁性介质 1 垂直入射到非磁性介质 2，如果已知：

(1) 发射波电场的振幅为入射波的 1/3；

(2) 发射波的能流密度为入射波的 1/3；

(3) 反射区合成电场最小值为最大值的 1/3，且界面处为电场波节。

分别确定 $\varepsilon_{r1}/\varepsilon_{r2}$。

解　非磁性介质 $\mu_1 = \mu_2 = \mu_0$，从而有

$$\Gamma = \frac{\eta_2 - \eta_1}{\eta_2 + \eta_1} = \left(\sqrt{\frac{\varepsilon_{r1}}{\varepsilon_{r2}}} - 1\right)\left(\sqrt{\frac{\varepsilon_{r1}}{\varepsilon_{r2}}} + 1\right)^{-1}$$

化简后有

$$\sqrt{\frac{\varepsilon_{r1}}{\varepsilon_{r2}}} = \frac{1+\Gamma}{1-\Gamma}$$

(1) 由题意可知 $\Gamma = \pm 1/3$，则

$$\frac{\varepsilon_{r1}}{\varepsilon_{r2}} = 4 \quad 或 \quad \frac{\varepsilon_{r1}}{\varepsilon_{r2}} = \frac{1}{4}$$

(2) 由题意可知 $\Gamma = \pm 1/\sqrt{3}$，则

$$\frac{\varepsilon_{r1}}{\varepsilon_{r2}} = 7 + 4\sqrt{3} \quad 或 \quad \frac{\varepsilon_{r1}}{\varepsilon_{r2}} = 7 - 4\sqrt{3}$$

(3) 由题意知电压驻波比为 3，即 $\rho = \dfrac{1+|\Gamma|}{1-|\Gamma|} = 3$，由此可得 $|\Gamma| = \dfrac{1}{2}$。因为界面上是波节点，故反射系数应为负数，这样就有 $\Gamma = -\dfrac{1}{2}$，从而 $\dfrac{\varepsilon_{r1}}{\varepsilon_{r2}} = \dfrac{1}{9}$。

例 7-5　平面电磁波从空气斜入射到 $\varepsilon = 4\varepsilon_0$ 的非磁性介质，已知入射波的传播矢量为

$$\boldsymbol{k}_i = \sqrt{2}\pi(3\boldsymbol{e}_x + 4\boldsymbol{e}_y + 5\boldsymbol{e}_z)$$

求反射波和透射波的传播矢量。

解　由反射定律的矢量形式 $k_{rx} = k_{ix}$，$k_{ry} = k_{iy}$，$k_{rz} = -k_{iz}$，容易得出反射波的传播矢量为

$$\boldsymbol{k}_r = \sqrt{2}\pi(3\boldsymbol{e}_x + 4\boldsymbol{e}_y - 5\boldsymbol{e}_z)$$

由 $k_1 = k_i = 10\pi$ 和 $k_2 = k_t = 20\pi$ 及 $k_{tx} = k_{ix}$，$k_{ty} = k_{iy}$，可得透射波的传播矢量为

$$\boldsymbol{k}_t = \sqrt{2}\pi(3\boldsymbol{e}_x + 4\boldsymbol{e}_y) + \sqrt{350}\pi\boldsymbol{e}_z$$

例 7-6　(1) 垂直极化平面波以入射角 $\theta_i = \theta_1$ 从媒质 1 斜入射到媒质 2，此时透射角 $\theta_t = \theta_2$，若已知 $\Gamma_\perp = -\dfrac{1}{2}$，求透射系数 $T_\perp$。

(2) 当波以入射角 $\theta_i' = \theta_2$ 从媒质 2 斜入射到媒质 1 时，求 θ_t'、$\Gamma_\perp'$、$T_\perp'$。

解　(1) 由 $T_\perp = 1 + \Gamma_\perp$ 可得 $T_\perp = \dfrac{1}{2}$。

(2) 自媒质 1 入射时，由折射定律有 $k_1 \sin\theta_1 = k_2 \sin\theta_2$。当自媒质 2 入射时，$\theta_i' = \theta_2$，仍由上式计算折射角，容易得到 $\theta_t' = \theta_1$。

自媒质 1 入射时，$\Gamma_\perp = \dfrac{\eta_2 \cos\theta_1 - \eta_1 \cos\theta_2}{\eta_2 \cos\theta_1 + \eta_1 \cos\theta_2}$。当自媒质 2 入射时入射角、透射角分别为 θ_2 和 θ_1，而入射区、透射区的波阻抗分别为 η_2 和 η_1，这样就有

$$\Gamma_\perp' = \frac{\eta_1 \cos\theta_2 - \eta_2 \cos\theta_1}{\eta_1 \cos\theta_2 + \eta_2 \cos\theta_1} = -\Gamma_\perp = \frac{1}{2},\ T_\perp' = 1 + \Gamma_\perp' = \frac{3}{2}$$

例 7-7　平面电磁波从空气斜入射到理想导体表面，已知入射波的磁场为

$$\boldsymbol{H}_i = \boldsymbol{e}_{iy} e^{j\sqrt{2}\pi(x-z)}$$

(1) 求反射场；

(2) 求空气中的合成场及导体表面的电流密度。

解　(1) 由题意知

$$\boldsymbol{k}_i \cdot \boldsymbol{r} = -\sqrt{2}\pi(x - z)$$

$$\boldsymbol{k}_i = \sqrt{2}\pi(-\boldsymbol{e}_x + \boldsymbol{e}_z)$$

入射波的传播方向为

$$\boldsymbol{n}_i = \frac{1}{\sqrt{2}}(-\boldsymbol{e}_x + \boldsymbol{e}_z)$$

入射电场为

$$\boldsymbol{E}_i = -\eta_0 \boldsymbol{n}_i \times \boldsymbol{H}_i = \frac{\eta_0}{\sqrt{2}}(\boldsymbol{e}_x + \boldsymbol{e}_z) e^{j\sqrt{2}\pi(x-z)}$$

由反射定律可求出发射波传播方向为

$$\boldsymbol{n}_r = \frac{-1}{\sqrt{2}}(\boldsymbol{e}_x + \boldsymbol{e}_z)$$

设反射波磁场为 $\boldsymbol{H}_i = \boldsymbol{e}_y H_{ro} e^{j\sqrt{2}\pi(x+z)}$，则反射波电场为

$$\boldsymbol{E}_r = -\eta_0 \boldsymbol{n}_r \times \boldsymbol{H}_r = \frac{\eta_0}{\sqrt{2}} H_{ro}(-\boldsymbol{e}_x + \boldsymbol{e}_z) e^{j\sqrt{2}\pi(x+z)} = \boldsymbol{E}_{ro} e^{j\sqrt{2}\pi(x+z)}$$

显然此问题属于平行极化，在理想导体面反射时，反射系数为 1，从而求得 $H_{ro} = 1$，于是得出反射波为

$$\boldsymbol{H}_i = \boldsymbol{e}_y e^{j\sqrt{2}\pi(x+z)}$$

$$\boldsymbol{E}_r = \frac{\eta_0}{\sqrt{2}}(-\boldsymbol{e}_x + \boldsymbol{e}_z) e^{j\sqrt{2}\pi(x+z)}$$

(2) 空气中的总场为

$$\boldsymbol{E} = \boldsymbol{E}_i + \boldsymbol{E}_r = \frac{\eta_0}{\sqrt{2}}(-\boldsymbol{e}_x j2\sin\sqrt{2}\pi z + \boldsymbol{e}_z 2\cos\sqrt{2}\pi z) e^{j\sqrt{2}\pi x}\ (\text{V/m})$$

$$\boldsymbol{H} = \boldsymbol{H}_i + \boldsymbol{H}_r = \boldsymbol{e}_y 2\cos\sqrt{2}\pi z e^{j\sqrt{2}\pi x}\ (\mathrm{A/m})$$

由公式 $\boldsymbol{J}_S = \boldsymbol{n}\times\boldsymbol{H}$，并注意到 $\boldsymbol{n} = -\boldsymbol{e}_z$，可得导体表面的电流密度为

$$\boldsymbol{J}_S = \boldsymbol{e}_x 2\cos(\omega t + \sqrt{2}\pi x)\ (\mathrm{A/m})$$

例 7-8　平面波自水中入射到水与空气的界面，若入射波的电场振幅为 1 V/m，且入射角等于 45°，入射电场垂直于入射面。取水的 $\varepsilon_r = 81$，$\mu_r = 1$，$\sigma = 0$，求空气中贴近界面及距界面 $\lambda/4$ 处的电场振幅。

解　临界角为

$$\theta_c = \arcsin\sqrt{\frac{\varepsilon_2}{\varepsilon_1}} = \arcsin\frac{1}{9} = 6.38°$$

故发生全反射。

$$T_\perp = \frac{2\eta_2\cos\theta_i}{\eta_2\cos\theta_i + \eta_1\cos\theta_t}$$

由 $\sqrt{\varepsilon_1}\sin\theta_i = \sqrt{\varepsilon_2}\sin\theta_t$ 得

$$\sin\theta_t = \frac{9}{\sqrt{2}} = 6.364$$

$$\cos\theta_t = -j\sqrt{\sin^2\theta_t - 1} = -j6.285,\ \eta_1 = \frac{1}{9}\eta_0,\ \eta_2 = \eta_0$$

$$T_\perp = 1.42e^{-j44.64°}$$

$$\alpha = k_2\sqrt{\sin^2\theta_t - 1} = \frac{2\pi}{\lambda}6.285 = \frac{1}{\lambda}39.49$$

所以界面处电场振幅为 1.42 V/m；距离界面 $\lambda/4$ 处的电场振幅为 $e^{-\alpha\lambda/4} = 7.32\times10^{-5}$ V/m。

7.3　习题及答案

7-1　空气与介质（$\mu_r = 1$，$\varepsilon_r = 4$）的交界面为 $z = 0$ 的平面，均匀平面电磁波向界面斜入射，若入射波的传播矢量为：

(1) $\boldsymbol{k}_i = 6\boldsymbol{e}_x + 8\boldsymbol{e}_z$；

(2) $\boldsymbol{k}_i = -2\boldsymbol{e}_x + 2\sqrt{3}\boldsymbol{e}_z$。

分别求其入射角、反射角和折射角。

解　(1)　$\cos\theta_i = \dfrac{4}{5}$，$\theta_r = \theta_i = \arccos\dfrac{4}{5} = 36.9°$

由 $k_1\sin\theta_i = k_2\sin\theta_t$ 和 $k_1 = \omega\sqrt{\mu_0\varepsilon_0}$，$k_2 = \omega\sqrt{\mu_2\varepsilon_2} = \omega\sqrt{\mu_0\varepsilon_{2r}\varepsilon_0} = 2k_1$，得 $\theta_t = 17.47°$。

(2)

$$\cos\theta_i = \frac{\sqrt{3}}{2}$$

$$\theta_r = \theta_i = \arccos\frac{\sqrt{3}}{2} = 30°$$

$$k_1\sin\theta_i = k_2\sin\theta_t$$

由(1)知 $k_2 = 2k_1$，所以 $\theta_t = 14.47°$。

7-2 试证明平行极化波入射时，两种理想介质分界面上的反射系数和透射系数可写为

$$\Gamma_{/\!/}=\frac{\tan(\theta_i-\theta_t)}{\tan(\theta_i+\theta_t)},\quad T_{/\!/}=\frac{2\cos\theta_i\sin\theta_t}{\sin(\theta_i+\theta_t)\cos(\theta_i-\theta_t)}$$

解

$$\Gamma_{/\!/}=\frac{E_{ro}}{E_{io}}=\frac{\eta_1\cos\theta_i-\eta_2\cos\theta_t}{\eta_1\cos\theta_i+\eta_2\cos\theta_t}$$

$$T_{/\!/}=\frac{E_{to}}{E_{io}}=\frac{2\eta_2\cos\theta_i}{\eta_1\cos\theta_i+\eta_2\cos\theta_t}$$

对于非磁性介质，$\mu_1=\mu_2=\mu_0$，$\eta_1=\sqrt{\dfrac{\mu_0}{\varepsilon_1}}$，$\eta=\sqrt{\dfrac{\mu_0}{\varepsilon_2}}$，则反射系数和透射系数可写为

$$\Gamma_{/\!/}=\frac{\sqrt{\varepsilon_2}\cos\theta_i-\sqrt{\varepsilon_1}\cos\theta_t}{\sqrt{\varepsilon_2}\cos\theta_i+\sqrt{\varepsilon_1}\cos\theta_t}=\frac{\dfrac{\varepsilon_2}{\varepsilon_1}\cos\theta_i-\sqrt{\dfrac{\varepsilon_2}{\varepsilon_1}-\sin^2\theta_i}}{\dfrac{\varepsilon_2}{\varepsilon_1}\cos\theta_i+\sqrt{\dfrac{\varepsilon_2}{\varepsilon_1}-\sin^2\theta_i}}$$

$$T_{/\!/}=\frac{2\sqrt{\varepsilon_1}\cos\theta_i}{\sqrt{\varepsilon_2}\cos\theta_i+\sqrt{\varepsilon_1}\cos\theta_t}=\frac{2\sqrt{\dfrac{\varepsilon_2}{\varepsilon_1}}\cos\theta_i}{\dfrac{\varepsilon_2}{\varepsilon_1}\cos\theta_i+\sqrt{\dfrac{\varepsilon_2}{\varepsilon_1}-\sin^2\theta_i}}$$

上面两式由折射定律就可以表示为

$$\Gamma_{/\!/}=\frac{\tan(\theta_i-\theta_t)}{\tan(\theta_i-\theta_t)}$$

$$T_{/\!/}=\frac{2\cos\theta_i\sin\theta_t}{\sin(\theta_i+\theta_t)\cos(\theta_i-\theta_t)}$$

7-3 均匀平面电磁波斜入射到 $z=0$ 介质平面上，已知入射波传播方向单位矢量 $\boldsymbol{n}_i=-\dfrac{1}{\sqrt{2}}\boldsymbol{e}_x+\dfrac{1}{\sqrt{2}}\boldsymbol{e}_z$，求入射角 θ_i 和反射波传播方向单位矢量 $\boldsymbol{n}_r$。

解 入射角为

$$\theta_i=\arccos\frac{1}{\sqrt{2}}=45°$$

反射波传播方向为

$$\boldsymbol{n}_r=-\frac{1}{\sqrt{2}}\boldsymbol{e}_x-\frac{1}{\sqrt{2}}\boldsymbol{e}_z$$

7-4 真空中一频率为 300 MHz，电场振幅为 1 mV/m 的均匀平面电磁波垂直射向很大的平面厚铜板(铜板的参量为 $\mu=\mu_0$，$\varepsilon=\varepsilon_0$，$\sigma=5.8\times10^7$ s/m)。求：

(1) 铜表面处的透射电场和磁场；

(2) 铜表面处的传导电流密度和穿透深度；

(3) 表面阻抗 Z_s；

(4) 表面上每平方米导体内的功率损耗。

解 (1) 铜表面处的透射磁场约等于入射磁场的两倍，即

$$\boldsymbol{H}_{to}=2\boldsymbol{H}_{io}=\boldsymbol{e}_y2\frac{E_{io}}{\eta_0}=\boldsymbol{e}_y2\times\frac{1.0\times10^{-3}}{377}=\boldsymbol{e}_y5.3\times10^{-6}\,(\text{A/m})$$

由 $Z_s = \dfrac{E_{to}}{H_{to}}$ 得 $E_{to} = H_{to}Z_s$。在

$$Z_s = (1+j)\sqrt{\frac{\omega\mu_0}{2\sigma}}$$

中代入具体数值得

$$Z_s = 4.52\times10^{-3}(1+j)\ (\Omega)$$

这样就有

$$\boldsymbol{E}_{to} = \boldsymbol{e}_x 3.39\times10^{-8}e^{j\frac{\pi}{4}}\ (\text{V/m})$$

(2) 表面处的传导电流密度为

$$\boldsymbol{J} = \sigma\boldsymbol{E}_{to} = \boldsymbol{e}_x 1.96e^{j\frac{\pi}{4}}$$

电磁波的穿透深度为

$$\delta = \frac{1}{\alpha} = \sqrt{\frac{2}{\omega\mu_0\sigma}} = 38.1\times10^{-6}\ (\text{m})$$

(3) 表面阻抗为

$$Z_s = 4.52\times10^{-3}(1+j)\ (\Omega)$$

(4) 单位面积的功率损耗为

$$P_L = \frac{1}{2}|2H_{io}|^2\frac{\alpha}{\sigma}$$

代入具体数值得

$$P_L = 6.35\times10^{-14}\ (\text{W/m}^2)$$

7-5　一均匀平面电磁波从波阻抗为 η 的电介质垂直入射到一个电导率为 σ、磁导率为 μ_0 的导体。设 $\eta = 100R_s$，求透入导体内部的功率与入射功率之比。

解

$$\eta = 100R_s$$

$$\Gamma = \frac{\eta_2-\eta_1}{\eta_2+\eta_1} = \frac{(1+j)R_s-\eta}{(1+j)R_s+\eta}$$

$$= \frac{(1+j)R_s-100R_s}{(1+j)R_s+100R_s}$$

$$= \frac{(1+j)-100}{1+j+100} = \frac{j-99}{j+101}$$

$$|\Gamma|^2 = \frac{99^2+1}{101^2+1} = \frac{9802}{10\,202} = 0.96$$

$$1-|\Gamma|^2 = 0.04 = 4\%$$

7-6　空气中，一频率为 1 GHz，电场强度的峰值为 1 V/m 的均匀平面电磁波，垂直入射到一块大铜片上。求铜片上每平方米所吸收的平均功率。

解

$$R_s = \sqrt{\frac{\omega\mu}{2\sigma}} = \sqrt{\frac{2\pi\times10^9\times4\pi\times10^{-7}}{2\times5.8\times10^7}} = 8.25\times10^{-3}\ (\Omega)$$

因 $H_{to}\approx 2H_{io}$，所以有

$$H_{io} = \frac{E_{io}}{\eta_0} = \frac{1}{377}\ (\text{A/m})$$

又由 $P_L = \dfrac{1}{2}H_{to}^2R_s$ 得

$$P_L = \frac{1}{2}\times\left(\frac{2}{377}\right)^2\times 8.25\times 10^{-3} = 1.16\times 10^{-7}(\mathrm{W/m^2})$$

7-7 有一频率 $f = 1$ GHz、沿 $\boldsymbol{e}_x$ 方向极化的均匀平面电磁波，由空气垂直入射到理想导体表面，已知入射波电场强度 $\boldsymbol{E}_\mathrm{i}$ 的振幅为 4 mV/m。设入射面为 xoz 平面：

(1) 求反射波 $\boldsymbol{E}_\mathrm{r}$、$\boldsymbol{H}_\mathrm{r}$ 的瞬时值；

(2) 求空气中合成波 $\boldsymbol{E}_1$、$\boldsymbol{H}_1$ 的复矢量；

(3) 求距导体面最近的电场 E_1 为零的点的坐标。

解 (1)

$$\boldsymbol{E}_\mathrm{i} = 4\times 10^{-3}\boldsymbol{e}_x\cos\left(2\pi\times 10^9 t - \frac{20\pi}{3}z\right)$$

$$\boldsymbol{E}_\mathrm{r} = -4\times 10^{-3}\boldsymbol{e}_x\cos\left(2\pi\times 10^9 t + \frac{20\pi}{3}z\right)$$

$$\boldsymbol{H}_\mathrm{r} = \frac{4\times 10^{-3}}{120\pi}\boldsymbol{e}_y\cos\left(2\pi\times 10^9 t + \frac{20\pi}{3}z\right)$$

$$\boldsymbol{H}_\mathrm{i} = \frac{4\times 10^{-3}}{120\pi}\boldsymbol{e}_y\cos\left(2\pi\times 10^9 t - \frac{20\pi}{3}z\right)$$

(2)

$$\boldsymbol{E}_1 = \boldsymbol{E}_\mathrm{i} + \boldsymbol{E}_\mathrm{r} = 8\times 10^{-3}\boldsymbol{e}_x\sin(2\pi\times 10^9 t)\cdot\sin\left(\frac{20\pi}{3}z\right)$$

$$\boldsymbol{H}_1 = \boldsymbol{H}_\mathrm{i} + \boldsymbol{H}_\mathrm{r} = \frac{8\times 10^{-3}}{120\pi}\boldsymbol{e}_y\cos(2\pi\times 10^9 t)\cos\left(\frac{20\pi}{3}z\right)$$

(3) 令 $\frac{20\pi z}{3} = -\pi$，有 $z = -\frac{3}{20} = 0.15$ (m)。

7-8 均匀平面电磁波的电场振幅为 $\boldsymbol{E}_\mathrm{i} = 100\mathrm{e}^{\mathrm{j}0}$ V/m，从空气垂直入射到无损耗的介质平面上(介质的参数 $\mu_2 \approx \mu_0$，$\varepsilon_2 = 4\varepsilon_0$，$\sigma_2 = 0$)。求反射波和透射波电场的振幅。

解

$$\eta_1 = \eta_0,\ \eta_2 = \sqrt{\frac{\mu_0}{4\varepsilon_0}} = \frac{\eta_0}{2}$$

$$\Gamma = \frac{\eta_2 - \eta_1}{\eta_2 + \eta_1} = \frac{\frac{\eta_0}{2} - \eta_0}{\frac{\eta_0}{2} + \eta_0} = \frac{\frac{1}{2} - 1}{\frac{1}{2} + 1} = -\frac{1}{3}$$

$$T = 1 + \Gamma = \frac{2}{3}$$

所以，反射波电场振幅为 $\frac{100}{3}$ V/m，透射波电场振幅为 $\frac{200}{3}$ V/m。

7-9 均匀平面电磁波从空气垂直入射到某介质平面时，在空气中形成驻波，设驻波比为 2.7，介质平面上有驻波最小点，求该介质的介电常数。

解 设 $\mu_1 = \mu_2 = \mu_0$，则

$$\Gamma = \frac{\eta_2 - \eta_1}{\eta_2 + \eta_1} = \frac{\sqrt{\frac{1}{\varepsilon_2}} - \sqrt{\frac{1}{\varepsilon_1}}}{\sqrt{\frac{1}{\varepsilon_2}} + \sqrt{\frac{1}{\varepsilon_1}}} = \frac{\sqrt{\frac{\varepsilon_1}{\varepsilon_2}} - 1}{\sqrt{\frac{\varepsilon_1}{\varepsilon_2}} + 1}$$

界面上是电场最小点，$\Gamma < 0$。

驻波系数为

$$S=\frac{1+|\Gamma|}{1-|\Gamma|}=\frac{1-\Gamma}{1+\Gamma}=\sqrt{\frac{\varepsilon_2}{\varepsilon_1}}=2.7$$

从而有 $\varepsilon_1=\varepsilon_0$，$\varepsilon_2=7.29\varepsilon_0$。

7-10　均匀平面电磁波由空气向理想介质（$\mu_r=1$，$\varepsilon_r\neq1$）垂直入射，在分界面上 $E_o=10$ V/m，$H_o=0.266$ A/m。

（1）求媒质 2 的 ε_r；

（2）求 $\boldsymbol{E}_i$、$\boldsymbol{H}_i$、$\boldsymbol{E}_r$、$\boldsymbol{H}_r$、$\boldsymbol{E}_t$、$\boldsymbol{H}_t$ 的复振幅；

（3）求媒质 1 中的驻波系数 ρ。

解　（1）由 $E_{1t}=E_{2t}$，$H_{1t}=H_{2t}$ 及 $\eta_2=\dfrac{E_0}{H_0}=\dfrac{10}{0.266}=37.6$ 可知

$$\sqrt{\frac{\mu_0}{\varepsilon_0\varepsilon_r}}=\frac{\eta_0}{\sqrt{\varepsilon_r}}=\frac{120\pi}{\sqrt{\varepsilon_r}}=37.6$$

从而

$$\varepsilon_r=\left(\frac{120\pi}{37.6}\right)^2=100.56$$

（2）

$$\Gamma=\frac{\eta_2-\eta_1}{\eta_2+\eta_1}=\frac{\dfrac{\eta_0}{10}-\eta_0}{\dfrac{\eta_0}{10}+\eta_0}=-\frac{9}{11}$$

$$T=1+\Gamma=\frac{2}{11}$$

由 $\dfrac{E_{to}}{E_{io}}=T$，得

$$E_{io}=\frac{E_{to}}{T}=\frac{10}{\dfrac{2}{11}}=\frac{110}{2}=55\ (\text{V/m})$$

$$H_{io}=\frac{E_{io}}{\eta_0}=\frac{55}{120\pi}=0.146\ (\text{A/m})$$

由 $\dfrac{E_{ro}}{E_{io}}=\Gamma$，得

$$E_{ro}=E_{io}\cdot\Gamma=55\times\frac{-9}{11}=-45\ (\text{V/m})$$

$$H_{ro}=-\frac{E_{ro}}{\eta_0}=\frac{45}{120\pi}=0.119\ (\text{A/m})$$

$$E_{to}=10\ (\text{V/m})$$

$$H_{to}=0.266\ (\text{A/m})$$

（3）

$$S=\frac{1+|\Gamma|}{1-\Gamma}=\frac{1+\dfrac{9}{11}}{1-\dfrac{9}{11}}=\frac{20}{2}=10$$

7-11　一圆极化波由空气垂直投射到一介质板上，已知入射波电场 $\boldsymbol{E}_i=E_0(\boldsymbol{e}_x-\mathrm{j}\boldsymbol{e}_y)\mathrm{e}^{-\mathrm{j}kz}$，介质板的电磁参量 $\mu=\mu_0$，$\varepsilon=9\varepsilon_0$，求反射波和透射波的电场，并判断波的极化状态。

解

$$\eta_1=\eta_0=120\pi\ (\Omega)$$

$$\eta_2 = \sqrt{\frac{\mu_0}{9\varepsilon_0}} = \frac{\eta_0}{3} = 40\pi\ (\Omega)$$

$$\Gamma = \frac{\eta_2 - \eta_1}{\eta_2 + \eta_1} = \frac{40\pi - 120\pi}{40\pi + 120\pi} = -\frac{1}{2}$$

$$T = 1 + \Gamma = \frac{1}{2},\ k_2 = 3k_1 = 3k$$

所以，反射波电场为

$$\boldsymbol{E}_{\mathrm{r}} = -\frac{E_0}{2}(\boldsymbol{e}_x - \mathrm{j}\boldsymbol{e}_y)\mathrm{e}^{\mathrm{j}kz}$$

透射波电场为

$$\boldsymbol{E}_{\mathrm{i}} = \frac{E_0}{2}(\boldsymbol{e}_x - j\boldsymbol{e}_y)\mathrm{e}^{-\mathrm{j}3kz}$$

入射波为右旋圆极化，透射波为左旋圆极化。

7-12 电场 $\boldsymbol{E}_{\mathrm{i}} = \boldsymbol{e}_x 100\sin(\omega t - kz) + \boldsymbol{e}_y 200\cos(\omega t - kz)$ (V/m) 的均匀平面电磁波自空气投射到 $z = 0$ 处的理想导体表面，求：

(1) 空气中的总电场；

(2) 导体表面的电流密度 $\boldsymbol{J}_S$；

(3) 入、反射波的极化状态。

解 (1)

$$\Gamma = -1$$

$$\boldsymbol{E}_{\mathrm{r}} = -\boldsymbol{e}_x 100\sin(\omega t + kz) - \boldsymbol{e}_y 200\cos(\omega t + kz)$$

$$\boldsymbol{H}_{\mathrm{i}} = \frac{\boldsymbol{e}_y}{\eta_0}100\sin(\omega t - kz) - \frac{\boldsymbol{e}_x}{\eta_0}200\cos(\omega t - kz)$$

$$\boldsymbol{H}_{\mathrm{r}} = \frac{\boldsymbol{e}_y}{\eta_0}100\sin(\omega t + kz) - \frac{\boldsymbol{e}_x}{\eta_0}200\cos(\omega t + kz)$$

空气中总电场为

$$\begin{aligned}\boldsymbol{E}_1 &= \boldsymbol{E}_{\mathrm{i}} + \boldsymbol{E}_{\mathrm{r}} \\ &= \boldsymbol{e}_x 100[\sin(\omega t - kz) - \sin(\omega t + kz)] + \boldsymbol{e}_y 200[\cos(\omega t - kz) - \cos(\omega t + kz)] \\ &= -\boldsymbol{e}_x 200\cos\omega t\sin kz + \boldsymbol{e}_y 400 \cdot \sin\omega t\sin kz\end{aligned}$$

(2)

$$\boldsymbol{H}_1 = \boldsymbol{H}_{\mathrm{i}} + \boldsymbol{H}_{\mathrm{r}}$$

$$\boldsymbol{H}_{10} = \boldsymbol{H}_1(z = 0) = \frac{200}{\eta_0}\boldsymbol{e}_y\sin\omega t - \frac{400}{\eta_0}\boldsymbol{e}_x\cos\omega t$$

$$\boldsymbol{J}_S = \boldsymbol{n} \times \boldsymbol{H}_{10} = -\boldsymbol{e}_z \times \boldsymbol{H}_{10} = \frac{200}{\eta_0}\boldsymbol{e}_x\sin\omega t + \frac{400}{\eta_0}\boldsymbol{e}_y\cos\omega t$$

(3) 入射波为左旋椭圆极化；反射波为右旋椭圆极化。

7-13 电场 $\boldsymbol{E}_{\mathrm{i}} = \boldsymbol{e}_x 10\cos(3\times10^9 t - 30\pi z)$ (V/m) 的均匀平面电磁波由空气投射到非磁性介质 ($\mu_{\mathrm{r}} = 1, \varepsilon_{\mathrm{r}} = 4$)，如将介质交界面处选为直角坐标系原点(即 $z = 0$)，求区域 $z > 0$ 中的电场与磁场强度。

解

$$\eta_2 = \sqrt{\frac{\mu_2}{\varepsilon_2}} = \sqrt{\frac{\mu_0}{4\varepsilon_0}} = \frac{\eta_0}{2} = 60\pi\ (\Omega)$$

$$\eta_1 = \eta_0 = 120\pi\ (\Omega)$$

$$k_1 = 30\pi\ (\mathrm{rad}),\ k_2 = 60\pi\ (\mathrm{rad})$$

$$T = \frac{2\eta_2}{\eta_2 + \eta_1} = \frac{2 \times 60\pi}{60\pi + 120\pi} = \frac{2}{3}$$

所以

$$\boldsymbol{E}_t = \boldsymbol{e}_x \frac{20}{3}\cos(9\pi \times 10^9 t - 60\pi z)$$

$$\boldsymbol{H}_t = \boldsymbol{e}_y \frac{20}{3} \times \frac{1}{60\pi}\cos(9\pi \times 10^9 t - 60\pi z) = \boldsymbol{e}_y \frac{1}{9\pi}\cos(9\pi \times 10^9 - 60\pi z)$$

7-14　在介电常数分别为 ε_1 与 ε_3 的介质中间放置一块厚度为 d 的介质板，其介电常数为 ε_2，三种介质的磁导率为 μ_0。若均匀平面电磁波从介质 1 中垂直入射于介质板上，试证明当 $\varepsilon_2 = \sqrt{\varepsilon_1\varepsilon_3}$，且 $d = \frac{\lambda_0}{4\sqrt{\varepsilon_{r2}}}$（$\lambda_0$ 为自由空间电磁波的波长）时，没有反射。

证　由等效阻抗公式有

$$Z_{p(0)} = \eta_2 \frac{\eta_3 + j\eta_2 \tan k_2 d}{\eta_2 + j\eta_3 \tan k_2 d}$$

当 $d = \frac{\lambda_0}{4\sqrt{\varepsilon_{r2}}} = \frac{\lambda_2}{4}$ 时，有

$$k_2 d = \frac{\pi}{2}$$

$$Z_{p(0)} = \frac{(\eta_2)^2}{\eta_3} = \frac{\dfrac{\mu_0}{\varepsilon_2}}{\sqrt{\dfrac{\mu_0}{\varepsilon_3}}}$$

当 $\varepsilon_2 = \sqrt{\varepsilon_1\varepsilon_3}$ 时，$Z_{p(0)} = \eta_1$，故该区无反射波。

7-15　空气中电场 $\boldsymbol{E} = \boldsymbol{e}_y E_m e^{-j10\pi(x+\sqrt{3}z)}$ (V/m) 的平面电磁波投射到 $\varepsilon_r = 1.5$ 的非磁性媒质表面 $z = 0$ 处，求反射系数和透射系数。

解　由题意，入射波是垂直极化，有

$$\boldsymbol{n}_i = \frac{1}{2}\boldsymbol{e}_x + \frac{\sqrt{3}}{2}\boldsymbol{e}_z, \quad \theta_i = \arccos\frac{\sqrt{3}}{2} = 30^\circ$$

由折射定律有

$$\sqrt{\varepsilon_1}\sin\theta_i = \sqrt{\varepsilon_2}\sin\theta_t$$

$$\sqrt{\varepsilon_0}\sin 30^\circ = \sqrt{\varepsilon_r\varepsilon_0}\sin\theta_t = \sqrt{1.5}\sqrt{\varepsilon_0}\sin\theta_t$$

$$\sin\theta_t = 0.408, \ \theta_t = 24.09^\circ, \ \cos\theta_t = 0.9128$$

$$\begin{aligned}\Gamma_\perp &= \frac{\sqrt{\varepsilon_1}\cos\theta_i - \sqrt{\varepsilon_2}\cos\theta_t}{\sqrt{\varepsilon_1}\cos\theta_i + \sqrt{\varepsilon_2}\cos\theta_t} \\ &= \frac{\cos\theta_i - \sqrt{\varepsilon_r}\cos\theta_t}{\cos\theta_i + \sqrt{\varepsilon_r}\cos\theta_t} \\ &= \frac{\dfrac{\sqrt{3}}{2} - \sqrt{1.5} \times 0.9128}{\dfrac{\sqrt{3}}{2} + \sqrt{1.5} \times 0.9128} = -0.127\end{aligned}$$

$$T_{\perp} = 1 + \Gamma = 0.873$$

7-16 一圆极化均匀平面电磁波自空气投射到非磁性媒质表面 $z=0$，入射角 $\theta_i = 60°$，入射面为 xoz 面。要求反射波电场在 y 轴方向，求媒质的介电常数 ε_r。

解 依题意，有

$$\theta_i = \theta_B = \arctan\sqrt{\frac{\varepsilon_2}{\varepsilon_1}} = \arctan\sqrt{\frac{\varepsilon_r\varepsilon_0}{\varepsilon_0}} = \arctan\sqrt{\varepsilon_r} = 60°$$

即 $\sqrt{\varepsilon_r} = \tan 60° = \sqrt{3}$，$\varepsilon_r = 3$。

7-17 电场为 $\boldsymbol{E}_i = \boldsymbol{e}_y e^{j(6x+8z)}$ (V/m) 的均匀平面电磁波由空气斜入射到理想导体表面 $z=0$ 处，求入射角 θ_i、反射波的 $\boldsymbol{E}_r$ 和 $\boldsymbol{H}_r$。

解 依题意知，入射波是垂直极化，在理想导体面上反射时，$\Gamma_{\perp} = -1$，所以

$$E_t = -\boldsymbol{e}_y e^{j(6x-8z)}$$

反射波的传播方向为

$$\boldsymbol{n}_r = -\frac{3}{5}\boldsymbol{e}_x + \frac{4}{5}\boldsymbol{e}_z$$

$$\boldsymbol{H}_t = \frac{1}{\eta_0}\boldsymbol{n}_r \times \boldsymbol{E}_t = \frac{1}{120\pi}\left(\frac{3}{5}\boldsymbol{e}_z + \frac{4}{5}\boldsymbol{e}_x\right)e^{j(6x-8z)}$$

入射波的传播方向为

$$\boldsymbol{n}_i = -\frac{3}{5}\boldsymbol{e}_x - \frac{4}{5}\boldsymbol{e}_z$$

$$\theta_i = \arccos\frac{4}{5} = 36.87°$$

7-18 入射波电场 $\boldsymbol{E}_i$ 平行入射面的平面电磁波斜射到理想导体表面，求媒质 1 中的总电磁场。

解 平行极化波在导体面反射时，$\Gamma_{11} = 1$。设

$$\boldsymbol{H}_i = \boldsymbol{e}_y H_m e^{-jk(\sin\theta_i x + \cos\theta_i z)}$$

$$\boldsymbol{H}_r = \boldsymbol{e}_y H_m e^{-jk(\sin\theta_i x - \cos\theta_i z)}$$

$$\boldsymbol{n}_i = \sin\theta_i \boldsymbol{e}_x + \cos\theta_i \boldsymbol{e}_z$$

$$\boldsymbol{n}_r = \sin\theta_i \boldsymbol{e}_x - \cos\theta_i \boldsymbol{e}_z$$

$$\boldsymbol{E}_i = -\eta_0 \boldsymbol{n}_i \times \boldsymbol{H}_i = \eta_0 H_m(-\sin\theta_i \boldsymbol{e}_z + \cos\theta_i \boldsymbol{e}_x)e^{-jk(\sin\theta_i x + \cos\theta_i z)}$$

$$\boldsymbol{E}_r = -\eta_0 \boldsymbol{n}_r \times \boldsymbol{H}_r = \eta_0 H_m(-\sin\theta_i \boldsymbol{e}_z - \cos\theta_i \boldsymbol{e}_x)e^{-jk(\sin\theta_i x - \cos\theta_i z)}$$

媒质 1 中总磁场和总电场为

$$\boldsymbol{H}_1 = \boldsymbol{H}_i + \boldsymbol{H}_r = \boldsymbol{e}_y 2H_m e^{-jk\sin\theta_i x} \cdot \cos(k\cos\theta_i z)$$

$$\boldsymbol{E}_1 = \boldsymbol{E}_i + E_r = -\boldsymbol{e}_z 2\eta_0 H_m \sin\theta_i e^{-jk\sin\theta_i x}\cos(k\cos\theta_i z) - \boldsymbol{e}_x j2\eta_0 H_m \cos\theta_i e^{-jk\sin\theta_i x}\sin(k\cos\theta_i z)$$

7-19 证明当均匀平面电磁波斜入射到某媒质界面时，界面上单位面积上的入射功率平均值等于反射功率和透射功率平均值之和。

证明

$$\boldsymbol{S}_{av,r} = \frac{1}{2}\mathrm{Re}[\boldsymbol{E}_{io} \times H_{io}{}^*]$$

$$= \frac{1}{2\eta_1}\mathrm{Re}[E_{io} \times (\boldsymbol{n}_i \times \boldsymbol{E}_{io}{}^*)] = \frac{1}{2\eta_1}\boldsymbol{n}_i(\boldsymbol{E}_{ro} \cdot \boldsymbol{E}_{io}{}^*)$$

$$= \frac{1}{2\eta_1}\boldsymbol{n}_i |\boldsymbol{E}_{io}|^2$$

$$S_{av,r}=\frac{1}{2\eta_1}\boldsymbol{n}_r(\boldsymbol{E}_{ro}\cdot\boldsymbol{E}_{ro}^*)=\frac{1}{2\eta_1}\boldsymbol{n}_r\ |\Gamma|^2|\boldsymbol{E}_{io}|^2$$

$$\boldsymbol{S}_{av,t}=\frac{1}{2\eta_2}\boldsymbol{n}_t(\boldsymbol{E}_{to}\cdot\boldsymbol{E}_{to}^*)=\boldsymbol{n}_t\ |T|^2\frac{\eta_1}{\eta_2}\frac{1}{2\eta_1}\ |\boldsymbol{E}_{io}|^2$$

$$\boldsymbol{n}_i=\boldsymbol{e}_x\sin\theta_i+\boldsymbol{e}_z\cos\theta_i$$

$$\boldsymbol{n}_r=\boldsymbol{e}_x\sin\theta_i-\boldsymbol{e}_z\cos\theta_i$$

$$\boldsymbol{n}_t=\boldsymbol{e}_x\sin\theta_t+\boldsymbol{e}_z\cos\theta_t$$

考虑界面上平均功率沿 z 轴方向的分量，有功率反射系数 $\Gamma_p=|\Gamma|^2$，功率透射系数 $T_p=\frac{\eta_1\cos\theta_t}{\eta_2\cos\theta_i}\ |T|^2$，代入 T_1 和 Γ 表达式有 $\Gamma_p+T_p=1$。得证。

7-20　设两种介质的参量 $\varepsilon_1=\varepsilon_2$，$\mu_1\neq\mu_2$。当均匀平面电磁波斜入射到界面上时，试问哪种极化波可以得到全透射？求此时的入射角 θ_i。

解　对垂直极化，令 $\Gamma_\perp=0$，有

$$\eta_2\cos\theta_i=\eta_1\cos\theta_t,\ \sqrt{\frac{\mu_2}{\varepsilon_1}}\cos\theta_i=\sqrt{\frac{\mu_1}{\varepsilon_1}}\cos\theta_t,\ \sqrt{\mu_2}\cos\theta_i=\sqrt{\mu_1}\cos\theta_t$$

再由折射定律有

$$\sqrt{\mu_1}\sin\theta_i=\sqrt{\mu_2}\sin\theta_t$$

$$\frac{\mu_2}{\mu_1}\cos^2\theta_i+\frac{\mu_1}{\mu_2}\sin^2\theta_i=1$$

$$\frac{\mu_2}{\mu_1}(1-\sin^2\theta_i)+\frac{\mu_1}{\mu_2}\sin^2\theta_i=1$$

$$\left(\frac{\mu_1}{\mu_2}-\frac{\mu_2}{\mu_1}\right)\sin^2\theta_i=1-\frac{\mu_2}{\mu_1}$$

$$\sin^2\theta_i=\frac{1-\frac{\mu_2}{\mu_1}}{\frac{\mu_1}{\mu_2}-\frac{\mu_2}{\mu_1}}=\frac{\mu_2}{\mu_1+\mu_2}$$

所以当 $\theta_i=\arcsin\sqrt{\frac{\mu_2}{\mu_1+\mu_2}}$ 时，垂直极化发生全透射。同理可以得到：对于此种媒质，平行极化波不会发生全透射。

7-21　理想介质 (μ_o,ε) 与空气的分界面为 $z=0$ 平面，一均匀平面电磁波从介质以 45° 的入射角斜射到界面上，要使波在界面产生全反射，求 ε 的最小值。

解　由

$$\theta_c=\arcsin\sqrt{\frac{\varepsilon_2}{\varepsilon_1}}=\arcsin\sqrt{\frac{\varepsilon_0}{\varepsilon_1}}$$

$$\theta_i=45^\circ>\theta_c$$

得

$$\sin45^\circ>\sqrt{\frac{\varepsilon_0}{\varepsilon}}\Rightarrow\frac{1}{\sqrt{2}}>\sqrt{\frac{\varepsilon_0}{\varepsilon}}\Rightarrow\varepsilon>2\varepsilon_0$$

故介电常数最小值为 $2\varepsilon_0$。

7-22　两种无耗媒质交界面为 $z=0$ 的平面，一垂直极化入射的均匀平面电磁波由媒质 1 以 θ_1 的入射角入射到界面上，此时的透射角为 θ_2，如题 7-22 图所示。

(1) 如已知反射系数 $\Gamma=\dfrac{1}{2}$，求透射系数 T；

(2) 如 $\boldsymbol{E}_2$ 垂直于入射面的波由媒质 2 射向界面，其入射角为 θ_2，求透射角 θ'_t、反射系数 Γ' 和透射系数 T'。

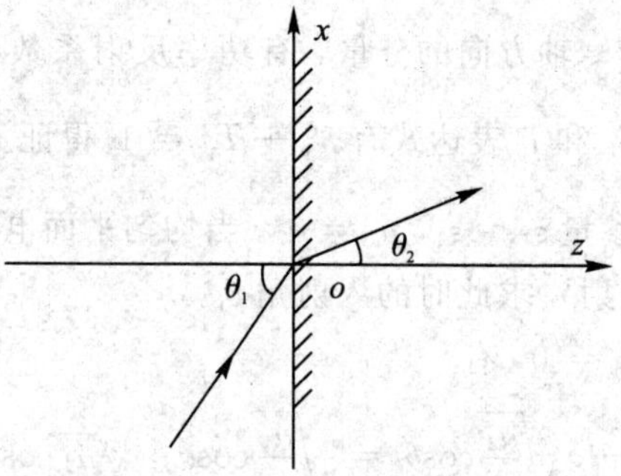

题 7-22 图

解　本题解答见本章典型例题中的例 7-6。

7-23　已知全反射时，媒质 2 中的透射场振幅沿垂直界面方向按指数衰减。若媒质 1 的折射率 $n_1=1.5$，媒质 2 的折射率为 $n_2=1$，求入射角 $\theta_i=45°$ 时的透射深度。

解　由 $n_1\sin\theta_i=n_2\sin\theta_t$ 得

$$\sin\theta_t=1.5\sin45°=1.0607$$

$$\cos\theta_t=\sqrt{1-\sin^2\theta_t}=-\mathrm{j}\sqrt{\sin^2\theta_t-1}=-\mathrm{j}0.3536$$

衰减常数为

$$\alpha=k\times0.3536$$

透入深度为

$$\delta=\frac{1}{\alpha}=\frac{1}{k\times0.3536}=\frac{\lambda}{2\pi\times0.3536}=0.450\ 16\lambda$$

其中，λ 是媒质 2 中的波长。

7-24　设 $z>0$ 区域中有磁化铁氧体(磁感应强度 $\boldsymbol{B}_0=\boldsymbol{e}_zB_0$)，$z<0$ 区域为空气，当线极化的均匀平面电磁波的电磁场为 $\boldsymbol{H}_i=\boldsymbol{e}_y\mathrm{e}^{-\mathrm{j}kz}$，$\boldsymbol{E}_i=\eta\boldsymbol{e}_x\mathrm{e}^{-\mathrm{j}kz}$ 垂直投射到铁氧体表面时，求反射波的 $\boldsymbol{E}_r$、$\boldsymbol{H}_r$ 和透射波的 $\boldsymbol{E}_t$、$\boldsymbol{H}_t$。

解　由于铁氧体内只能传播左旋和右旋圆极化波，因而需要将入射波分解为圆极化波。

$$\boldsymbol{E}=\eta_0\boldsymbol{e}_x\mathrm{e}^{-\mathrm{j}kz}=\eta_0\left(\frac{\boldsymbol{e}_x}{2}+\frac{\mathrm{j}\boldsymbol{e}_y}{2}\right)\mathrm{e}^{-\mathrm{j}kz}+\eta_0\left(\frac{\boldsymbol{e}_x}{2}-\frac{\mathrm{j}\boldsymbol{e}_y}{2}\right)\mathrm{e}^{-\mathrm{j}kz}$$

第一项为左旋圆极化，第二项为右旋圆极化。

对于左旋圆极化，等效磁导为

$$\mu_{11}+\mathrm{j}\mu_{12}=\mu_-$$

对于右旋圆极化，等效磁导为

$$\mu_{11} - j\mu_{12} = \mu_+$$

波阻抗为

$$\eta_{2+} = \sqrt{\frac{\mu_+}{\varepsilon_0}}, \quad \eta_{2-} = \sqrt{\frac{\mu_-}{\varepsilon_0}}$$

反射系数为

$$\Gamma_+ - \frac{\eta_{2+} - \eta_0}{\eta_{2+} + \eta_0}, \quad \Gamma_- = \frac{\eta_{2-} - \eta_0}{\eta_{2-} + \eta_0}$$

所以反射波电场为

$$\boldsymbol{E}_r = \eta_0 \Gamma_- \left(\frac{\boldsymbol{e}_x}{2} + \frac{j\,\boldsymbol{e}_y}{2}\right) e^{jkz} + \eta_0 \Gamma_+ \left(\frac{\boldsymbol{e}_x}{2} - \frac{j\,\boldsymbol{e}_y}{2}\right) e^{jkz}$$

$$\boldsymbol{H}_r = \Gamma_- \left(-\frac{\boldsymbol{e}_y}{2} + \frac{j\boldsymbol{e}_x}{2}\right) e^{jkz} + \Gamma_+ \left(-\frac{\boldsymbol{e}_y}{2} - \frac{j\boldsymbol{e}_x}{2}\right) e^{jkz}$$

设透射系数为

$$T_+ = \frac{2\eta_{2+}}{\eta_{2+} + \eta_0}, \; T_- = \frac{2\eta_{2-}}{\eta_{2-} + \eta_0}$$

$$k_+ = \omega\sqrt{\varepsilon\mu_+}, \; k_- = \omega\sqrt{\varepsilon\mu_-}$$

则透射波为

$$\boldsymbol{E}_t = \eta_0 T_- \left(\frac{\boldsymbol{e}_x}{2} + \frac{j\boldsymbol{e}_y}{2}\right) e^{-jk_- z} + \eta_0 T_+ \left(\frac{\boldsymbol{e}_x}{2} - \frac{j\boldsymbol{e}_y}{2}\right) e^{-jk_+ z}$$

$$\boldsymbol{H}_t = \frac{\eta_0}{\eta_-} T_- \left(\frac{\boldsymbol{e}_y}{2} - \frac{j\boldsymbol{e}_x}{2}\right) e^{-jk_- z} + \frac{\eta_0}{\eta_+} T_+ \left(\frac{\boldsymbol{e}_y}{2} + \frac{j\boldsymbol{e}_x}{2}\right) e^{-jk_- z}$$

7-25 一均匀平面电磁波由空气向理想介质表面（$z=0$ 平面）斜入射，已知介质的参量 $\mu=\mu_0$，$\varepsilon=3\varepsilon_0$，入射波的磁场为

$$\boldsymbol{H}_i = (\sqrt{3}\boldsymbol{e}_x - \boldsymbol{e}_y + \boldsymbol{e}_z)\sin(\omega t - Ax - 2\sqrt{3}z) \text{ (A/m)}$$

(1) 求 $\boldsymbol{H}_i$ 中的常数 ω 和 A；

(2) 求入射波电场 $\boldsymbol{E}_i$ 的瞬时值；

(3) 求入射角 θ_i；

(4) 求 $\boldsymbol{E}_r$、$\boldsymbol{H}_r$ 和 $\boldsymbol{E}_t$、$\boldsymbol{H}_t$。

解 (1)

$$\boldsymbol{k} = A\boldsymbol{e}_x + 2\sqrt{3}\boldsymbol{e}_z$$

$$\boldsymbol{H}_0 = \sqrt{3}\boldsymbol{e}_x - \boldsymbol{e}_y + \boldsymbol{e}_z$$

由 $\boldsymbol{k}\cdot\boldsymbol{H}_0 = 0$ 得 $A=-2$，这样有

$$\boldsymbol{k} = -2\boldsymbol{e}_x + 2\sqrt{3}\boldsymbol{e}_z$$

$$k = 4 \text{ (rad/m)}$$

$$\omega = kc = 3\times10^8\times4 = 1.2\times10^9 \text{(rad/S)}$$

(2)

$$\boldsymbol{E}_i = -\eta_0 \boldsymbol{n}_i \times \boldsymbol{H}_i$$

$$= -120\pi\left(-\frac{1}{2}\boldsymbol{e}_x + \frac{\sqrt{3}}{2}\boldsymbol{e}_z\right)\times(\sqrt{3}\boldsymbol{e}_x - \boldsymbol{e}_y + \boldsymbol{e}_z)\sin(\omega t + 2x - 2\sqrt{3}z)$$

$$= -120\pi\left(\frac{\sqrt{3}}{2}\boldsymbol{e}_x + 2\boldsymbol{e}_y + \frac{1}{2}\boldsymbol{e}_z\right)\cdot\sin(\omega t + 2x - 2\sqrt{3}z)$$

（3）入射角为

$$\theta_i = \arccos\frac{\sqrt{3}}{2} = 30°$$

（4）由 $\varepsilon_2 = 3\varepsilon_0$ 和折射定律 $\sqrt{\varepsilon_1}\sin\theta_i = \sqrt{\varepsilon_2}\sin\theta_t$，即 $\sqrt{\varepsilon_0}\sin30° = \sqrt{3\varepsilon_0}\sin\theta_t$ 得

$$\sin\theta_t = \frac{1}{2\sqrt{3}},\ \cos\theta_t = \frac{\sqrt{11}}{2\sqrt{3}}$$

把入射波分解为垂直极化和水平极化之和，即

$$\boldsymbol{E}_{i\perp} = -240\pi\boldsymbol{e}_y\sin(\omega t + 2x - 2\sqrt{3}z)$$

$$\boldsymbol{H}_{i\perp} = (\sqrt{3}\boldsymbol{e}_x + \boldsymbol{e}_z)\sin(\omega t + 2x - 2\sqrt{3}z)$$

$$\boldsymbol{E}_{i/\!/} = (-60\sqrt{3}\pi\boldsymbol{e}_x - 60\pi\boldsymbol{e}_z)\sin(\omega t + 2x - 2\sqrt{3}z)$$

$$\boldsymbol{H}_{i/\!/} = -\boldsymbol{e}_y\sin(\omega t + 2x - 2\sqrt{3}z)$$

$$\Gamma_\perp = \frac{\sqrt{\varepsilon_1}\cos\theta_i - \sqrt{\varepsilon_2}\cos\theta_t}{\sqrt{\varepsilon_1}\cos\theta_i + \sqrt{\varepsilon_2}\cos\theta_t} = \frac{\cos\theta_i - \sqrt{3}\cos\theta_t}{\cos\theta_i + \sqrt{3}\cos\theta_t}$$

$$= \frac{\dfrac{\sqrt{3}}{2} - \sqrt{3}\ \dfrac{\sqrt{11}}{2\sqrt{3}}}{\dfrac{\sqrt{3}}{2} + \sqrt{3}\ \dfrac{\sqrt{11}}{2\sqrt{3}}} = \frac{\sqrt{3} - \sqrt{11}}{\sqrt{3} + \sqrt{11}} = -0.314$$

$$T_\perp = 1 + \Gamma_\perp = 0.686$$

$$\boldsymbol{E}_{r\perp} = (-240\pi)\times(-0.314)\boldsymbol{e}_y\sin(\omega t + 2x + 2\sqrt{3}z)$$

$$= 1.648\times10^3\boldsymbol{e}_y\sin(\omega t + 2x + 2\sqrt{3}z)$$

由

$$\boldsymbol{k}_i = 4\left(-\frac{1}{2}\boldsymbol{e}_x + \frac{\sqrt{3}}{2}\boldsymbol{e}_z\right)$$

得到

$$\boldsymbol{k}_r = 4\left(-\frac{1}{2}\boldsymbol{e}_x - \frac{\sqrt{3}}{2}\boldsymbol{e}_z\right)$$

从而有

$$\boldsymbol{n}_r = -\left(\frac{1}{2}\boldsymbol{e}_x + \frac{\sqrt{3}}{2}\boldsymbol{e}_z\right)$$

这样即得

$$\boldsymbol{H}_{r\perp} = \frac{1}{\eta_0}\boldsymbol{n}_r\times\boldsymbol{E}_{r\perp} = \frac{1}{120\pi}\boldsymbol{n}_r\times\boldsymbol{E}_{r\perp}$$

$$= -0.314\times(\boldsymbol{e}_x + \sqrt{3}\boldsymbol{e}_z)\times\boldsymbol{e}_y\sin(\omega t + 2x + 2\sqrt{3}z)$$

$$= (-0.314\boldsymbol{e}_z + 0.544\boldsymbol{e}_x)\sin(\omega t + 2x + 2\sqrt{3}z)$$

由 $\varepsilon_2 = 3\varepsilon_0$ 得

$$k_t = k_2 = \sqrt{3}k_i = 4\sqrt{3},\ k_{tx} = -2,\ k_{tz} = \sqrt{44}$$

$$\boldsymbol{E}_{t\perp} = (-240\pi\boldsymbol{e}_y)\times(0.686)\sin(\omega t + 2x - \sqrt{44}z)$$

$$= -5.172\times10^2\boldsymbol{e}_y\sin(\omega t + 2x - \sqrt{44}z)$$

$$\boldsymbol{n}_t = \frac{1}{\sqrt{48}}(-2\,\boldsymbol{t}_x + \sqrt{44}\,\boldsymbol{e}_z)$$

$$\begin{aligned}\boldsymbol{H}_{t\perp} &= \frac{1}{\eta_2}\boldsymbol{n}_t \times \boldsymbol{E}_t \\ &= \frac{1}{\frac{120\pi}{\sqrt{3}}}\frac{1}{\sqrt{48}}(-2\boldsymbol{e}_x + \sqrt{44}\boldsymbol{e}_z)\times(-240\pi\boldsymbol{e}_y)\times 0.686\sin(\omega t + 2x - \sqrt{44}z) \\ &= (\boldsymbol{e}_z + \sqrt{11}\boldsymbol{e}_x)\times 0.686\sin(\omega t + 2x - \sqrt{44}z)\end{aligned}$$

平行极化的反射波、透射波的计算留给读者。

7-26　圆极化均匀平面电磁波斜入射到两半无限大非磁性媒质的平面界面。若 $\theta_i = \theta_B$，试证明反射波和透射波的传播方向相互垂直。

证明　由 $\theta_B = \arcsin\sqrt{\frac{\varepsilon_2}{\varepsilon_1+\varepsilon_2}}$ 可得当 $\theta_i = \theta_B$ 时，有

$$\sin\theta_i = \sqrt{\frac{\varepsilon_2}{\varepsilon_1+\varepsilon_2}}$$

由折射定律 $\sqrt{\varepsilon_1}\sin\theta_i = \sqrt{\varepsilon_2}\sin\theta_t$ 得

$$\sin\theta_t = \sqrt{\frac{\varepsilon_1}{\varepsilon_2}}\sin\theta_i = \sqrt{\frac{\varepsilon_1}{\varepsilon_2}}\sqrt{\frac{\varepsilon_2}{\varepsilon_1+\varepsilon_2}} = \sqrt{\frac{\varepsilon_1}{\varepsilon_1+\varepsilon_2}}$$

这样有 $\sin\theta_t = \cos\theta_i$，故 $\theta_t + \theta_i = 90°$，从而有 $\theta_t + \theta_r = 90°$。

$$\text{反射射线和透射射线之间的夹角} = 180° - \theta_t - \theta_r = 90°$$

所以两条射线垂直。

第8章 导行电磁波

8.1 基本内容与公式

1. 导行波的分类

根据电磁场的纵向分量将导行波分为：TEM（$H_z=0$，$E_z=0$）波、TE（$E_z=0$）波和TM（$H_z=0$）波。不同的导波装置可以传输不同模式的电磁波。任何能够建立静态场的均匀导波装置都能维持TEM波。波导管内不能存在TEM波。

2. 平板波导中的横电波

平板波导内可以存在横电磁波、横电波和横磁波。当传输TE波时，传输参数如下：

截止波长为

$$\lambda_c=\frac{2a}{m}$$

波导波长为

$$\lambda_g=\frac{\lambda}{\sqrt{1-\left(\frac{m\lambda}{2a}\right)^2}}$$

相移常数为

$$\beta_z=\frac{2\pi}{\lambda_g}$$

相速为

$$v_p=\frac{\omega}{\beta_z}$$

3. 矩形波导

在矩形波导中，截止波数、截止波长分别为

$$k_c=\sqrt{\left(\frac{m\pi}{a}\right)^2+\left(\frac{n\pi}{b}\right)^2},\quad \lambda_c=\frac{2}{\sqrt{\left(\frac{m}{a}\right)^2+\left(\frac{n}{b}\right)^2}}$$

TE_{10}波是矩形波导中的主模，其参数为

$$\lambda_c=2a,\ k_c=\frac{\pi}{a},\ \lambda_g=\frac{\lambda}{\sqrt{1-\left(\frac{\lambda}{2a}\right)^2}},\ v_g=v\sqrt{1-\left(\frac{\lambda}{2a}\right)^2},\ v_p=\frac{v}{\sqrt{1-\left(\frac{\lambda}{2a}\right)^2}}$$

4. 矩形波导中的TE_{10}波

TE_{10}波是矩形波导的主模，场分布为

$$\left.\begin{aligned} H_z &= H_0 \cos\frac{\pi}{a}x \\ H_x &= \mathrm{j}k_z \frac{a}{\pi} H_0 \sin\frac{\pi}{a}x \\ E_y &= -\frac{\omega\mu}{k_z}H_x = -\mathrm{j}\eta\left(\frac{2a}{\lambda}\right)H_0\sin\frac{\pi}{a}x \\ H_y &= E_x = E_z - 0 \end{aligned}\right\}$$

特征阻抗为

$$Z_c = \frac{\eta}{\sqrt{1-\left(\frac{\lambda}{2a}\right)^2}} = \eta\frac{\lambda_g}{\lambda}$$

传输功率为

$$P_{TE_{10}} = \frac{ab}{480\pi}E_S^2\sqrt{1-\left(\frac{\lambda}{2a}\right)^2}$$

5. 其他形状波导

在圆形波导中，截止波数为

$$\text{TE 波：} k_c = \frac{\nu_{mn}}{a}$$

$$\text{TM 波：} k_c = \frac{\mu_{mn}}{a}$$

其中：ν_{mn} 是 m 阶贝塞尔函数导数的第 n 个零点；μ_{mn} 是 m 阶贝塞尔函数的第 n 个零点。

圆形波导的主模是 TE_{11} 模，其截止波长为 3.41a。

6. 波导的连接、弯扭和激励

波导连接采用凸缘连接(常称法兰盘)，以免引起接触处波的反射、增加接触损耗和造成间隙处打火以及产生对波导外空间的辐射。

波导的转弯和扭曲以尽量减小反射为原则。

波导的激励分为电场激励、磁场激励和电磁场激励。

8.2 典型例题

例 8-1　一个由两无限大理想导体板构成的平板波导，间距为 b，板间为空气，电磁波沿平行于板面的 $+z$ 轴方向传播。设波在 x 方向是均匀的，求可能传播的模式和每种模式的截止频率。

解　由于波在 x 方向是均匀的，所以各场量均与变量 x 无关。

(1) TM 波。TM 波的 $H_z = 0$，电场的纵向分量 E_z 满足亥姆霍兹方程：

$$\frac{d^2E_z}{dy^2} + k_c^2E_z = 0$$

解之得

$$E_z = (A_1\sin k_c y + A_2\cos k_c y)e^{-j\beta z}$$

根据边界条件 $y = 0$ 或 $y = b$ 时，$E_z = 0$，可得

$$A_2=0,\ k_c=\frac{n\pi}{b}$$

选取 $A_1=E_0$，得

$$E_z=E_0\sin\left(\frac{n\pi}{b}y\right)e^{-j\beta z}$$

将 E_z 代入横向场分量的表达式，得

$$E_y=-\frac{j\beta}{k_c^2}\frac{n\pi}{b}E_0\cos\left(\frac{n\pi y}{b}\right)e^{-j\beta y},\quad H_x=\frac{j\omega\varepsilon}{k_c^2}\frac{n\pi}{b}E_0\cos\left(\frac{n\pi y}{b}\right)e^{-j\beta y}$$

截止频率为

$$f_c=\frac{k_c}{2\pi}v=\frac{nc}{2\pi}$$

(2) TE 波。TE 波的 $E_z=0$，磁场的纵向分量 H_z 满足亥姆霍兹方程：

$$\frac{d^2H_z}{dy^2}+k_c^2H_z=0$$

解之得

$$H_z=(B_1\sin k_cy+B_2\cos k_cy)e^{-j\beta z}$$

使用导体面上的边界条件 $y=0$ 或 $y=b$ 时，$\frac{\partial H_z}{\partial y}=0$，可得

$$B_1=0,\ k_c=\frac{n\pi}{b}$$

选取 $B_2=H_0$，则

$$H_z=H_0\cos\left(\frac{n\pi}{b}y\right)e^{-j\beta z}$$

电磁场的横向分量为

$$E_x=\frac{j\omega\mu}{k_c^2}\frac{n\pi}{b}H_0\sin\left(\frac{n\pi y}{b}\right)e^{-j\beta y},\quad H_y=\frac{j\beta}{k_c^2}\frac{n\pi}{b}H_0\sin\left(\frac{n\pi y}{b}\right)e^{-j\beta y}$$

截止频率为

$$f_c=\frac{nc}{2\pi}$$

(3) TEM 波。由于这个传输结构是多导体系统，故可以传输 TEM 波。设 TEM 波的电场为 $\boldsymbol{E}=E_0e^{-jkz}\boldsymbol{e}_y$，则其磁场为 $\boldsymbol{H}=-H_0e^{-jkz}\boldsymbol{e}_x$，截止频率为零。

例 8-2 矩形波导的横截面尺寸为 23 mm×10 mm 时，内充空气，设信号频率 $f=$ 10 GHz。

(1) 求此波导中可传输波的传输模式及最低传输模式的截止频率、相位常数、波导波长、相速、波阻抗。

(2) 若填充 $\varepsilon_r=4$ 的无耗电介质，则 $f=10$ GHz 时，波导中可能存在哪些传输模式？

解 (1) 与工作频率对应的工作波长为

$$\lambda_0=\frac{c}{f}=0.03\ \text{m}=3\ \text{cm}$$

TE_{10} 波的截止波长为

$$\lambda_c=2a=4.6\ \text{cm}$$

TE_{20} 波的截止波长为

$$\lambda_c = a = 2.3 \text{ cm}$$

根据波导的传输条件，$\lambda < \lambda_c$ 的波形才能传播，故这一波导内只能传输 TE_{10} 波。截止频率为

$$f_c = \frac{c}{\lambda_c} = \frac{3\times10^8}{4.6\times10^{-2}} = 6.52\ (\text{GHz})$$

波导波长为

$$\lambda_g = \frac{\lambda_0}{\sqrt{1-\left(\frac{\lambda_0}{2a}\right)^2}} = 3.95\ (\text{cm})$$

相移常数为

$$\beta = \frac{2\pi}{\lambda_g} = 1.95\times10^2(\text{rad/s})$$

相速为

$$v_p = f\lambda_g = 1.0\times10^{10}\times3.95\times10^{-2} = 3.95\times10^8(\text{m/s})$$

波阻抗为

$$\eta_{TE_{10}} = \frac{\eta_0}{\sqrt{1-\left(\frac{\lambda_0}{2a}\right)^2}} = 1.32\eta_0 = 496\ (\Omega)$$

(2) 当 $\varepsilon_r = 4$ 时，有 $\lambda = \frac{\lambda_0}{\sqrt{\varepsilon_r}} = 1.5$ cm，对 $\lambda_c > \lambda$，即

$$\frac{2}{\sqrt{\left(\frac{m}{a}\right)^2+\left(\frac{n}{b}\right)^2}} > 1.5$$

代入 a 和 b 的数值，得

$$m^2 + (2.3n)^2 < 9.4$$

若 $n=0$，则 $m\leqslant3$；若 $n=1$，则 $m\leqslant2$。所以，可以传输的模式为 TE_{10}、TE_{20}、TE_{01}、TE_{11}、TM_{11}、TE_{21}、TM_{21}、TE_{30} 波。

例 8－3　矩形波导的横截面尺寸为 $a=22.86$ cm，$b=10.16$ cm，将自由空间波长为 2 cm、3 cm 和 5 cm 的信号接入此波导，问能否传输？如能传输，会出现哪些模式？

解　先计算前几个模式的截止波长：

$$TE_{10}: \lambda_c = 2a = 4.572 \text{ cm}$$

$$TE_{20}: \lambda_c = a = 2.286 \text{ cm}$$

$$TE_{01}: \lambda_c = 2b = 2.032 \text{ cm}$$

$$TE_{11}、TM_{11}: \lambda_c = \frac{2}{\sqrt{\frac{1}{22.86^2}+\frac{1}{10.16^2}}} = 18.56 \text{ mm} = 1.856\ (\text{cm})$$

可见，该波导不能传输波长为 5 cm 的信号，可以传输 3 cm 的信号，只有 TE_{10} 波；也可以传输 2 cm 的信号，以 TE_{10}、TE_{01} 和 TE_{20} 模式传播。

例 8－4　一个矩形波导的横截面尺寸为 $a\times b = 23\times10\ \text{mm}^2$，用紫铜制作，传输电磁波的频率为 $f = 10$ GHz，试计算当波导内填充空气时，对于主模，每米波导衰减多少 dB?

解 当波导传输 TE_{10} 波时，衰减系数为

$$\alpha = \frac{R_s}{b\eta_0\sqrt{1-\left(\frac{\lambda_0}{2a}\right)^2}}\left[1+\frac{2b}{a}\left(\frac{\lambda_0}{2a}\right)^2\right]$$

其中，R_s 是金属的表面电阻，$R_s=\sqrt{\frac{\pi f\mu}{\sigma}}$。对于紫铜，$\sigma=5.8\times10^7$ S/m。将数值代入衰减系数的公式，得到 $\alpha=0.0114$ NP/m，将其写为 dB 为

$$\alpha = 0.0114\times 8.686 = 0.099\ (\text{dB/m})$$

例 8-5 空气填充的矩形波导，尺寸为 $a\times b=6\times4\ \text{cm}^2$，已知其中传输 TE_{10} 波，若沿波导的纵向测得波导中电场强度的最大值与最小值之间的距离为 4.47 cm，求信号源的频率。

解 在波导中，电场强度的最大值和最大值之间的距离为半个波导波长，最大值与最小值之间的距离为 1/4 个波导波长，即

$$\lambda_g = 4\times4.47 = 17.88\ (\text{cm})$$

又因为

$$\lambda_c = 2a = 2\times6 = 12\ (\text{cm})$$

由公式 $\frac{1}{\lambda^2}=\frac{1}{\lambda_g^2}+\frac{1}{\lambda_c^2}$ 得

$$\lambda = \frac{\lambda_c\lambda_g}{\sqrt{\lambda_c^2+\lambda_g^2}} = \frac{12\times17.88}{\sqrt{12^2+17.88^2}} = 9.96\ (\text{cm})$$

$$f = \frac{c}{\lambda} = 3.01\times10^9\,(\text{Hz})$$

例 8-6 已知频率为 3 GHz 的电磁波以 TE_{10} 模式在某一矩形空气波导中传输，要使它有 30%的安全因数(即 $f=1.3f_c$)，同时又低于下一次高型波截止频率的 30%，试确定该矩形波导的尺寸。

解 已知 $f=3\times10^9$ Hz，依题意得

$$1.3f_{c1}\leqslant f\leqslant 0.7f_{c2}$$

假设矩形波导的长边 a 略大于短边 b 的 2 倍，则波导内的主模为 TE_{10}，第一高次模为 TE_{20}，对于 TE_{10} 模，有

$$\lambda_{c1}=2a,\ f_{c1}=\frac{1.5\times10^8}{a}$$

对于 TE_{20} 模，有

$$\lambda_{c2}=a,\ f_{c2}=\frac{3\times10^8}{a}$$

所以有

$$f\geqslant\frac{1.3\times1.5\times10^8}{a}$$

$$f\leqslant\frac{0.7\times3\times10^8}{a}$$

解以上两个不等式，得 7 cm $\leqslant a\leqslant$ 6.5 cm。因此，可以选取 a=6.8 cm。

为了防止出现 TE_{01} 波，应有 $f<f_{c01}$，即

$$f < f_{c01} = \frac{3 \times 10^8}{2b} = \frac{1.5 \times 10^8}{b}$$

则

$$b < \frac{1.5 \times 10^8}{3 \times 10^9} = 0.05 \text{ m} = 5 \text{ cm}$$

一般取 $b=0.5a=3.4$ cm。

例 8-7　频率为 30 GHz 电磁波以 TE_{10} 模式在 $a \times b - 7.112 \times 3.556 \text{ mm}^2$ 的矩形波导内传输，波导的长度为 10 cm。

(1) 当波导填充空气时，通过该波导后相移是多少？

(2) 当波导填充 $\varepsilon_r = 4$ 的介质时，相移又是多少？

解　(1) 在波导内，相移常数 k_g 满足方程：

$$k_g^2 = k^2 - k_c^2$$

$$k^2 = \omega^2 \mu_0 \varepsilon_0 = (2\pi \times 3 \times 10^{10})^2 \frac{1}{(3 \times 10^8)^2} = 4\pi^2 \times 10^4 = 3.94786 \times 10^5$$

$$k_c^2 = \left(\frac{\pi}{a}\right)^2 = \frac{\pi^2}{(7.112 \times 10^{-3})^2} = 1.95127 \times 10^5$$

$$k_g = 4.468 \times 10^2 (\text{rad/m})$$

所以，电磁波通过波导管时的相移为

$$k_g l = 4.468 \times 10^2 \times 0.1 = 44.68 \text{ rad}$$

(2) 当填充媒质时，截止波数不变，即仍有 $k_c = \dfrac{\pi}{a}$，但波数变为

$$k^2 = \omega^2 \mu_0 \varepsilon = (2\pi \times 3 \times 10^{10})^2 \frac{4}{(3 \times 10^8)^2} = 16\pi^2 \times 10^4 = 1.5791 \times 10^6$$

$$k_g = 1.176 \times 10^3 (\text{rad/m})$$

电磁波通过波导时的相移为

$$k_g l = 1176 \times 0.1 = 117.6 \text{ (rad)}$$

例 8-8　空气填充的矩形波导，$a=7.2$ cm，$b=3.4$ cm。

(1) 当工作波长分别为 16 cm、8 cm、6.5 cm 时，各有哪些模式可以传输？

(2) 求主模单模传输的频率范围，并要求此频带的低端比主模波的截止频率高 5%，同时频带的高端要比第一高次模的截止频率低 5%。

解　(1) 先计算前几个低次模的截止波长。对于 TE_{10}，有

$$\lambda_c = 2a = 14.4 \text{ (cm)}$$

对于 TE_{20}，有

$$\lambda_c = a = 7.2 \text{ (cm)}$$

对于 TE_{01}，有

$$\lambda_c = 2b = 6.8 \text{ (cm)}$$

对于 TE_{11}、TM_{11}，有

$$\lambda_c = \frac{2}{\sqrt{\dfrac{1}{7.2^2} + \dfrac{1}{3.4^2}}} = 6.15 \text{ (cm)}$$

所以，对于 $\lambda = 16$ cm 的电磁波，没有传输模式；对于 $\lambda = 8$ cm 的电磁波，仅有 TE_{10} 波可

以传输；对于 $\lambda = 6.5$ cm 的电磁波，有 TE_{10} 波、TE_{20} 波、TE_{01} 波可以传输。

(2) 由 TE_{10} 波的截止波长 $\lambda_c = 2a = 14.4$ cm，可以求得其截止频率为

$$f_{c1} = \frac{c}{\lambda_c} = \frac{3\times 10^8}{0.144} = 2.0833\times 10^9\,(\text{Hz})$$

同理，第一高次模 TE_{20} 的截止频率为

$$f_{c2} = \frac{c}{\lambda_c} = \frac{3\times 10^8}{0.072} = 4.1666\times 10^9\,(\text{Hz})$$

单模工作的频带范围为 $f_{c1}\times 1.05 < f < f_{c2}\times 0.95$，即 $2.187\ \text{GHz} < f < 3.958\ \text{GHz}$。

例 8-9　一个圆形波导的直径是 10 cm，求 TE_{11} 和 TM_{01} 模的截止频率。

解　由圆形波导的截止波长公式，得以下结论。

对 TE_{11} 模，有

$$\lambda_c = 3.413a = 17.065\ (\text{cm})$$

截止频率为

$$f_c = \frac{c}{\lambda_c} = \frac{3\times 10^8}{0.17065} = 1.758\times 10^9\,(\text{Hz})$$

对 TM_{01} 模，有

$$\lambda_c = 2.613a = 13.063\ (\text{cm})$$

截止频率为

$$f_c = \frac{c}{\lambda_c} = \frac{3\times 10^8}{0.13063} = 2.2965\times 10^9\,(\text{Hz})$$

例 8-10　试求工作在 TE_{101} 模，工作波长为 10 cm 的紫铜制作的立方体形谐振腔的品质因数 Q。

解　当谐振腔工作在 TE_{101} 模时，品质因数为

$$Q = \frac{(k_{101}ad)^3 b\eta}{2\pi^2 R_s(2a^3b + a^3d + ad^3 + 2d^3b)}$$

对于立方体形腔体，品质因数为

$$Q = \frac{(k_{101}a)^3\eta}{12\pi^2 R_s}$$

由于

$$\lambda_{101} = \frac{2\pi}{\sqrt{\left(\frac{\pi}{a}\right)^2 + \left(\frac{\pi}{a}\right)^2}} = \sqrt{2}a$$

代入 $\lambda_{101} = 10$ cm，得

$$a = \frac{10}{\sqrt{2}} = 7.071\ \text{cm}$$

$$k_{101} = \sqrt{\left(\frac{\pi}{a}\right)^2 + \left(\frac{\pi}{a}\right)^2} = \frac{\pi}{5} = 0.628\ (\text{rad/cm})$$

$$R_s = \sqrt{\frac{\pi f\mu}{\sigma}} = \sqrt{\frac{\pi\times 4\pi\times 10^{-7}\times 3\times 10^9}{5.8\times 10^7}} = 14.31\times 10^{-3}\,(\Omega)$$

将以上数值代入品质因数的公式，得

$$Q=\frac{(k_{101}a)^3\eta}{12\pi^2R_s}=\frac{0.628^3\times7.07^3\times377}{12\pi^2\times14.31\times10^{-3}}=1.95\times10^4$$

例 8-11　一个矩形谐振腔，其尺寸为 $a=25$ mm，$b=12.5$ mm，$d=60$ mm，谐振于 TE_{102} 模式。若在腔内填充介质，则在同一频率上将谐振于 TE_{103} 模式，求介质的相对介电常数。

解　由谐振频率的公式，当腔内填充空气时，谐振频率为

$$f_{mnl}=c\sqrt{\left(\frac{m}{2a}\right)^2+\left(\frac{n}{2b}\right)^2+\left(\frac{l}{2d}\right)^2}$$

$$f_{102}=c\sqrt{\left(\frac{1}{2a}\right)^2+\left(\frac{2}{2d}\right)^2}$$

在填充介质时，有

$$f_{103}=\frac{c}{\sqrt{\varepsilon_r}}\sqrt{\left(\frac{1}{2a}\right)^2+\left(\frac{3}{2d}\right)^2}$$

由于已知谐振腔工作在同一频率上，即 $f_{102}=f_{103}$，所以有

$$\varepsilon_r=\frac{\left(\frac{1}{2a}\right)^2+\left(\frac{3}{2d}\right)^2}{\left(\frac{1}{2a}\right)^2+\left(\frac{2}{2d}\right)^2}\approx1.5$$

例 8-12　试设计一个谐振腔，使谐振频率 1 GHz 和 1.5 GHz 分别谐振于 TE_{101} 和 TE_{102} 模式上。

解　矩形谐振腔的谐振频率为

$$f_{mnp}=\frac{c}{2}\sqrt{\left(\frac{m}{a}\right)^2+\left(\frac{n}{b}\right)^2+\left(\frac{p}{l}\right)^2}$$

TE_{101} 和 TE_{102} 模式的频率分别为

$$1\times10^9=1.5\times10^8\sqrt{\left(\frac{1}{a}\right)^2+\left(\frac{1}{l}\right)^2}$$

$$1.5\times10^9=1.5\times10^8\sqrt{\left(\frac{1}{a}\right)^2+\left(\frac{2}{l}\right)^2}$$

解以上两方程，得 $a=20$ cm，$l=23$ cm，通常按照 $a=2b$ 来选取 b，即 $b=10$ cm。

8.3　习题及答案

8-1　什么叫做截止波长？为什么只有 $\lambda<\lambda_c$ 的波才能在波导中传输？

答　导行波系统中，不同频率的电磁波有两种工作状态——传输与截止。介于传输与截止之间的临界状态，即由 $\gamma=0$ 所确定的状态，该状态所确定的频率称为截止频率，该频率所对应的波长称为截止波长。由于只有在 $\gamma^2<0$ 时才能存在导行波，因而由 $\gamma^2=k_c^2-k^2<0$ 可知，此时应有 $k_c^2<k^2$，即 $\omega_c^2\mu\varepsilon<\omega^2\mu\varepsilon$。所以，只有 $f>f_c$ 或 $\lambda<\lambda_c$ 的电磁波才能在波导中传输。

8-2　何谓工作波长、截止波长和波导波长？它们有何区别和联系？

答　工作波长就是 TEM 波的相波长，它由频率和光速决定，即

$$\lambda = \frac{c}{f\sqrt{\varepsilon_r}} = \frac{\lambda_0}{\sqrt{\varepsilon_r}}$$

式中，λ_0 称为自由空间的工作波长，且 $\lambda_0 = \frac{c}{f}$。

截止波长是由截止频率所确定的波长，且

$$\lambda_c = \frac{c}{f_c\sqrt{c_r}}$$

波导波长是理想导波系统中的相波长，即导波系统内电磁波的相位改变 2π 所经过的距离。

波导波长与 λ、λ_c 的关系为

$$\lambda_g = \frac{\lambda}{\sqrt{1-\left(\frac{\lambda}{\lambda_e}\right)^2}}$$

8-3 何谓相速和群速？为什么空气填充波导中波的相速大于光速，群速小于光速？

答 相速是电磁波等相位点移动的速度，群速是包络波上某一恒定相位点移动的速度。根据平面波斜入射理论，波导内的导行波可以被看成平面波向理想金属表面斜入射得到的，如题 8-3 解图所示。从图中可以看出，由于理想导体边界的作用，平面波从等相位面 D 上的 A 点到等相位面 B 上的 M 点和 F 点所走过的距离是不同的，$AM < AF$。但在相同的时间内，相位改变量相同。这必要求沿 AF，即 z 轴方向的导行波的相速 v_p 比沿 AM 方向的平面波的相速 v 大。对于空气媒质，则有 $v_p < c_{光}$。

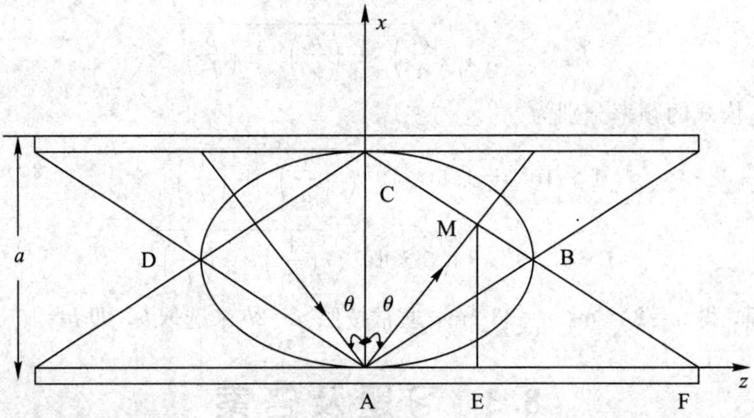

题 8-3 解图

从图中还可以看出，平面波从 A 点传到 M 点，但其能量只是从 A 点传到 E 点，显然 $AE < AM$，故能量传播的速度 $v_g < v$。对于空气媒介，$v_p < c_{光}$，根据相对论，任何物质的运动速度都不能超过光速，所以，群速这一体现电磁波物质特性、表征电磁波能量传播快慢的物理量的确小于光速。

8-4 矩形波导中模式指数 m 和 n 的物理意义如何？矩形波导中模式的场结构的规律怎样？

答 m，n 表征不同的导行波的电磁场结构模式。m 代表沿 x 轴方向场量变化的半驻波数；n 表示沿 y 轴方向场量变化的半驻波数。根据 m，n 与 E_z 和 H_z 的关系可知：对于

TM 波，由于 $E_z \neq 0$，所以 m，n 都不能为零，即没有 TE_{00}、TM_{0n}、TM_{m0} 模式；对于 TE 波，由于 $H_z \neq 0$，所以 m，n 都不能同时为零，即没有 TE_{00} 模式。并且由于 m，n 代表的是沿 x 轴和 y 轴方向的半驻波个数，所以很容易由基本场结构“小巢” TE_{10}、TE_{01}、TE_{11}、TM_{11} 构造出其他模式的场结构，只不过是沿 x 轴或 y 轴方向增加若干个 TE_{10}、TE_{01}、TE_{11}、TM_{11} 的“小巢”而已。

8-5　何谓波的色散特性？波导为什么存在色散特性？

答　波导中波的相速和群速都是频率的函数。这种相速随频率的变化而改变的特性称为波的色散特性。因此，波导中传输的导行波属于色散波。

波导中电磁波产生色散的原因是由波导系统本身的特性所导致的，即波导传输结构特定的边界条件使得波导内只能传输这种相速与频率有关的导行波。

8-6　矩形波导中的 v_p、v_g、λ_c 和 λ_g 有何区别和联系？它们与哪些因素有关？

答　相速为

$$v_p = \frac{\dfrac{c}{\sqrt{\varepsilon_r}}}{\sqrt{1-\left(\dfrac{\lambda}{\lambda_c}\right)^2}}$$

其大于媒质中的光速，与波导的截面尺寸、电磁波的频率(或波长)、波导中的媒质及媒质中的光速有关。

群速为

$$v_g = \frac{c}{\sqrt{\varepsilon_r}}\sqrt{1-\left(\frac{\lambda}{\lambda_c}\right)^2}$$

其小于媒质中的光速，与频率、波导的截面尺寸、波导中的媒质及媒质中的光速有关。

群速、相速、光速的关系是：

$$v_p \cdot v_g = \left(\frac{c}{\sqrt{\varepsilon_r}}\right)^2$$

截止波长为

$$\lambda_c = \frac{2}{\sqrt{\left(\dfrac{m}{a}\right)^2 + \left(\dfrac{n}{b}\right)^2}}$$

它与传输模式、波导的截面尺寸有关。

波导波长为

$$\lambda_g = \frac{\lambda}{\sqrt{1-\left(\dfrac{\lambda}{\lambda_c}\right)^2}}$$

它与工作波长(频率)、截止波长有关。

8-7　一矩形波导横截面尺寸为 $a \times b = 2.3 \times 1\ \text{cm}^2$，试问当工作波长为 5 cm、3 cm 和 1.8 cm 时，波导可能出现哪些模式？

答　根据传输条件，当工作波长小于截止波长时，波才能在波导中传输。

$$\lambda_c = \frac{2}{\sqrt{(m/a)^2 + (n/b)^2}}$$

因此，首先计算截止波长。

$$TE_{10}：\lambda_c = 2a = 2\times 2.3 = 4.6\ (\text{cm})$$

$$TE_{20}：\lambda_c = a = 2.3\ (\text{cm})$$

$$TE_{30}：\lambda_c = \frac{2}{3}a = \frac{2}{3}\times 2.3 \approx 1.53\ (\text{cm})$$

$$TE_{01}：\lambda_c = 2b = 2\times 1.0 = 2.0\ (\text{cm})$$

$$TE_{02}：\lambda_c = b = 1.0\ (\text{cm})$$

$$TE_{11} \text{ 和 } TM_{11}：\lambda_c = \frac{2ab}{\sqrt{a^2+b^2}} = 1.83\ (\text{cm})$$

只有当工作波长 $\lambda < \lambda_c$ 时，波才能在波导中传输，所以 $\lambda = 5$ cm 时，波导中不存在任何模式的波；$\lambda = 3$ cm 时，波导中只能传输 TE_{10} 波；$\lambda = 1.8$ cm 时，波导中将出现 TE_{10}、TE_{20}、TE_{01}、TE_{11} 和 TM_{11} 五种模式的波。

8-8 为什么矩形波导测量线的纵槽开设在波导宽壁的中线上？

答 因为矩形波导中的主模为 TE_{10} 模，而由 TE_{10} 的管壁电流分布可知，在波导宽边中线处只有纵向电流。因此沿波导宽边的中线开槽不会因切断管壁电流而影响波导内的场分布，也不会引起波导内电磁波由开槽口向外辐射能量。

8-9 用 BJ-32(72.14 mm×34.04 mm)作为馈线：

(1) 当工作波长为 6 cm 时，波导中能传输哪些模式的波？

(2) 测得波导中传输 H_{10} 模时两波节点的距离为 10.9 cm，求 λ_g 和 λ。

(3) 在波导中传输 H_{10} 模时，$\lambda_0 = 10$ cm，求 v_p、v_g、λ_c、λ_g。

解 设波导中填充空气介质。

(1)
$$\lambda_0 = 6\ \text{cm},\ f = \frac{c}{\lambda_0} = 5\ (\text{GHz})$$

由 $\lambda_c = \dfrac{2}{\sqrt{\left(\dfrac{m}{a}\right)^2 + \left(\dfrac{n}{b}\right)^2}} > \lambda$ 解得 $m \leqslant 2$，$n \leqslant 1$，则

$$\lambda_c\left(\frac{TE_{21}}{TM_{21}}\right) = \frac{2ab}{\sqrt{4b^2+a^2}} = 4.96\ \text{cm} < \lambda\ (\text{不能传输})$$

$$\lambda_c\left(\frac{TE_{21}}{TM_{21}}\right) = \frac{2ab}{\sqrt{4b^2+a^2}} = 6.157\ \text{cm} > \lambda\ (\text{可以传输})$$

所以，波导中可以传输的波模式为 TE_{10}、TE_{20}、TE_{11}、TM_{11}。

(2)
$$\lambda_g = 2\times 10.9 = 21.8\ (\text{cm})$$

由 $\lambda_g = \dfrac{\lambda_0}{\sqrt{1-\left(\dfrac{\lambda_0}{2a}\right)^2}}$ 可得

$$\lambda_0 = \frac{1}{\sqrt{\dfrac{1}{\lambda_g^2} + \dfrac{1}{(2a)^2}}} = 12.03\ (\text{cm})$$

(3) 当 $\lambda_0 = 10$ cm 时，$\lambda_c = 2a = 14.428$ cm。设

$$p = \frac{1}{\sqrt{1 - \left(\frac{\lambda_0}{\lambda_c}\right)^2}} = 1.387$$

则

$$v_p = pc_{光} = 4.162 \times 10^8 \text{(m/s)}$$

$$v_g = \frac{1}{p} c_{光} = 2.163 \times 10^8 \text{(m/s)}$$

$$\lambda_g = p\lambda_0 = 13.87 \text{ cm}$$

8-10 用BJ-100(22.86 mm×10.16 mm)作馈线时，其工作频率为10 GHz：

(1) 求λ_c、λ_g、β和Z_c。

(2) 若波导宽边尺寸增大一倍，则上述参数将如何变化？

(3) 若波导窄边尺寸增大一倍，则上述参数将如何变化？

(4) 若波导尺寸不变，工作频率变为15 GHz，则上述参数又将如何变化？

解 (1)
$$\lambda_c = 2a = 45.72 \text{ (mm)}$$

$$\lambda_g = \frac{\lambda}{\sqrt{1 - \left(\frac{\lambda}{2a}\right)^2}} = \frac{30}{\sqrt{1 - \left(\frac{30}{2 \times 22.86}\right)^2}} = 39.76 \text{ (mm)}$$

$$\beta = \frac{2\pi}{\lambda_g} = \frac{2\pi}{39.76 \times 10^{-3}} \approx 158.03 \text{ (m}^{-1}\text{)}$$

波阻抗为

$$Z_c = \frac{120\pi}{\sqrt{1 - \left(\frac{\lambda}{2a}\right)^2}} = \frac{120\pi}{\sqrt{1 - \left(\frac{30}{2 \times 22.86}\right)^2}} = 499.58 \text{ }(\Omega)$$

(2) 若波导宽边尺寸增大一倍，即$a = 2 \times 22.86 = 45.72$ mm，则

$$(\lambda_c)_{TE_{10}} = 2a = 2 \times 45.72 = 91.44 \text{ mm} > \lambda$$

可传输TE_{10}、TE_{20}和TE_{30}三种模式的波，有

$$\lambda_g = \frac{\lambda}{\sqrt{1 - \left(\frac{\lambda}{2a}\right)^2}} = \frac{30}{\sqrt{1 - \left(\frac{30}{2 \times 45.72}\right)^2}} = 31.76 \text{ (mm)}$$

$$\beta = \frac{2\pi}{\lambda_g} = \frac{2\pi}{31.76 \times 10^{-3}} \approx 197.83 \text{ (rad/m)}$$

$$Z_c = \frac{120\pi}{\sqrt{1 - \left(\frac{\lambda}{2a}\right)^2}} = \frac{120\pi}{\sqrt{1 - \left(\frac{30}{2 \times 45.72}\right)^2}} = 399.08 \text{ }(\Omega)$$

(3) 若波导窄边尺寸增大一倍，即$b = 2 \times 10.16 = 20.32$ mm $< a$，$a < 2b$，则

$$(\lambda_c)_{TE_{10}} = 2a = 2 \times 22.86 = 45.72 \text{ mm} > \lambda > 2b$$

单模传输TE_{10}，结果与(1)相同。

(4) 若尺寸不变，$f = 15$ GHz，$\lambda = \frac{c}{f} = 2$ cm $= 20$ mm，容易判断波导可传输TE_{10}、TE_{20}和TE_{01}三种模式的波。

对于主模，λ_c与(1)相同，λ_g、β和Z_c分别为

$$\lambda_g = \frac{\lambda}{\sqrt{1-\left(\frac{\lambda}{2a}\right)^2}} = \frac{20}{\sqrt{1-\left(\frac{20}{2\times 22.86}\right)^2}} = 22.24\ (\text{mm})$$

$$\beta = \frac{2\pi}{\lambda_g} = \frac{2\pi}{22.24\times 10^{-3}} \approx 282.52\ (\text{rad/m})$$

$$Z_c = \frac{120\pi}{\sqrt{1-\left(\frac{\lambda}{2a}\right)^2}} = \frac{120\pi}{\sqrt{1-\left(\frac{20}{2\times 22.86}\right)^2}} = 419.23\ (\Omega)$$

8-11 圆柱形波导中的模式指数 m 和 n 的意义如何？为什么不存在 $n=0$ 的模式？圆形波导中模式场结构的规律如何？

答 m 表示角坐标从 0 增大到 2π 时场量变化的周期数，也就是沿圆周分布的驻波数；n 表示沿半径方向场量变化的半驻波数，也就是沿半径方向场的最大值的个数。由于 n 是 m 阶贝塞尔函数(或其导数)的根的序号，是从 1 起算的，所以 $n\neq 0$。所有圆形波导的场结构都可由基本场结构"小巢"—— TE_{01}、TE_{11}、TM_{01}、TM_{11} 构造。也就是说，任一 TE_{mn} 或 TM_{mn} 场结构，都是由沿圆周与半径分布的若干个 TE_{01}、TE_{11}、TM_{01}、TM_{11} 的"小巢"构造出来的。

8-12 圆形波导中 TE_{11}、TE_{01} 和 TM_{01} 模的特点是什么？有何应用？

答 TE_{11} 模具有最长的截止波长，其 $\lambda_c=3.413a$，所以是圆形波导的主模式。其横截面内的场分布与矩形波导的 TE_{10} 模很相似，因此很容易从矩形波导的 TE_{10} 模过渡到圆波导的 TE_{11} 模。但该模式存在极化简并。由于极化面的不稳定，所以不用其作"长距离"传输的传输线，只是利用其上述特点，做成各种特殊用途的微波元件，如极化衰减器与极化变换器，波导的方—圆转换器等。

TE_{01} 模是圆形波导的高次模，其截止波长 $\lambda_c=1.64a$。该模式的电磁场分布主要有如下特点：电磁场只有 E_ϕ、H_r、H_z 三个场分量，电场沿 ϕ 轴方向没有变化，只在波导横截面上分布，并且围绕交变磁场的纵向分量构成闭合曲线；磁场 $H_r|_{r=a}=0$，则在管壁上只有 H_z 分量，并且其管壁电流 $\boldsymbol{J}_S=\boldsymbol{n}\times H_z|_{r=a}=H_z\boldsymbol{e}_\phi|_{r=a}=a$，即只有沿圆周 ϕ 方向流动的分量。这样当传输的功率一定时，随着频率的升高，管壁导体损耗引起的衰减常数单调下降。因此，该模式特别适合于毫米波远距离通信及做成高 Q 的谐振腔。

TM_{01} 模是圆形波导中的次低次模，其截止波长 $\lambda_c=2.62a$，其场量只有三个：E_r、E_z 和 H_ϕ。其电磁场各分量沿 ϕ 轴方向无变化，具有轴对称性，而其管壁电流 $\boldsymbol{J}_S|_{r=a}=\boldsymbol{n}\times H_\phi=H_\phi\boldsymbol{e}_z$ 只有纵向分量。这一特点使其特别适用于作微波天线系统旋转关节的工作模式。又由于其电场分量在轴线上 ($a=0$ 处)最强，可以有效地和沿波导轴向运动的电子束交换能量，所以它又适用于作微波电子管中的谐振腔以及慢波系统中的工作模式。

8-13 何谓波导的简并？矩形波导和圆形波导中简并有何异同？

答 导行波系统中的传输模存在两种简并：一类是模式简并；另一类是极化简并。模式简并是指不同的导行模具有相同的截止波长这一现象。矩形波导中的 TE_{mn} 与 TM_{mn} ($m\neq 0$, $n\neq 0$) 是简并模；圆形波导中，由于 $\lambda_c(TE_{0n})=\lambda_c(TM_{1n})$，所以 TE_{0n} 与 TM_{1n} 也是简并模。极化简并是指圆形波导中同一模式沿 ϕ 轴方向有两种场型分布，即 $\cos(m\phi)$ 和 $\sin(m\phi)$，一种是另一种的极化面旋转 90°得到的，这一现象称为极化简并。圆形波导中除 TE_{0n} 和 TM_{1n} 模以外，其他的模式都存在极化简并。

8-14　一空气填充的圆形波导中传输 TE_{01} 模，已知 $\lambda/\lambda_c = 0.9$，$f_0 = 5$ GHz。

(1) 求 λ_g 和 β。

(2) 若波导半径扩大一倍，β 将如何变化？

解　(1)

$$\lambda = \frac{c}{f} = \frac{3\times10^{10}}{5\times10^{9}} = 6\ (\text{cm})$$

$$\lambda_g = \frac{\lambda}{\sqrt{1-\left(\dfrac{\lambda}{\lambda_c}\right)^2}} = \frac{6}{\sqrt{1-0.9^2}} = 13.77\ (\text{cm})$$

$$\beta = 2\pi f\sqrt{\mu_0\varepsilon_0}\sqrt{1-\left(\frac{\lambda}{\lambda_c}\right)^2} = \frac{6.28\times5\times10^9}{3\times10^8}\sqrt{1-0.81} = 45.6\ (\text{rad/m})$$

(2) 若波导半径扩大一倍，则 $\lambda_c = \dfrac{2\pi a}{3.832}$ 也扩大一倍，所以 β 将增大。

8-15　在矩形波导中传输 TE_{10} 模，求填充介质(介电常数为 ε) 时的截止波长和波导波长。在圆柱形波导中传输最低模式，若波导填充介质(介电常数为 ε)，λ_c 和 λ_g 将如何变化？

解　对矩形波导，有

$$\lambda_c(TE_{10}) = 2a,\ f_c(TE_{10}) = \frac{c_{光}}{2a\sqrt{\mu_r\varepsilon_r}}$$

$$\lambda_g(TE_{10}) = \frac{\lambda_0}{\sqrt{\varepsilon_r-\left(\dfrac{\lambda_0}{2a}\right)^2}}$$

式中，$\lambda_0 = \dfrac{c_{光}}{f}$。

对圆形波导，有

$$\lambda_c(TE_{11}) = 3.41a,\ f_c(TE_{11}) = \frac{c_{光}}{3.14a\sqrt{\mu_r\varepsilon_r}}$$

$$\lambda_g(TE_{11}) = \frac{\lambda_0}{\sqrt{\varepsilon_r-\left(\dfrac{\lambda_0}{3.14a}\right)^2}}$$

λ_c 与介质无关，λ_g 与介质有关。

8-16　设矩形波导中传输 TE_{10} 模，求填充介质(介电常数为 ε) 时的截止波长和波导波长。

解　矩形波导中传输 TE_{10} 波，填充介质(介电常数为 ε) 时的截止波长为

$$\lambda_c = 2a,\ \lambda_g = \frac{\lambda_0}{\sqrt{\varepsilon_r-\left(\dfrac{\lambda_0}{2a}\right)^2}}$$

其波导波长为

$$\lambda_p = \frac{\dfrac{1}{\sqrt{\varepsilon\mu}}}{\sqrt{1-\left(\dfrac{\lambda}{\lambda_c}\right)^2}}$$

第 9 章　天线基本理论

9.1　基本内容与公式

1. 基本辐射元

基本辐射元也叫电偶极子，它的远区场为

$$\begin{cases} E_\theta = \mathrm{j}\dfrac{k^2 I_\mathrm{m} l}{4\pi\omega\varepsilon_0 r}\sin\theta \mathrm{e}^{-\mathrm{j}kr} \\ H_\phi = \mathrm{j}\dfrac{k I_\mathrm{m} l}{4\pi r}\sin\theta \mathrm{e}^{-\mathrm{j}kr} \\ E_r = E_\phi = H_r = H_\theta = 0 \end{cases}$$

简化以后为

$$\begin{cases} E_\theta = \mathrm{j}\dfrac{60\pi I_\mathrm{m} l}{r\lambda}\sin\theta \mathrm{e}^{-\mathrm{j}kr} \\ H_\phi = \dfrac{E_\theta}{120\pi} \end{cases}$$

电偶极子的辐射功率为

$$P_\mathrm{r} = 40\pi^2 I_\mathrm{m}^2 \left(\frac{\mathrm{d}l}{\lambda}\right)^2$$

辐射电阻为

$$R_\mathrm{r} = 80\pi^2 \left(\frac{\mathrm{d}l}{\lambda}\right)^2$$

2. 天线的电参数

天线的电参数包括方向性函数、方向图、方向性系数、辐射功率、辐射电阻、增益系数、输入阻抗、极化形式等。

3. 对称振子

对称振子的辐射场为

$$E_\theta = \mathrm{j}\frac{60 I_\mathrm{m}}{r_0}\frac{\cos(kl\cos\theta) - \cos kl}{\sin\theta}\mathrm{e}^{-\mathrm{j}kr_0}$$

半波对称振子的方向系数为

$$D = 1.64$$

对称振子输入阻抗为

$$Z_\mathrm{in} \approx \frac{R_\mathrm{r}}{\sin^2\beta L} - \mathrm{j}\overline{Z}_0\cot\beta L$$

对称振子的辐射电阻为

$$R_r = 60\int_0^{\pi} \frac{[\cos(kL\cos\theta) - \cos kL]^2}{\sin\theta}\mathrm{d}\theta$$

4. 方向性增强原理

天线阵的方向图等于单元天线的方向图乘以阵因子的方向图。

5. 地面对天线的影响

地面对天线的影响原则上可以用镜像法结合方向性增强原理来处理。

9.2 典型例题

例 9-1　设一个电偶极子在垂直于它的方向上距离 100 公里处所产生的电场强度的振幅为 100 μV/m，求辐射功率。

解　由电偶极子远区辐射场的表达式：

$$E_\theta = \mathrm{j}\frac{I\mathrm{d}l}{2\lambda r}\eta\sin\theta\mathrm{e}^{-\mathrm{j}kr}$$

及辐射功率的表达式：

$$P_r = 40\pi^2 I_m^2\left(\frac{\mathrm{d}l}{\lambda}\right)^2$$

得

$$P_r = 40\pi^2\left(2r\frac{E_\theta}{\eta}\right)^2 = 40\pi^2\left(\frac{2\times100\times10^3\times100\times10^{-6}}{120\pi}\right)^2 = 1.11\ (\mathrm{W})$$

例 9-2　计算长度为 $0.1\lambda_0$ 的电偶极子的辐射电阻，并计算当电流为 2 A 时的辐射功率。

解　依公式：

$$R_r = 80\pi^2\left(\frac{\mathrm{d}l}{\lambda}\right)^2$$

得

$$R_r = 80\pi^2\left(\frac{0.1\lambda}{\lambda}\right)^2 \approx 7.9\ (\Omega)$$

$$P_r = 40\pi^2 I_m^2\left(\frac{\mathrm{d}l}{\lambda}\right)^2 = \frac{1}{2}I_m^2 R_r = 15.79\ (\mathrm{W})$$

例 9-3　一个电偶极子天线的长度为 8 m，频率为 1 MHz，电流振幅为 5 A。求：

(1) 在垂直于电偶极子的方向上，距离 100 km 处的电场强度及其功率流密度；

(2) 总辐射功率。

解　(1) 向辐射场的公式：

$$E_\theta = \mathrm{j}\frac{I\mathrm{d}l}{2\lambda r}\eta\sin\theta\mathrm{e}^{-\mathrm{j}kr}$$

中代入数值 $I = 5$ A，$\mathrm{d}l = 8$ m，$\eta = 120\pi\Omega$，$\theta = \frac{\pi}{2}$，$\lambda = \frac{c}{f} = \frac{3\times10^8}{1\times10^6} = 300$ m，$r = 100\times 10^3$ m 得辐射电场的幅值为 $E_\theta = 2.5133\times10^{-4}$ V/m。

功率流密度的平均值为

$$\boldsymbol{S}_{av} = \frac{E_\theta^2}{2\eta_0}\boldsymbol{e}_r = \boldsymbol{e}_r 8.38\times10^{-11}(\mathrm{W/m})^2$$

（2）依辐射功率的公式，得

$$P_r = 40\pi^2 I_m^2 \left(\frac{dl}{\lambda}\right)^2 = 40\pi^2 \left(\frac{5\times 8}{300}\right)^2 = 7.018\ (\text{W})$$

例 9-4 假设一个周长为 0.15λ 的细导线小圆环天线的辐射功率为 1 W，求圆环上电流的振幅。

解 由磁偶极子的辐射功率公式：

$$P_r = 160\pi^4 S^2 I_m^2 \left(\frac{1}{\lambda}\right)^4$$

得

$$I_m^2 = \frac{P_r \lambda^4}{160\pi^4 S^2}$$

圆环半径为

$$a = \frac{0.15\lambda}{2\pi}$$

圆环面积为

$$S = \pi a^2 = \pi \frac{0.15^2 \lambda^2}{4\pi^2} = \frac{0.0225}{4\pi}\lambda^2$$

从而

$$I_m = \frac{\lambda^2 \sqrt{P_r}}{4\pi^2 S \sqrt{10}} = \frac{\lambda^2}{4\pi^2 \sqrt{10}} \frac{4\pi}{0.0225\lambda^2} = 4.47\ (\text{A})$$

例 9-5 在赤道平面±45°内，电偶极子辐射的功率与它的总辐射功率相比为多少？

解 电偶极子的方向因子为

$$f(\theta, \phi) = \sin\theta$$

辐射的总功率正比于

$$\int_0^{\pi}\int_0^{2\pi} f^2 \sin\theta d\varphi d\theta = 2\pi\int_0^{\pi} \sin^3\theta d\theta = \frac{8\pi}{3}$$

赤道平面±45°内，电偶极子辐射的功率正比于

$$\int_{\frac{\pi}{4}}^{\frac{3\pi}{4}}\int_0^{2\pi} f^2 \sin\theta d\phi d\theta = 2\pi\int_{\frac{\pi}{4}}^{\frac{3\pi}{4}} \sin^3\theta d\theta = \frac{5\sqrt{2}\pi}{3}$$

两者之比为

$$\frac{5\sqrt{2}\pi}{3} \Big/ \left(\frac{8\pi}{3}\right) \approx 0.8839 = 88.39\%$$

例 9-6 计算电偶极子近区场的平均电能密度和磁能密度，并比较它们的大小。

解 电偶极子的近区电磁场表达式为

$$\boldsymbol{E} = -\mathrm{j}\frac{Il}{4\pi\varepsilon_0 \omega r^3}(2\boldsymbol{e}_r \cos\theta + \boldsymbol{e}_\theta \sin\theta)$$

$$\boldsymbol{H} = \boldsymbol{e}_\phi \frac{Il}{4\pi r^2}\sin\theta$$

电能密度平均值为

$$w_{eav} = \frac{1}{4}\varepsilon_0 E^2 = \frac{1}{4\varepsilon_0}\left(\frac{Il}{4\pi\omega}\right)^2 \frac{1}{r^6}(\sin^2\theta + 4\cos^2\theta)$$

磁能密度平均值为

$$w_{\mathrm{mav}}=\frac{1}{4}\mu_0 H^2=\frac{\mu_0}{4}\left(\frac{Il}{4\pi}\right)^2\frac{1}{r^4}\sin^2\theta$$

二者的比值为

$$\frac{w_{\mathrm{eav}}}{w_{\mathrm{mav}}}=\frac{1}{\varepsilon_0\mu_0\omega^2 r^2}\frac{1+3\cos^2\theta}{\sin^2\theta}=\frac{1}{k^2r^2}\frac{1+3\cos^2\theta}{\sin^2\theta}$$

在近区，由于 $kr\ll 1$，所以电能密度的平均值远大于磁能密度的平均值。

例 9-7 有一个天线的方向函数为

$$f(\theta,\ \phi)=\begin{cases}\cos\theta & 0\leqslant\theta\leqslant\pi/2\\ 0 & \pi/2<\theta\leqslant\pi\end{cases}$$

求方向系数。

解

$$\iint f^2\sin\theta\mathrm{d}\theta\mathrm{d}\phi=2\pi\int_0^{\pi/2}\cos^2\theta\sin\theta\mathrm{d}\theta=\frac{2\pi}{3}$$

所以，方向系数为

$$D=\frac{4\pi}{2\pi/3}=6$$

例 9-8 对称计算半波对称振子的方向系数 D。

解 半波对称振子的方向函数为

$$f(\theta)=\frac{\cos\left(\dfrac{\pi}{2}\cos\theta\right)}{\sin\theta}$$

注意到 $f_{\max}=1$，由方向系数的公式得

$$D=\frac{4\pi\ |f_{\max}|^2}{\int_0^{2\pi}\int_0^{\pi}|f(\theta)|^2\sin\theta\mathrm{d}\theta\mathrm{d}\phi}=\frac{2}{\int_0^{\pi}\dfrac{\cos^2\left(\dfrac{\pi}{2}\cos\theta\right)}{\sin\theta}\mathrm{d}\theta}$$

对上式作数值积分，最后得到 $D=1.642$。

例 9-9 两个电偶极子，一个大小为 $\mathrm{j}Il$，沿 z 轴放置，另一个大小为 Il，沿 x 轴放置，两个都位于原点，求：

(1) 远区电磁场；

(2) 坡印廷矢量的时间平均值及辐射功率。

解 (1) 对于任意方向放置的电偶极子 Il，远区辐射场为

$$\boldsymbol{H}=\frac{\mathrm{j}k}{4\pi r}\mathrm{e}^{-\mathrm{j}kr}Il\boldsymbol{n}\times\boldsymbol{e}_r$$

$$\boldsymbol{E}=\eta\boldsymbol{H}\times\boldsymbol{e}_r$$

所以，第一个电偶极子的远区场为

$$\begin{aligned}\boldsymbol{H}_1&=\frac{\mathrm{j}k}{4\pi r}\mathrm{e}^{-\mathrm{j}kr}\mathrm{j}Il\boldsymbol{n}\times\boldsymbol{e}_r=-\frac{kIl}{4\pi r}\mathrm{e}^{-\mathrm{j}kr}\boldsymbol{e}_z\times\boldsymbol{e}_r\\&=-\frac{kIl}{4\pi r}\mathrm{e}^{-\mathrm{j}kr}(\boldsymbol{e}_r\cos\theta-\boldsymbol{e}_\theta\sin\theta)\times\boldsymbol{e}_r\\&=-\frac{kIl}{4\pi r}\mathrm{e}^{-\mathrm{j}kr}\boldsymbol{e}_\phi\sin\theta\end{aligned}$$

$$\boldsymbol{E}_1=\eta\boldsymbol{H}_1\times\boldsymbol{e}_r=-\frac{kIl}{4\pi r}\eta\mathrm{e}^{-\mathrm{j}kr}\boldsymbol{e}_\theta\sin\theta$$

第二个电偶极子的远区场为

$$\begin{aligned} \boldsymbol{H}_2 &= \frac{\mathrm{j}k}{4\pi r}\mathrm{e}^{-\mathrm{j}kr} Il\boldsymbol{e}_x \times \boldsymbol{e}_r \\ &= \frac{\mathrm{j}kIl}{4\pi r}\mathrm{e}^{-\mathrm{j}kr}(\boldsymbol{e}_r \sin\theta\cos\phi + \boldsymbol{e}_\theta \cos\theta\cos\phi - \boldsymbol{e}_\phi \sin\phi) \times \boldsymbol{e}_r \\ &= \frac{\mathrm{j}kIl}{4\pi r}\mathrm{e}^{-\mathrm{j}kr}(-\boldsymbol{e}_\phi \cos\theta\cos\phi - \boldsymbol{e}_\theta \sin\phi) \end{aligned}$$

$$\boldsymbol{E}_2 = \eta \boldsymbol{H}_2 \times \boldsymbol{e}_r = \frac{\mathrm{j}kIl\eta}{4\pi r}\mathrm{e}^{-\mathrm{j}kr}(-\boldsymbol{e}_\theta \cos\theta\cos\phi + \boldsymbol{e}_\phi \sin\phi)$$

远区总的辐射场为

$$\boldsymbol{E} = -\frac{kIl}{4\pi r}\eta \mathrm{e}^{-\mathrm{j}kr}[\boldsymbol{e}_\theta(\sin\theta + \mathrm{j}\cos\theta\cos\phi) - \boldsymbol{e}_\phi \mathrm{j}\sin\phi]$$

$$\boldsymbol{H} = -\frac{kIl}{4\pi r}\mathrm{e}^{-\mathrm{j}kr}[\boldsymbol{e}_\theta \mathrm{j}\sin\phi + \boldsymbol{e}_\phi(\sin\theta + \mathrm{j}\cos\theta\cos\phi)]$$

（2）坡印廷矢量的时间平均值为

$$\begin{aligned} \boldsymbol{S}_{\mathrm{av}} &= \frac{1}{2}\mathrm{Re}(\boldsymbol{E} \times \boldsymbol{H}^*) \\ &= \boldsymbol{e}_r \left(\frac{Ilk}{4\pi r}\right)^2 \frac{\eta_0}{2}(\sin^2\theta + \cos^2\theta\cos^2\phi + \sin^2\phi) \end{aligned}$$

将平均坡印廷矢量在半径为 r 的球面上积分，得辐射功率为

$$\begin{aligned} P_{\mathrm{r}} &= \iint S_{\mathrm{av}} r^2 \sin\theta \mathrm{d}\theta \mathrm{d}\phi \\ &= \left(\frac{Ilk}{4\pi}\right)^2 \frac{\eta_0}{2} \int_0^{2\pi}\int_0^{\pi} \sin\theta(\sin^2\theta + \cos^2\theta\cos^2\phi + \sin^2\phi)\mathrm{d}\theta\mathrm{d}\phi \\ &= \frac{120\pi}{2}\left(\frac{Ilk}{4\pi}\right)^2 \frac{16\pi}{3} = 80\pi^2\left(\frac{Il}{\lambda}\right)^2 \end{aligned}$$

例 9－10 已知半波天线上的电流振幅为 1 A，求远离天线 1 km 处的最大电场强度。

解 半波天线的辐射电场为

$$E_\theta = \mathrm{j}\,\frac{60I_{\mathrm{m}}\mathrm{e}^{-\mathrm{j}kr}}{r}\,\frac{\cos\left(\frac{\pi}{2}\cos\theta\right)}{\sin\theta}$$

在给定距离的情形下，$\theta=90°$处的电场强度最大。在此点，半波天线的方向性函数为

$$f(\theta) = \frac{\cos\left(\frac{\pi}{2}\cos\theta\right)}{\sin\theta} = \frac{\cos\left(\frac{\pi}{2}\cos\frac{\pi}{2}\right)}{\sin\frac{\pi}{2}} = 1$$

因而，最大电场为

$$|E| = \frac{60I_{\mathrm{m}}}{r} = \frac{60\times 1}{1000} = 6\times 10^{-2}(\mathrm{V/m})$$

例 9－11 设空气中有无方向性天线辐射的电磁波的电场幅值为 $10I_{\mathrm{m}}/r$，求其辐射电阻。

解 由电场幅值可以得到磁场幅值为

$$H_{\mathrm{m}} = \frac{10I_{\mathrm{m}}}{r\eta}$$

坡印廷矢量的时间平均值为

$$\boldsymbol{S}_{\text{av}} = \boldsymbol{e}_r \frac{100 I_{\text{m}}^2}{2\eta_0 r^2} = \boldsymbol{e}_r \frac{5}{12\pi r^2} I_{\text{m}}^2$$

辐射功率为

$$\begin{aligned} P_{\text{r}} &= \oint \boldsymbol{S}_{\text{av}} \cdot \boldsymbol{e}_r r^2 \sin\theta \mathrm{d}\theta \mathrm{d}\phi \\ &= S_{\text{av}} 4\pi r^2 \\ &= \frac{5}{3} I_{\text{m}}^2 \end{aligned}$$

辐射电阻为

$$R = \frac{2P}{I_{\text{m}}^2} = \frac{10}{3}\ (\Omega)$$

例 9-12　在均匀直线阵中，每单元间距为半个波长，如果要求它的最大辐射方向在偏离天线阵的±45°的方向，问单元之间的相位差应为多少？

解　由直线式天线阵的阵因子公式 $f(\psi) = \dfrac{\sin\dfrac{n\psi}{2}}{\sin\dfrac{\psi}{2}}$ 可知，最大辐射的条件为 $\psi=0$，即 $kd\cos\phi - \alpha = 0$，天线单元之间的相位差为

$$\alpha = kd\cos\phi = \frac{2\pi}{\lambda}\frac{\lambda}{2}\cos(\pm 45°) = \frac{\sqrt{2}}{2}\pi$$

例 9-13　两个电偶极子平行放置，相间距离为 d，两个偶极子的长度相等，电流幅度相同，电流相位关系为 $I_2 = I_1 \mathrm{e}^{-\mathrm{j}\psi}$，求以下情形该系统的方向性函数：

(1) $d = \dfrac{\lambda}{2}$，$\psi = 0$，$\theta = \dfrac{\pi}{2}$；

(2) $d = \dfrac{\lambda}{2}$，$\psi = 0$，$\phi = 0$。

解　为分析方便，第一个偶极天线位于原点，第二个位于$(0, d, 0)$处，两个天线均沿 z 轴方向放置。两天线各自的电场为

$$E_{1\theta} = \frac{\mathrm{j} I_1 l}{2\lambda r}\eta \sin\theta \mathrm{e}^{-\mathrm{j}kr}$$

$$E_{2\theta} = \frac{\mathrm{j} I_1 l}{2\lambda r_2}\eta \sin\theta \mathrm{e}^{-\mathrm{j}\psi} \mathrm{e}^{-\mathrm{j}kr_2}$$

计算总场的幅度时，用近似 $\dfrac{1}{r_2} \approx \dfrac{1}{r}$，对于相位也做近似处理。由于 $\boldsymbol{r}_2 = \boldsymbol{r} + d\boldsymbol{e}_y$，所以有

$$r_2^2 = r^2 + 2\mathrm{d}\boldsymbol{r} \cdot \boldsymbol{e}_y + d^2 \approx r^2 + 2\mathrm{d}\boldsymbol{r} \cdot \boldsymbol{e}_y$$

$$r_2 = r\left(1 + 2\frac{d}{r^2}\boldsymbol{r} \cdot \boldsymbol{e}_y\right)^{\frac{1}{2}} \approx r\left(+\frac{\boldsymbol{e}_r \cdot \boldsymbol{e}_y}{r}d\right) = r + \mathrm{d}\boldsymbol{e}_r \cdot \boldsymbol{e}_y$$

使用球坐标系和直角坐标系单位向量间的变换关系，即

$$\boldsymbol{e}_y = \boldsymbol{e}_r \sin\theta\sin\phi + \boldsymbol{e}_\theta \cos\theta\sin\phi + \boldsymbol{e}_\phi \cos\phi$$

$$\boldsymbol{e}_r \cdot \boldsymbol{e}_y = \sin\theta\sin\phi$$

所以，总的辐射电场为

$$E_\theta = \frac{\mathrm{j}I_1 l}{2\lambda r}\eta\sin\theta\mathrm{e}^{-\mathrm{j}kr}(1+\mathrm{e}^{-\mathrm{j}\psi-\mathrm{j}kd\sin\theta\sin\phi})$$

$$= \frac{\mathrm{j}I_1 l}{\lambda r}\eta\sin\theta\cos\left[\frac{1}{2}(\psi+kd\sin\theta\sin\phi)\right]\mathrm{e}^{-\mathrm{j}kr}\mathrm{e}^{-\mathrm{j}\psi/2-\mathrm{j}kd\sin\theta\sin\phi/2}$$

方向性函数为

$$F(\theta,\ \phi) = \left|\sin\theta\cos\left(\frac{1}{2}\psi+\frac{1}{2}kd\sin\theta\sin\phi\right)\right|$$

所以：

(1) $d=\frac{\lambda}{2}$，$\psi=0$，$\theta=\frac{\pi}{2}$ 时的方向性函数为

$$F=\cos\left(\frac{\pi}{2}\sin\phi\right)$$

(2) $d=\frac{\lambda}{2}$，$\psi=0$，$\phi=0$ 时的方向性函数为

$$F=\sin\theta$$

例 9-14 有 3 个长度均为 l 的电偶极子排列在一条直线上，且均垂直于它们的连线。位于中心的电偶极子的电流为 $2I$，另外两个电偶极子的电流都为 I，相互间的距离是 $\lambda/2$，求这个天线系统的 H 面方向图函数。

解 解法 1。选取坐标系使三个振子的中心位于 x 轴，振子的电流沿 z 轴方向，且中心的振子位于原点。将位于$(-\lambda/2,0,0)$的振子记为 1，位于$(\lambda/2,0,0)$的振子记为 2，坐标原点的振子记为 0，则

$$E_{1\theta} = \frac{\mathrm{j}Il}{2\lambda r_1}\eta\sin\theta\mathrm{e}^{-\mathrm{j}kr_1}$$

$$E_{0\theta} = \frac{2\mathrm{j}Il}{2\lambda r}\eta\sin\theta\mathrm{e}^{-\mathrm{j}kr}$$

$$E_{2\theta} = \frac{\mathrm{j}Il}{2\lambda r_2}\eta\sin\theta\mathrm{e}^{-\mathrm{j}kr_2}$$

在计算辐射场幅度时，作如下近似：

$$\frac{1}{r_1}\approx\frac{1}{r_2}\approx\frac{1}{r}$$

在考虑相位时，作如下的近似：

$$|\boldsymbol{r}_1|^2 = r^2+d^2+2d\boldsymbol{e}_x\cdot\boldsymbol{r}\approx r^2+2dr\sin\theta\cos\phi$$

$$r_1\approx r+\mathrm{d}\sin\theta\cos\phi$$

同理有

$$r_2\approx r-d\sin\theta\cos\phi$$

方向图函数为

$$f=\sin\theta(2+\mathrm{e}^{-\mathrm{j}kd\sin\theta\cos\phi}+\mathrm{e}^{\mathrm{j}kd\sin\theta\cos\phi})$$

$$=2\sin\theta[1+\cos(kd\sin\theta\cos\phi)]$$

$$=4\sin\theta\cos^2\left(\frac{kd}{2}\sin\theta\cos\phi\right)$$

所以，H 面 $(\theta=90^\circ)$ 的归一化方向图函数为 $\cos^2\left(\frac{\pi}{2}\cos\phi\right)$。

解法 2。用方向图相乘原理，将该天线看做是一个四元阵，并且，四元阵由两个相距半个波长的同相二元阵组成，所以方向图函数为

$$f = f_1 f_{12} f_{AB}$$

其中，f_1 是单个天线的方向图函数，f_{12} 是间隔半波长的二元同相阵的阵因子，f_{AB} 是两个阵列的阵因子。在 H 面 ($\theta = 90°$)，$f_1 = 1$，$f_{12} = \cos\left(\frac{\pi}{2}\cos\phi\right)$，$f_{AB} = \cos\left(\frac{\pi}{2}\cos\phi\right)$。所以，H 面的方向图函数为 $\cos^2\left(\frac{\pi}{2}\cos\phi\right)$。

例 9-15　矩形口径 $2a \times 2b$ 上有均匀电场分布，求两个主平面的方向图函数。

解　选取坐标系，使口径的中心位于原点，口径平面与 xoy 面重合，设口径上的电场为 $\boldsymbol{a}_x E_0$，则远区电场为

$$\boldsymbol{E} = \boldsymbol{e}_x E_0 \frac{1}{2\lambda}(1+\cos\theta)\iint_S \frac{1}{R}\mathrm{e}^{-\mathrm{j}kR}\,\mathrm{d}x'\,\mathrm{d}y^i$$

在积分表达式中，(x, y, z)是场点，(x', y', z')是源点，并且在考虑幅度时作近似 $\frac{1}{R} \approx \frac{1}{r}$，在计算相位时，用如下的近似：

$$R = |\boldsymbol{r}-\boldsymbol{r}'| = (r^2 + r'^2 - 2\boldsymbol{r}\cdot\boldsymbol{r}')^{\frac{1}{2}} \approx (r^2 - 2\boldsymbol{r}\cdot\boldsymbol{r}')^{\frac{1}{2}}$$

$$= r\left(1-\frac{2\boldsymbol{r}\cdot\boldsymbol{r}'}{r^2}\right)^{\frac{1}{2}} \approx r\left(1-\frac{\boldsymbol{r}\cdot\boldsymbol{r}'}{r^2}\right) = r - \frac{xx'+yy'}{r}$$

将场点写成球坐标的形式，即 $x = r\sin\theta\cos\phi$，$y = r\sin\theta\sin\phi$，将其代入远区场的积分式，并对其积分，得辐射场为

$$\boldsymbol{E} = \boldsymbol{e}_x E_0 \mathrm{j}\frac{2ab}{\lambda r}(1+\cos\theta)\frac{\sin(ka\sin\theta\cos\phi)}{ka\sin\theta\cos\phi}\frac{\sin(kb\sin\theta\sin\phi)}{kb\sin\theta\sin\phi}$$

在 xoz 主平面 ($\phi = 0$)，方向图函数为

$$f_{\mathrm{H}} = (1+\cos\theta)\frac{\sin(ka\sin\theta)}{ka\sin\theta}$$

在 yoz 主平面 $\left(\phi = \frac{\pi}{2}\right)$，方向图函数为

$$f_{\mathrm{E}} = (1+\cos\theta)\frac{\sin(kb\sin\theta)}{kb\sin\theta}$$

9.3　习题及答案

9-1　已知某天线在 E 平面上的归一化方向函数为 $|\widetilde{f}(\theta)| = \left|\cos\left(\frac{\pi}{4}\cos\theta - \frac{\pi}{4}\right)\right|$，画出其 E 面方向图，并计算其半功率波瓣宽度 $2\theta_{3\,\mathrm{dB}}$。

解

$$\widetilde{F}(\theta) = 0.707 \Rightarrow \theta = 90°$$

$$2\theta_{3\,\mathrm{dB}} = 180°$$

E 面的方向图如题 9-1 解图所示。

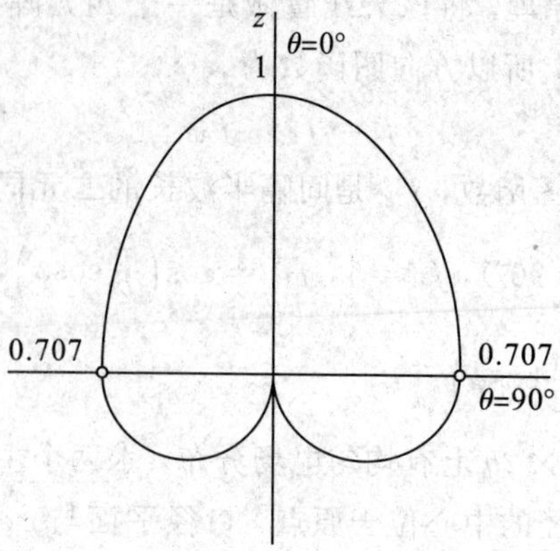

题 9－1 解图

9－2 已知某天线在某一主平面上的方向函数为 $f(\alpha)=\sin^2\alpha+0.414$，计算天线在该主平面上半功率波瓣宽度 $2\alpha_{3dB}$。

解

$$\sin\alpha = 0.7653$$

$$\alpha = 49.94°$$

$$\alpha_{max} = 90°$$

$$2\alpha_{3dB} = 2(90° - 49.94°) = 80.12°$$

9－3 有一无方向性天线，辐射功率为 $P_r = 100$ W，计算 $r = 10$ km 远处 M 点的辐射场强值。若改用方向系数为 $D = 100$ 的强方向性天线，其最大辐射方向对准 M 点，再求 M 点处的场强值。

解 场强计算公式为

$$E = \frac{\sqrt{60P_rD}}{r}$$

其中，$P_r = 100$ W，$r = 100$ km。无方向性天线的方向系数 $D = 1$，代入公式得

$$E = 0.77 \text{ mV/m}$$

若方向系数 $D = 100$，则代入公式得

$$E = 7.7 \text{ mV/m}$$

9－4 续 9－3 题，若已知该天线方向系数为 $D=1.6$，辐射功率为 $P_r = 10$ W，试求 $\alpha = 30°$ 方向、$r = 2$ km 处的场强值。

解 $$E_{max} = \frac{\sqrt{60P_rD}}{r} = \frac{\sqrt{60\times10\times1.6}}{2\times10^3} = 0.0155 \text{ (V/m)}$$

$$|E| = |E_{max}|\cdot F(\theta,\phi),\ F(\theta,\phi) = \frac{f(\theta,\phi)}{f_{max}(\theta,\phi)}$$

$$f_{max}(\theta,\phi) = \sin^2 0 + 0.414 = 1.414$$

$$E = 0.0155\times\frac{0.664}{1.414} = 0.0073 \text{ (V/m)}$$

9－5 两个半波振子垂直于纸面平行排列，它们的辐射功率相同，都为 $P_r = 0.1$ W，计算题 9－5 图中两种情况下，$r = 10$ km 处的场强值。

解 H 面的方向函数由阵因子决定。

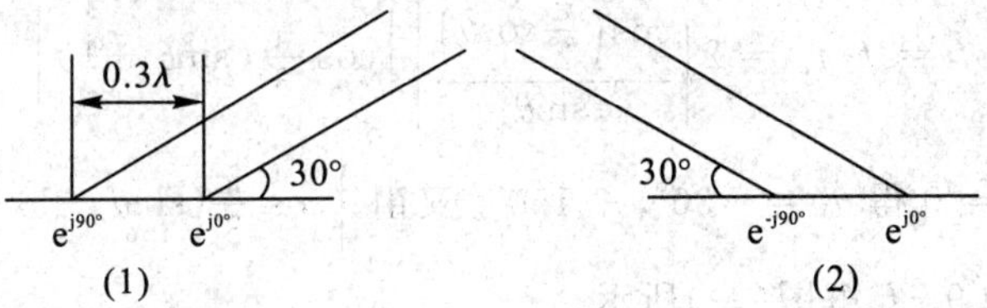

题 9－5 图

(1)
$$f_a=\sqrt{1+m^2+2m\cos(k\Delta r+\psi)}$$

由题可知：

$$m=1,\ \psi=-90°,\ \Delta r=0.3\lambda\cos\phi,\ r_2=r_1-\Delta r$$

$$f_a=\sqrt{2[1+\sin(k3\Delta r)]}=\sqrt{2\left[1+\sin\left(\frac{2\pi}{\lambda}\times0.3\lambda\cos\phi\right)\right]}\ \Big|_{\phi=30°}\approx 2$$

半波振子的 $D=1.64$，有

$$E_{\max}=\frac{\sqrt{60P_rD}}{r}=0.314\ (\text{mV/m})$$

$$E=E_{\max}f_a\ |_{\phi=30°}=0.628\ (\text{mV/m})$$

(2)
$$\Delta r=0.3\lambda\cos(\pi-\phi)$$

$$m=1,\ \psi=90°,\ r_2=r_1+\Delta r$$

$$f_a=\sqrt{2[1+\cos(k\Delta r+90°)]}=\sqrt{2(1+\sin k\Delta r)}\ |_{\phi=150°}\approx 2$$

$$E=E_{\max}f_a\ |_{\phi=150°}=0.628\ (\text{mV/m})$$

9－6　画出题 9－6 图中两种情况下的 E 面和 H 面方向图。设两半波振子等幅馈电。

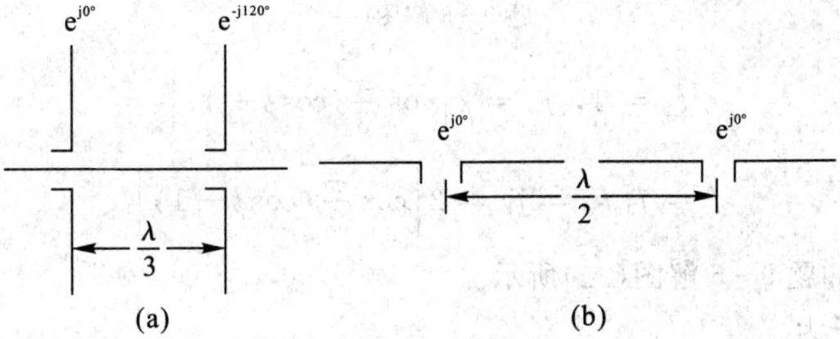

题 9－6 图

解　(a) 单元因子为

$$f_1=\left|\frac{\cos\left(\frac{\pi}{2}\cos\theta\right)}{\sin\theta}\right|$$

阵因子为

$$f_a=\sqrt{1+m^2+2m\cos(k\Delta r+\psi)}$$

$$m=1,\ \Delta r=\frac{\lambda}{3}\cos\Delta=\frac{\lambda}{3}\sin\theta,\ r_2=r_1-\Delta r,\ \psi=-120°,\ \Delta=\frac{\pi}{2}-\theta$$

$$f_a=\sqrt{2+2\cos\left(k\Delta r-\frac{2\pi}{3}\right)}=2\left|\cos\frac{1}{2}\left(k\Delta r-\frac{2}{3}\pi\right)\right|=2\left|\cos\frac{\pi}{3}(\sin\theta-1)\right|$$

$$f=f_1f_a=2\left|\frac{\cos\left(\frac{\pi}{2}\cos\theta\right)}{\sin\theta}\right|\left|\cos\frac{\pi}{3}(\sin\theta-1)\right|$$

由 $\cos\frac{\pi}{3}(\sin\theta-1)=0$ 得 $\theta_0=-30°$，$-150°$。又由 $\left|\cos\frac{\pi}{3}(\sin\theta-1)\right|=1$ 得 $\theta_{max}=90°$。

E 面方向图如题 9-6 解图(一)所示。

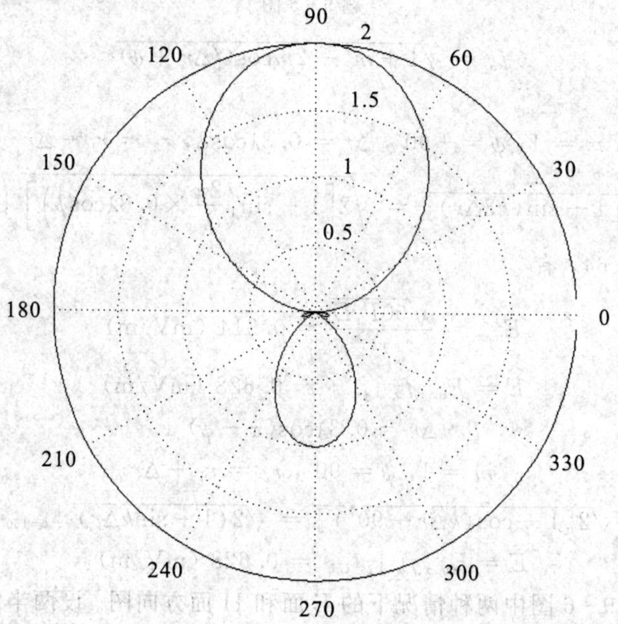

题 9-6 解图(一)

$$f_1=1,\ f_a=2\left|\cos\frac{\pi}{3}(\cos\phi-1)\right|$$

$$f=f_1f_a=f_a=2\left|\cos\frac{\pi}{3}(\cos\phi-1)\right|$$

H 面方向图如题 9-6 解图(二)所示。

(b) 单元因子为

$$f_1=\left|\frac{\cos\frac{\pi}{2}\cos\theta}{\sin\theta}\right|$$

阵因子等幅同相二元阵，有

$$f_a=2\left|\cos\frac{k\Delta r}{2}\right|=2\left|\cos\frac{\pi}{2}\cos\theta\right|$$

$$f=f_1f_a=2\left|\frac{\cos\frac{\pi}{2}\cos\theta}{\sin\theta}\right|\left|\cos\frac{\pi}{2}\cos\theta\right|$$

E 面方向图如题 9-6 解图(三)所示。

对 H 面，有

$$f_1=1,\ f_a=2,\ f=2$$

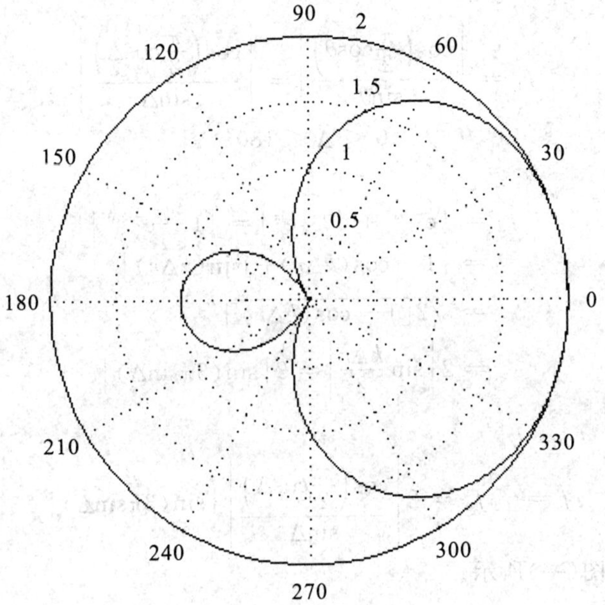

题 9-6 解图(二)

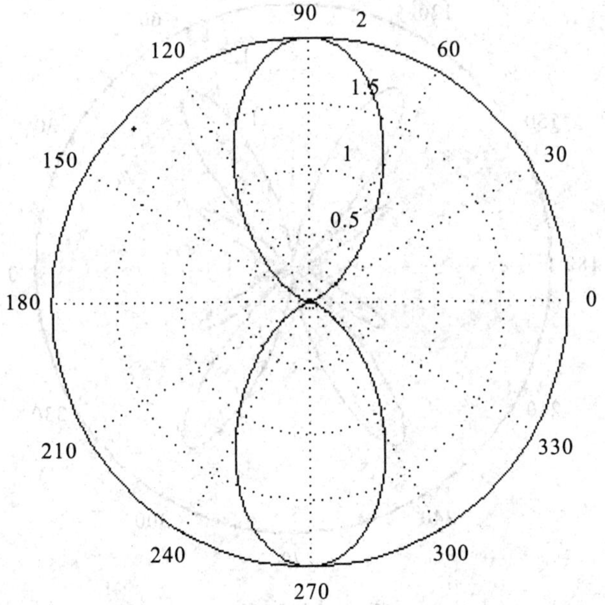

题 9-6 解图(三)

9-7　一水平半波振子离地面高度为 $H=\frac{3}{2}\lambda$，试画出 E 面和 H 面方向图。

解　水平放置，地面的影响可用等幅反相半波振子代替，地面上方的场是等幅反相二元阵的场。

$$r_2=r_1+\Delta r,\ \theta=\Delta$$
$$\Delta r=d\sin\Delta=2H\sin\Delta$$

单元因子为

$$f_1=\left|\frac{\cos\left(\frac{\pi}{2}\cos\theta\right)}{\sin\theta}\right|=\left|\frac{\cos\left(\frac{\pi}{2}\cos\Delta\right)}{\sin\Delta}\right|$$

$$0\leqslant\Delta\leqslant 180^\circ$$

阵因子为

$$\begin{aligned}f_a&=|e^{-jkr_1}+e^{-jkr_2}e^{j\pi}|=|1-e^{-jk\Delta r}|\\&=|1-\cos(k\Delta r)+j\sin(k\Delta r)|\\&=\sqrt{2[1-\cos(k\Delta r)]}\\&=2\left|\sin\frac{k\Delta r}{2}\right|=2|\sin(3\pi\sin\Delta)|\end{aligned}$$

对于 E 面，有

$$f=f_1f_a=2\left|\frac{\cos\left(\frac{\pi}{2}\cos\Delta\right)}{\sin\Delta}\right||\sin(3\pi\sin\Delta)|$$

方向图如题 9-7 解图(一)所示。

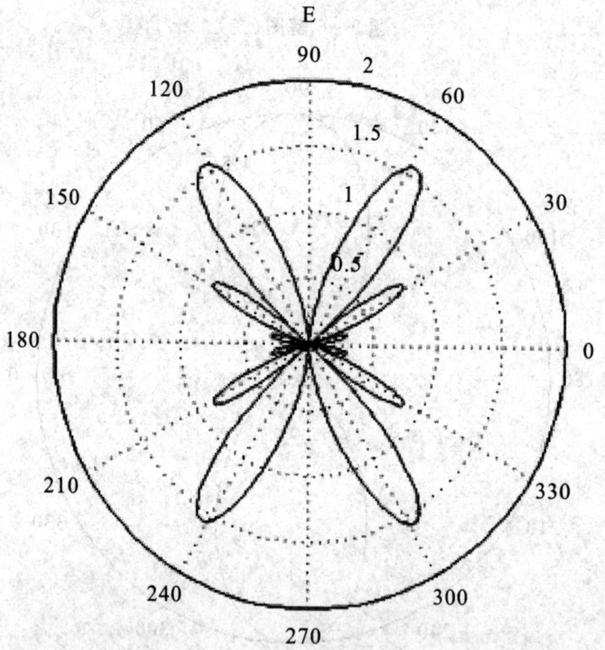

题 9-7 解图(一)

对于 H 面，有

$$f_1=1,\ f_a=2|\sin(3\pi\sin\Delta)|,\ f=2|\sin(3\pi\sin\Delta)|$$

方向图如题 9-7 解图(二)所示。

由 $3\pi\sin\Delta=n\pi$ 可得 $\Delta_0=0^\circ, 19.5^\circ, 41.8^\circ, 90^\circ$；由 $3\pi\sin\Delta=\frac{\pi}{2}(2n+1)$ 可得 $\Delta_{max}=9.59^\circ, 30^\circ, 56.44^\circ$。

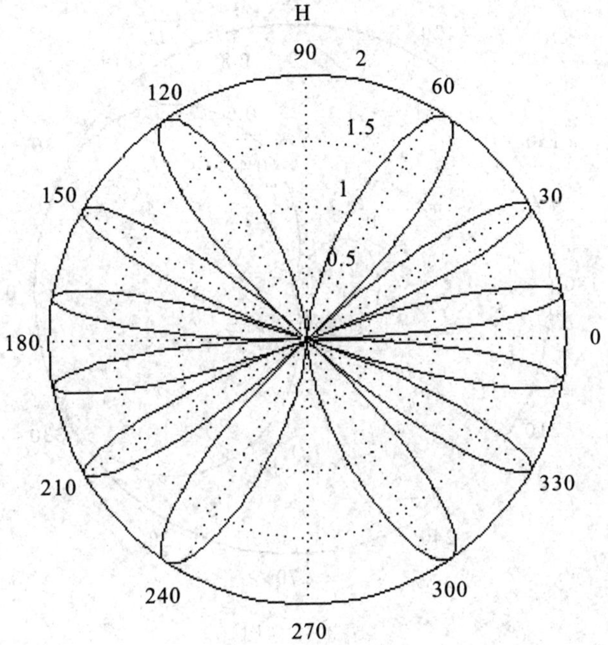

题 9-7 解图(二)

9-8　三个半波振子排列如题 9-8 图所示，试画出其阵因子图。

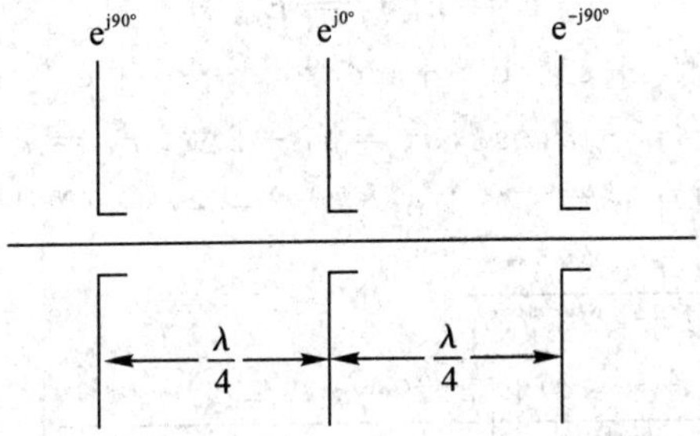

题 9-8 图

解　阵因子为

$$f_a = \left| \mathrm{j}e^{-\mathrm{j}kr_1} + e^{-\mathrm{j}kr} - \mathrm{j}e^{-\mathrm{j}kr_2} \right|$$

$$r_1 = r + \Delta r = r + \frac{\lambda}{4}\cos\Delta,\ r_2 = r - \Delta r = r - \frac{\lambda}{4}\cos\Delta$$

$$f_a = \left| \mathrm{j}e^{-\mathrm{j}kr} \cdot e^{-\mathrm{j}k\frac{\lambda}{4}\cos\Delta} + e^{-\mathrm{j}kr} - \mathrm{j}e^{-\mathrm{j}kr} \cdot e^{\mathrm{j}k\frac{\lambda}{4}\cos\Delta} \right|$$
$$= \left| 1 + \mathrm{j}\left(e^{-\mathrm{j}\frac{\pi}{2}\cos\Delta} - e^{\mathrm{j}\frac{\pi}{2}\cos\Delta}\right) \right| = \left| 1 + 2\sin\left(\frac{\pi}{2}\cos\Delta\right) \right|$$

$$\widetilde{f}_a = \frac{1}{3}\left| 1 + 2\sin\left(\frac{\pi}{2}\cos\Delta\right) \right|,\ \cos\Delta_0 = -\frac{1}{3}$$

由 $\left| 1 + 2\sin\left(\frac{\pi}{2}\cos\Delta\right) \right| = 0$ 可得 $\Delta_0 = 109.47°$，$250.53°$。方向图如题 9-8 解图所示。

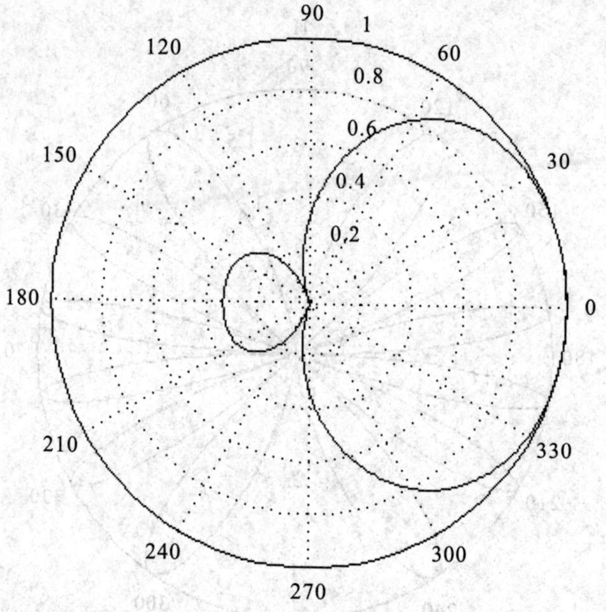

题 9-8 解图

9-9 写出 N 个无方向性单元点源排列成一个线阵的场强表达式。设各单元间距离为 d，各单元等幅馈电且相位依次滞后 ϕ。

解

$$E = E_{m} f_{a} = E_{\max} \widetilde{f}_{a}$$

$$f_{a} = \left| e^{-jkr_1} + e^{-jkr_2} e^{-j\psi} + e^{-jkr_3} e^{-j2\psi} + \cdots + e^{-jkr_N} e^{-j(N-1)\psi} \right|$$

$$r_2 = r_1 - \Delta r = r_1 - d\cos\phi,\ r_3 = r_1 - 2\Delta r,\ r_N = r_1 - (N-1)\Delta r$$

$$f_{a} = \left| 1 + e^{j(kd\cos\phi-\psi)} + e^{j2(kd\cos\phi-\psi)} + \cdots + e^{j(N-1)(kd\cos\phi-\psi)} \right|$$

$$= \left| \frac{1 - e^{jN(kd\cos\phi-\psi)}}{1 - e^{j(kd\cos\phi-\psi)}} \right|$$

$$= \left| \frac{e^{j\frac{N}{2}(kd\cos\phi-\psi)}}{e^{j\frac{kd\cos\phi-\psi}{2}}} \right| \left| \frac{e^{-j\frac{N}{2}(kd\cos\phi-\psi)} - e^{j\frac{N}{2}(kd\cos\phi-\psi)}}{e^{-j\frac{1}{2}(kd\cos\phi-\psi)} - e^{j\frac{1}{2}(kd\cos\phi-\psi)}} \right|$$

$$= \left| \frac{\sin\frac{N}{2}(kd\cos\phi-\psi)}{\sin\frac{1}{2}(kd\cos\phi-\psi)} \right|$$

$$E = E_{m} f_{a} = \frac{\sqrt{60P_{r}D}}{r} \left| \frac{\sin\frac{N}{2}(kd\cos\phi-\psi)}{\sin\frac{1}{2}(kd\cos\phi-\psi)} \right|$$

9-10 一对称振子，全长为 $2L=1.2$ m，导线半径为 $r_1=10$ mm，工作频率为 $f=120$ MHz，试计算其输入阻抗近似值。

解 对称振子的工作波长为

$$\lambda = \frac{c}{f} = 3\times10^{8}/120\times10^{6} = 2.5\ (\text{m})$$

所以

$$\frac{l}{\lambda}=\frac{0.6}{2.5}=0.24$$

查表可知：

$$R_r=65\ (\Omega)$$

由式得对称振子的平均特性阻抗为

$$\overline{Z_0}=120\left(\ln\frac{2l}{a}-1\right)=454.5\ (\Omega)$$

将以上 R_r 及 $\beta=2\pi/\lambda$ 一并代入输入阻抗公式，得

$$Z_{in}=\frac{R_r}{\sin^2\beta l}-\mathrm{j}\,\overline{Z_0}\cot\beta l\approx 65-\mathrm{j}1.1\ (\Omega)$$

参考文献

[1] 谢处方，饶克谨．电磁场与电磁波．2版．北京：高等教育出版社，1987.

[2] 毕德显．电磁场理论．北京：电子工业出版社，1985.

[3] 全泽松．电磁场理论．成都：电子科技大学出版社，1995.

[4] 王一平．电磁场与波理论基础．西安：西安电子科技大学出版社，2002.

[5] 牛中奇，朱满座，卢智远，等．电磁场理论基础．北京：电子工业出版社，2000.

[6] 王家礼，朱满座，路宏敏．电磁场与电磁波．西安：西安电子科技大学出版社，2000.

[7] 王家礼，朱满座，路宏敏．电磁场与电磁波学习指导．西安：西安电子科技大学出版社，2002.

[8] 奚定平．杰克逊经典电动力学解题指导．深圳：深圳大学学报编辑部，1988.

[9] 张文灿，邓亲俊．电磁场的难题和例题分析，北京：高等教育出版社，1987.

[10] 马西奎，刘补生，邱捷，等．电磁场重点难点及典型题精解．西安：西安交通大学出版社，2000.

[11] 赵家升．等，电磁场与电磁波典型题解析及自测试题．西安：西北工业大学出版社，2002.

[12] 何诚，曹焕勋．电磁场习题解答．南宁：广西人民出版社，1981.